高等专科学校试用教材

空气调节用制冷技术

姚行健　孙利生　张　昌　编
张永铨　主审

中国建筑工业出版社

图书在版编目(CIP)数据

空气调节用制冷技术/姚行健等编. —北京：中国建筑工业出版社，1996(2005 重印)

高等专科学校试用教材

ISBN 978-7-112-02799-6

Ⅰ. 空… Ⅱ. 姚… Ⅲ. 空气调节系统-制冷技术-高等学校-教材 Ⅳ. TU831.3

中国版本图书馆 CIP 数据核字(2005)第 104218 号

本书系高等专科供热通风及空调工程专业“空气调节用制冷技术”课程的试用教材。

本教材着重阐明了单级蒸汽压缩式制冷装置的工作原理、设备构造及性能、系统工作特性及设计初步、运行调节和操作维护等问题。对吸收式制冷的原理和系统作了简明的介绍。编写中注意加强了实用制冷技术的应用。

本书亦可作为空调制冷专业函授教学和自学的参考书，并可供有关专业工程技术人员参考。

高等专科学校试用教材

空气调节用制冷技术

姚行健　孙利生　张　昌　编

张永铨　主审

*

中国建筑工业出版社出版、发行(北京西郊百万庄)

各地新华书店、建筑书店经销

北京云浩印刷有限责任公司印刷

*

开本：787×1092 毫米　1/16　印张：12¾　插页：2　字数：307 千字

1996 年 11 月第一版　　2011 年 3 月第十一次印刷

印数：24001—25500 册　　定价：**19.00** 元

ISBN 978-7-112-02799-6

(14999)

前　言

本书是为高等专科学校供热通风及空调工程专业“空气调节用制冷技术”课程所编写的教材。是根据“全国高等学校供热通风空调及燃气工程学科专业指导委员会”通过的该课程教学基本要求编写的，供三年制专科作为专业课教材。教材按 50 学时（含实验 4 学时）的规定编写。

本教材以单级蒸汽压缩式制冷装置为主，较全面地阐述其工作原理、构造、性能、系统设计方法及运行、调节、操作维护等问题，并注意加强了实用制冷技术的应用。

参加本书编写的有天津城市建设学院姚行健（绪论、第四、五、八章），武汉建筑高等专科学校孙利生（第一、三、六章），武汉纺织工学院张昌（第二、七和第六章中第四节），全书由姚行健主编并统稿。清华大学陈雨田先生和天津大学张永铨先生进行了初审和复审，对书稿提出了宝贵意见，在此表示衷心感谢。

由于编者水平所限，时间仓促，不妥和错误之处，恳请使用本书的同志批评指正。

目　录

绪　论 …… 1
第一章　蒸汽压缩式制冷的热力学原理 …… 4
　第一节　单级蒸汽压缩式制冷的理论循环 …… 4
　第二节　单级蒸汽压缩式制冷的实际循环 …… 11
　第三节　单级蒸汽压缩式制冷循环的性能及与运行工况的关系 …… 15
　第四节　双级压缩制冷循环 …… 20
第二章　制冷剂、载冷剂和润滑油 …… 23
　第一节　对制冷剂性能的基本要求 …… 23
　第二节　常用的制冷剂 …… 25
　第三节　CFC 的限用与替代物的选择 …… 29
　第四节　载冷剂 …… 30
　第五节　润滑油 …… 31
第三章　制冷压缩机 …… 34
　第一节　活塞式制冷压缩机的概述 …… 35
　第二节　活塞式制冷压缩机的总体结构及零部件构造 …… 41
　第三节　活塞式制冷压缩机的工作原理 …… 49
　第四节　螺杆式制冷压缩机 …… 53
　第五节　离心式制冷压缩机 …… 61
第四章　冷凝器与蒸发器 …… 66
　第一节　冷凝器的种类、基本构造和工作原理 …… 66
　第二节　冷凝器的选择计算 …… 72
　第三节　强化冷凝器中传热的途径 …… 78
　第四节　蒸发器的种类、基本构造和工作原理 …… 79
　第五节　蒸发器的选择计算 …… 84
　第六节　强化蒸发器中传热的途径 …… 88
第五章　节流机构、辅助设备、控制仪表和阀门 …… 89
　第一节　节流阀 …… 89
　第二节　辅助设备 …… 94
　第三节　控制器与阀门 …… 104
第六章　蒸汽压缩式制冷系统 …… 110
　第一节　蒸汽压缩式制冷系统的典型流程 …… 110
　第二节　制冷剂管道的设计 …… 111
　第三节　水管系统 …… 122
　第四节　整体式制冷装置 …… 125
　第五节　制冷机房和设备布置 …… 131
第七章　蒸汽压缩式制冷系统的调节、运行、维修 …… 133

第一节　制冷系统的密封性试验和制冷剂充灌 …… 133
第二节　制冷系统的试运转 …… 137
第三节　制冷系统的运行与维护 …… 138
第四节　制冷机的故障分析及处理 …… 145
第八章　溴化锂吸收式制冷机 …… 150
第一节　溴化锂吸收式制冷的工作原理 …… 150
第二节　溴化锂——水溶液的性质及焓浓度图 …… 152
第三节　溴化锂吸收式制冷机的型式和基本参数 …… 156
第四节　溴化锂吸收式制冷装置的结构及流程 …… 161
第五节　溴化锂吸收式制冷机的变工况特性和能量调节 …… 165
第六节　直燃型溴化锂吸收式冷热水机组 …… 167
附　录 …… 172

绪 论

"制冷"是指用人工的方法将被冷却对象的热量移向周围环境介质，使得被冷却对象达到比环境介质更低的温度，并在所需要的时间内维持一定的低温。"制冷"不能被简单地理解为是一个降温过程，以区别于自然冷却。按照热力学的观点，"制冷"实质上是热量由"低温热源"向"高温热源"转移的"逆向传热过程"。根据热力学第二定律可知，这个过程是不可能自发进行的。为使这个过程得以实现，则必须消耗一定的外界功给予"补偿"。

实现人工制冷的机器和设备统称为"制冷机"。制冷机是一种耗能机械，不论是哪种型式的制冷机在制取冷量（由低温热源向高温热源转移的热量）的同时，必须消耗外界能量，这种能量可以是电能、热能、太阳能、或其他能量。对于制冷技术的研究，主要的目的就在于为制取一定的冷量如何尽可能减少能量的消耗。包括提高机械的热力性能、合理选择和利用工作介质、提高热交换设备的传热性能、合理的操作方法和运行管理等等。随着科学技术的突飞猛进，工农业生产的发展，近五十多年是人工制冷技术辉煌发展的年代，制冷技术已经广泛地进入家庭，和人们的生活密切联系起来。由于制冷技术在各个领域中都得到广泛的应用，不但对制冷设备的需要量激增，同时对能源的消耗也十分可观，这也就促进了制冷设备、制冷技术和节能技术的研究和发展。

食品的冷加工和低温贮存最早应用了制冷技术。利用低温环境来延长食品的贮存期限，其机理在于抑制细菌的繁殖和延缓食品中酶类引起的自己消化过程。城市、港口万吨级冷库设施，食品流通网中冷藏船、冷藏车、冷藏柜台、冰箱等装置的使用已十分普及，而且低温贮存已扩大到药品、粮食和其他物资的长期保藏。

空气调节方面是应用制冷技术的又一个广阔的领域。在空气调节装置中利用制冷站提供的低温水处理空气，使空气被冷却和干燥。所以制冷站是空气调节装置必不可少的冷源，一些小型的空气调节装置，如柜式、窗式空调器的核心部件实际上就是一台小型的制冷机。众所周知，近二十多年来空调在各行各业中发展异常迅速。工业生产中，精密仪器、电子产品的元器件、纺织品、印刷品……等生产工艺过程，都需要在一个恒温恒湿的空气环境中进行；一些军事武器装备需要在一定的温湿度条件下进行性能试验，因此就需要建立一个人工环境室；随着旅游业的蓬勃发展，宾馆、饭店、影剧院、候车（机、船）室等公共场所，以至家庭住宅都需要各种型式的空气调节装置，以保证人们有一个舒适的工作生活环境。

在工业生产工艺方面，制冷技术的应用更为广泛。例如炼钢生产过程需要大量的氧气，氧气是通过深冷空气分离技术而取得的；在石油化工、基本化工、有机合成化工等工业生产过程中，制冷技术是分离、精炼、结晶、干燥和液化等单元操作，控制反应温湿度等工艺条件必不可少的手段。此种例子很多，无需赘述。

其他在许多近代尖端科学技术部门中，如超导技术、航空航天技术、军事行动保障……都需要应用制冷技术。甚至农业生产、文化、体育事业，以及矿山凿井、建筑施工的冻土施工等也应用到了制冷技术。

追溯我国古代劳动人民的许多创造发明历史，早在三千多年前，我国人民已经懂得利用天然冷源，在严寒的冬季采集水面的厚冰贮藏在冰窖里，到夏季再取出来使用，在《诗经》、《左传》、《周礼》中对此种史实都有过生动的描述。这种冬冰夏用的作业至今仍在我国北方地区沿用，而且发展到对于雪、地下水和深井水等天然冷源的利用。天然冷源是大自然的产物，人们利用这些低温物质在夏季可以获得0℃（冰、雪）或14～18℃（深井水）的低温，可以用来冰鲜食品、水果，工厂用来防暑降温，空气调节装置用作辅助冷源，而所花的成本较低，设备简单，可算是经济实惠。但是这种利用通常只能是一次性的，并受时间和地点等条件限制，而且不宜用以大量地获取低于0℃的冷量。尽管如此，对于天然冷源的利用给人们以启迪。水是一种比热、融解潜热比较大、而且容易获得的物质，利用它来蓄热或蓄冷是简便易行的事，所以可以用大量的水作为蓄能介质，利用夜间用电低谷期通过制冷装置制取人造冰或冷水，在白天用电高峰期作为辅助冷源使用，起到调峰和节能的作用。

对于工业大生产和大型制冷、空气调节装置，依靠天然冷源的利用显然是不行的，因此必须建立人工冷源，这就是在本书中所要研究的人工制冷，或者叫作机械制冷方法。利用制冷机不间断地制取所需低温下的冷量，以满足各种形式用冷的需求。

人工制冷技术的发展起源于吸收式制冷的方法。在1777年，约翰·莱斯里在实验室里发现了吸收式制冷的原理。他用两个玻璃容器分别存装水和浓硫酸，然后用管子将两个容器液面上方气体部分联通，相当长时间以后发现在水面上结了一层薄冰，究其原因是由于浓硫酸对水蒸气有强烈的吸收能力，使得水面上的水蒸气分压力降低，从而加速了水的蒸发，水在汽化时吸取大量的汽化潜热，使水温下降，以至最后在水面上结出薄冰。1859年德国工程师费尔狄南·卡尔·林达发明了第一台氨—水吸收式制冷机，它就是应用了水对氨蒸汽具有强烈吸收能力的原理。这种比较原始的制冷机曾用于生产和商业。后来到1872年美国人波依尔发明了活塞式氨蒸汽压缩制冷机，这种制冷机以其各方面优越的性能一度取代了以往的吸收式制冷的方法，经过不断的发展和改进一直沿用至今。1930年吸收式制冷的方法经过改进和完善以后，与后起的活塞式蒸汽压缩制冷、蒸汽喷射式制冷并驾齐驱，发展到现在这种情况。还需要提一下1845年美国人格林发明了空气膨胀式制冷机，但未形成主流的制冷方式。直到最近，据报导我国已经研制成功一种新型的空气膨胀式制冷机，并已投入生产和实际使用。

纵观制冷技术的发展史，从1859年至今仅有130多年的历史，而在我国制冷技术真正的发展还是新中国成立以后的事情。

制冷技术的应用范围非常之广已如前述，根据不同的温度要求和特殊要求，可以采用不同的方法实现人工制冷。按物理过程的不同，制冷的方法有：

液体气化法。利用液态工质（制冷剂）气化时吸收气化潜热而产生冷效应，这是应用最为广泛的制冷方法，如蒸汽压缩式制冷、吸收式制冷、蒸汽喷射式制冷等均是。

其他的方法还有气体膨胀法，热电法，固体绝热去磁法等。这些方法在我们专业范围内基本上不用，本书不作介绍。

按照不同的制冷温度要求，制冷技术又可分成四类，即

普通制冷（普冷）：低于环境温度至－100℃（173K）。冷库制冷技术和空调用制冷技术

属于这一类。

深度制冷（深冷）：－100℃（173K）至－200℃（73K）。空气分离术的工艺用制冷技术属于这一类。

低温制冷（低温）：－200℃（73K）至－268.95℃（4.2K）。4.2K是液氦的沸点。

极低温制冷（极低温）：低于4.2K。

低温和极低温制冷技术一般只是在高科技的研究工作中才需要如此低的制冷温度条件。

《空气调节用制冷技术》系适用于供热通风及空调工程专业的一本教材。本书的主要内容系阐述单级蒸汽压缩式制冷的基本原理；制冷压缩机和设备的构造、性能和选型；制冷系统的构成和设计方法；以及制冷装置的安装、运行、调节和维修方法。

本课程以热工理论基础和流体力学等课程为基础，学习过程中一定要重视理论联系实际，方能为工程实践打好基础。

第一章　蒸汽压缩式制冷的热力学原理

热力学第二定律指出：热量不会自发地从低温物体传向高温物体。要实现这种逆向传热，必须要有一个补偿过程。蒸汽压缩式制冷是以消耗机械能为补偿条件，借助制冷工质（常称制冷剂）的状态变化将热量从温度较低的物体不断地传给温度较高的环境介质（通常是自然界的水或空气）中去。

制冷工质由饱和液体气化成蒸汽时要吸收热量，此热量称为气化潜热，且随着液体压力（通常称为饱和压力）不同，其对应的饱和温度也不同，气化潜热的数值也不同。例如，1kg 质量的水，在 8.72mbar 压力下，饱和温度为 5℃，气化潜热为 2489.05kJ 的热量；1kg 氨液，在 1.013bar 压力下，饱和温度为－33.3℃，气化潜热为 1368.15kJ 的热量。由此可见，创造一定的低压条件，利用制冷工质液体气化时吸热制冷就能获得较低的温度

第一节　单级蒸汽压缩式制冷的理论循环

一、理想制冷循环——逆卡诺循环

逆卡诺循环是理想的可逆制冷循环，它是由两个定温过程和两个绝热过程组成。在湿蒸汽区域内进行的逆卡诺循环的必要设备是压缩机、冷凝器、膨胀机和蒸发器，如图 1-1（1）所示。循环时，高、低温热源恒定，制冷工质在冷凝器和蒸发器中与热源间无传热温差，制冷工质流经各个设备中不考虑任何损失，因此，逆卡诺循环是理想制冷循环，它的制冷系数是最高的，但工程上无法实现。

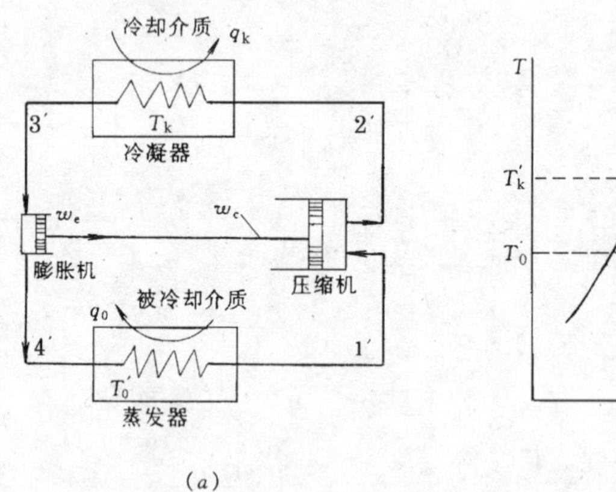

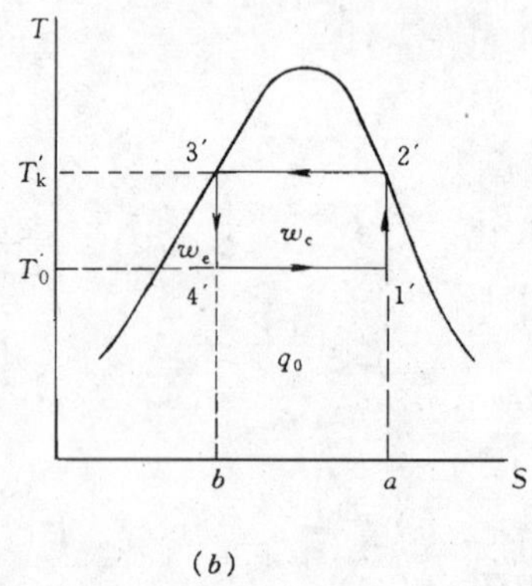

图 1-1（1）　逆卡诺循环

（a）工作流程；（b）理想循环

工程中，由于液体在绝热膨胀前后体积变化很小，对外输出的膨胀功也极小，且高精度的膨胀机很难加工。因此，在蒸汽压缩式制冷循环中，均由节流机构（如节流阀、膨胀

阀、毛细管等）代替膨胀机。另外，若压缩机吸入的是湿蒸汽，在压缩过程中必产生湿压缩，而湿压缩会引起种种不良的后果，严重时甚至毁坏压缩机，在实际运行时应严禁发生。因此，在蒸汽压缩式制冷循环中，进入压缩机的制冷工质应是干饱和蒸汽（或过热蒸汽），这种压缩过程为干压缩。

图 1-1（2）是工程中常见的蒸汽压缩式制冷循环。它由压缩机、冷凝器、节流阀和蒸发器组成。其工作过程如下：高压液态制冷工质通过节流阀降压降温后进入蒸发器，在蒸发压力 p_0，蒸发温度 t_0 下吸收被冷却物体的热量而沸腾，变成低压低温的蒸汽，随即被压缩机吸入，经压缩提高压力和温度后送入冷凝器，在冷凝压力 p_k 下放出热量并传给冷却介质（通常是水或空气），由高压过热蒸汽冷凝成液体，液化后的高压常温制冷工质又进入节流阀重复上述过程。制冷工质在单级蒸汽压缩式制冷系统中周而复始的工作过程就叫蒸汽压缩式制冷循环。通过制冷循环制冷工质不断吸收周围空气或物体的热量，从而使室温或物体温度降低，以达到制冷的目的。

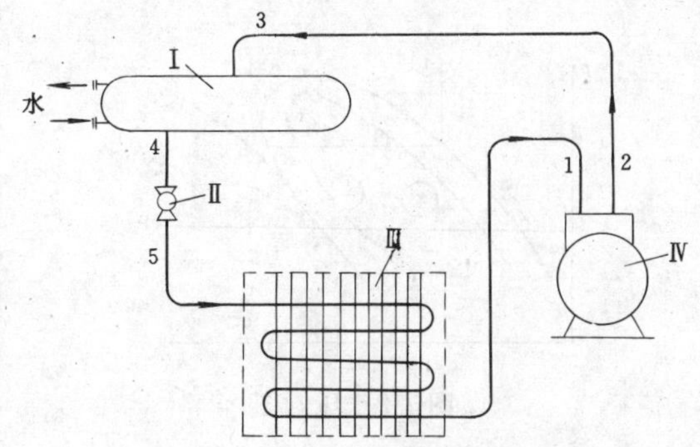

图 1-1（2） 单级蒸汽压缩式制冷系统图
Ⅰ—冷凝器；Ⅱ—节流阀；Ⅲ—蒸发器；Ⅳ—压缩机

通常由压缩机、冷凝器、节流阀和蒸发器四个部件并依次用管道连接成封闭的系统，充注适当制冷工质所组成的制冷机，称为最简单的制冷机。

二、单级蒸汽压缩式制冷的理论基本循环及其在压焓图和温熵图上表示

为了深入全面分析蒸汽压缩式制冷循环，不仅要研究循环中每一个过程，而且要了解各个过程之间的内在关系及其相互影响。用热力状态图来研究整个循环，不仅可以直观地看到循环中各过程状态变化及其过程特点，而且使分析问题得到简化。

在制冷循环的分析和计算中，通常借助制冷工质的温熵图和压焓图。由于制冷理论循环中各过程的功量与热量的变化在压焓图中均可用过程初、终态制冷工质的焓值变化来计算，因此压焓图在制冷工程中得到更为广泛的应用。

1. 压焓图

压焓图的结构如图 1-2 所示。以绝对压力为纵坐标（为了缩小图面，通常取对数坐标），以比焓值为横坐标。图上有一点、二线、三区域、五种状态、六条等参数线。图中一点为临界点 K；K 点左边为饱和液体线（称下界线），干度 $x=0$；右边为干饱和蒸汽线（称上界线），干度 $x=1$；临界点 K 和上、下界线将图分成三个区域：下界线以左为过冷液体区，上界线以右为过热蒸汽区，二者之间为湿蒸汽区（即两相区），在湿蒸汽区内，等压线与等温线重合。六条等参数线簇：等压线——水平线；等焓线——垂直线；等温线——液体区内几乎为垂直线，湿蒸汽区内与等压线重合为水平线，过热区内为向右下方弯曲的倾斜线；等熵线——向右上方倾斜的实线；等容线——向右上方倾斜的虚线，但比等熵线平坦；等干度线——只在湿蒸汽区域内，其方向大致与饱和液体线或饱和蒸汽线相近，其大小从左向右逐渐增大。

压焓图是进行制冷循环分析和计算的重要工具，应熟练掌握和应用。本书附录中（附图 1、2、3）列出了一些常用制冷工质的压焓图。

2. 温熵图

温熵图结构如图 1-3 所示。它以熵为横坐标，温度为纵坐标。一点、二线、三区域、六条等参数线如图所示，与压焓图类同。

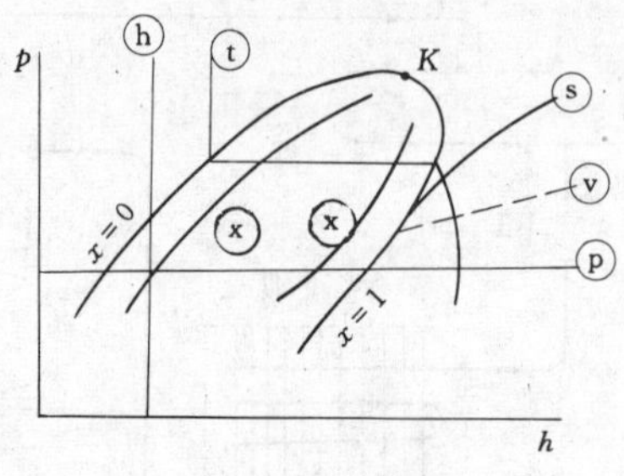

图 1-2　压焓图

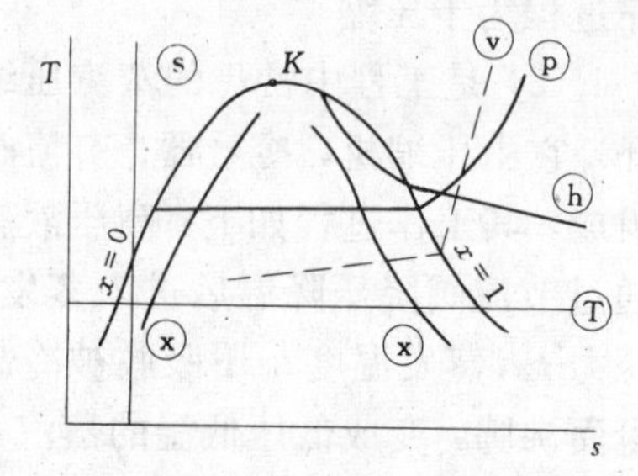

图 1-3　温熵图

在温度、压力、比容、焓、熵、干度等参数中，只要知道其中任意两个状态参数，就可在压焓图或温熵图上确定其状态点，其余参数便可直接从图中读出。

3. 单级蒸汽压缩式制冷理论基本循环在压焓图和温熵图上表示

最简单的制冷理论基本循环是指离开蒸发器和进入压缩机的制冷工质为蒸发压力 p_0 下的饱和蒸汽；离开冷凝器和进入节流阀的液体是冷凝压力 p_k 下的饱和液体；压缩机的压缩过程为等熵压缩；制冷工质的冷凝温度等于冷却介质的温度，制冷工质的蒸发温度等于被冷却物体的温度；系统管路中无任何损失，压力降仅在节流膨胀过程中产生。显然，上述条件是经过简化后的理想情况，与实际情况有偏差，但便于进行分析研究，且可作为讨论实际循环的基础和比较标准，因此有必要加以详细分析和讨论。

图 1-4（*a*）、（*b*）示出了单级蒸汽压缩式制冷理论基本循环的温熵图和压焓图。

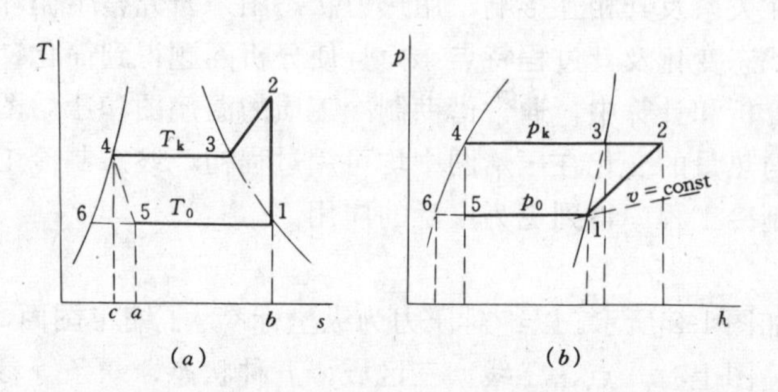

图 1-4　单级蒸汽压缩式制冷理论基本循环的温熵图和压焓图

点 1 表示蒸发器出口和进入压缩机的制冷工质的状态。它是与蒸发压力 p_0 对应的蒸发温度 t_0 的饱和蒸汽。

点 2 是压缩机排汽即进入冷凝器的状态。过程线 1-2 为制冷工质在压缩机中的等熵压缩过程（$s_1=s_2$），压力由蒸发压力 p_0 升高到冷凝压力 p_k，点 2 可通过点 1 的等熵线与压力 p_k 的等压线的交点来确定。由于压缩过程消耗外功，制冷工质温度增加，点 2 处于过热蒸汽状态。

点 4 是制冷工质出冷凝器的状态。它是冷凝压力 p_k 下的饱和液体。过程线 2-3-4 表示制冷工质在冷凝器中定压下的放热过程，其中 2-3 为冷却过程放出过热热量，温度降低，3-4 为凝结过程，放出凝结潜热，温度 t_k 不变。

点 5 为制冷工质出节流阀进入蒸发器的状态。过程线 4-5 为制冷工质液体在节流阀中的节流过程，节流前后的焓值不变（$h_4=h_5$），压力由 p_k 降到 p_0，温度由 t_k 降到 t_0，由饱和液体进入气、液两相区，即节流后有部分液体制冷工质闪发成饱和蒸汽。由于节流过程是不可逆过程，因此在图上用一虚线表示。

过程线 5-1 为制冷工质在蒸发器中定压定温的气化过程，在这一过程中 p_0 和 t_0 保持不变，利用制冷工质液体在低压低温下气化吸收被冷却物体的热量使其温度降低而达到制冷的目的。

制冷工质经过 1-2-3-4-5-1 过程后，完成一个完整的制冷理论基本循环。

三、单级蒸汽压缩式制冷理论基本循环的热力计算

根据稳定流动能量方程式，利用图 1-4（*a*）、（*b*）可对单级蒸汽压缩式制冷理论基本循环进行热力计算。

1．单位质量制冷量，即每千克制冷工质在蒸发器内完成一次循环所制取的冷量

$$q_0 = h_1 - h_5 (\text{kJ/kg}) \tag{1-1}$$

或

$$q_0 = r_0 (1 - X_5) (\text{kJ/kg}) \tag{1-1a}$$

式中　r_0 为制冷工质在蒸发压力 p_0 下的气化潜热。

2．单位容积制冷量，即制冷压缩机每吸入 1m^3 制冷工质蒸汽在蒸发器内所制取的冷量

$$q_v = \frac{q_0}{v_1} = \frac{h_1 - h_5}{v_1} (\text{kJ/m}^3) \tag{1-2}$$

式中　v_1——压缩机吸入蒸汽的比容，m^3/kg。

3．制冷装置中制冷工质的质量流量 M_R 和体积流量 V_R。

$$M_R = \frac{Q_0}{q_0} (\text{kg/s}) \tag{1-3}$$

$$V_R = M_R \cdot v_1 = \frac{Q_0}{q_v} (\text{m}^3/\text{s}) \tag{1-4}$$

式中　Q_0——制冷装置的制冷量〔kW（kJ/s）〕。

4．冷凝器的热负荷 Q_k

$$Q_k = M_R \cdot q_k (\text{kW}) \tag{1-5}$$

单位冷凝热负荷：

$$q_k = h_2 - h_4 (\text{kJ/kg}) \tag{1-6}$$

5．压缩机单位理论压缩功 W_0，压缩机理论耗功率 N_0

$$W_0 = h_2 - h_1 (\text{kJ/kg}) \tag{1-7}$$

$$N_0 = M_R \cdot W_0 = M_R (h_2 - h_1) (\text{kW}) \tag{1-8}$$

6．理论制冷系数 ε_0

$$\varepsilon_0 = \frac{q_0}{W_0} = \frac{Q_0}{N_0} = \frac{h_1 - h_5}{h_2 - h_1} \tag{1-9}$$

【例 1-1】某空气调节系统需制冷量 20kW，假定循环为单级蒸汽压缩式制冷理论基本循环，且选用氨作为制冷工质，蒸发温度 $t_0=5$℃，冷凝温度 $t_k=40$℃。试对该循环进行热力计算。

【解】要进行制冷循环的热力计算，首先需要知道制冷工质在各特定状态点的热力状态参数，根据制冷循环的工作条件，可在氨的压焓图上画出相应的制冷循环，并查取相应的

热力状态参数。

该循环在压焓图上如图 1-5 所示。

根据氨的压焓图或氨的热力性质表，查出有关状态参数值：

$$h_1 = 1766.22(\text{kJ/kg})$$

$$v_1 = 0.2428(\text{m}^3/\text{kg})$$

$$h_4 = 686.51(\text{kJ/kg})$$

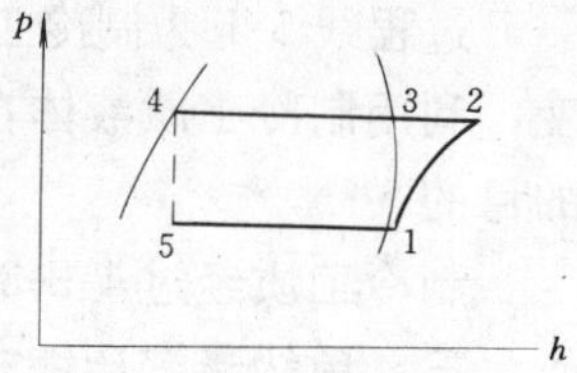

由点 1 作等熵线，与 p_k 等压线相交于点 2，即为压缩机的排气状态，由图可知

$$h_2 = 1938.0(\text{kJ/kg})$$

图 1-5　循环图

（1）单位质量制冷量

$$q_0 = h_1 - h_5 = 1766.22 - 686.51 = 1079.71(\text{kJ/kg})$$

（2）单位容积制冷量

$$q_v = \frac{q_0}{v_1} = \frac{1079.71}{0.2428} = 4446.91(\text{kJ/m}^3)$$

（3）制冷工质的质量流量和体积流量

$$M_R = \frac{Q_0}{q_0} = \frac{20}{1079.71} = 0.0185(\text{kg/s})$$

$$V_R = M_R \cdot v_1 = 0.0185 \times 0.2428 = 0.00449(\text{m}^3/\text{s})$$

（4）冷凝器的热负荷

$$Q_k = M_R \cdot q_k = M_R \cdot (h_2 - h_4) = 0.0185 \times (1938.0 - 686.51) = 23.152(\text{kW})$$

（5）压缩机的理论功率

$$N_0 = M_R \cdot W_0 = M_R \cdot (h_2 - h_1) = 0.0185 \times (1938.0 - 1766.22) = 3.177(\text{kW})$$

（6）理论制冷系数

$$\varepsilon_0 = \frac{Q_0}{N_0} = \frac{20}{3.177} = 6.295$$

讨论：① $\varepsilon_0 = \frac{Q_0}{N_0} = \frac{q_0}{W_0}$制冷系数是描述评价制冷循环的一个重要技术经济指标，与制冷剂的性质和制冷循环的工作条件有关。通常冷凝温度 t_k 越高，蒸发温度 t_0 越低，制冷系数 ε_0 越小。

② 制冷理论循环中，$q_k = q_0 + W_0$ 或 $Q_k = Q_0 + N_0$，符合能量守恒的基本原则。

四、液体过冷、蒸汽过热及回热循环

制冷理论基本循环（即饱和循环）没有考虑制冷工质的液体过冷和蒸汽过热的影响，而这些因素都会影响到循环的性能。下面分别予以分析和讨论。

1. 液体过冷

制冷工质节流后湿蒸汽干度的大小，直接影响到单位质量制冷量 q_0 的大小。在冷凝压力 p_k 一定的情况下，若能进一步降低节流前液体的温度，使其低于冷凝温度 t_k 而处于过冷液体状态，则可减少节流后产生的闪发蒸汽量，提高单位质量制冷量。通常是利用温度较低的冷却水首先通过串接于冷凝器后的过冷器（或称再冷器），使制冷工质的温度进一步降低，从而实现制冷工质液体过冷。

图 1-6 所示为采用过冷器的制冷装置系统图和相应的温熵图和压焓图。

图中4-4′为液体过冷过程，此线段在温熵图上与饱和液体线接近重合。过冷温度 t_g 低于冷凝温度 t_k，其差值 $\Delta t_g = t_k - t_g$ 称为过冷度（或称再冷度）。过冷过程中每千克液体制冷工质放出的热量为

$$q_g = h_4 - h_4' = c' \Delta t_g \tag{1-10}$$

式中 h_4'——液体制冷工质过冷后的焓值，可用与其相同温度 t_g 的饱和液体的焓值来代替；

c'——液体制冷工质的比热，〔kJ/（kg·K)〕。

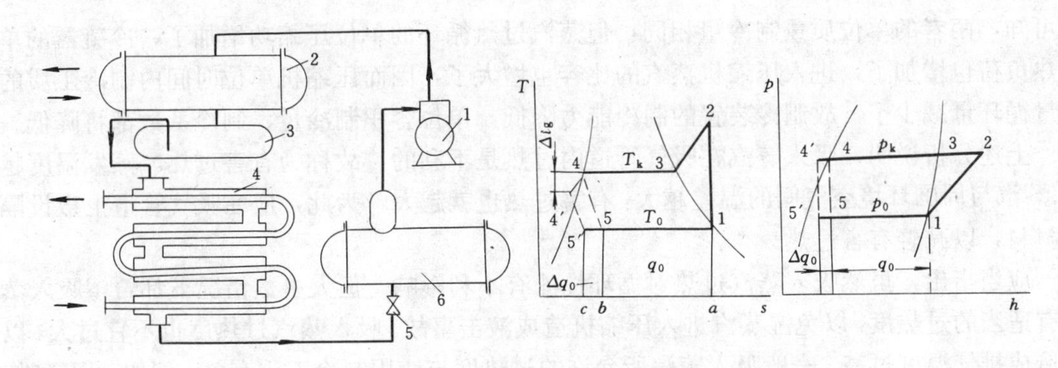

图1-6 具有液体过冷的制冷循环

1—压缩机；2—冷凝器；3—贮液筒；4—过冷器；5—节流阀；6—蒸发器

由图1-6可看出，过冷度越大，单位质量制冷量也越大。由于液体过冷，制冷循环的单位质量制冷量的增加量为

$$\Delta q_0 = h_5 - h_5' = h_4 - h_4'$$

此式说明过冷循环增加的制冷量等于过冷的液体制冷工质放出的热量。

由于液体过冷，循环的单位质量制冷量增加了，而循环的压缩功 W_0 并未增加，故液体过冷的制冷循环的制冷系数提高了。因此应用液体过冷对改善循环的性能总是有利的，但是，采用液体过冷必须增加工程初投资和设备运行费用，应进行全面技术经济分析比较。通常，对于大型的氨制冷装置，且蒸发温度 t_0 在−5℃以下多采用液体过冷，过冷度一般取2～3℃左右，而对于空气调节用的制冷装置一般不单独设置过冷器，而是通过适当增加冷凝器的传热面积的方法，实现制冷工质在冷凝器内过冷。此外，在小型制冷装置中采用气-液热交换器（也称回热器）也能实现液体过冷，这一点将在后面论述。

2. 蒸汽过热及回热循环

制冷循环中，压缩机不可能吸入饱和状态的蒸汽，因来自蒸发器的低温蒸汽，在进入压缩机之前的吸气管路中要吸收周围空气的热量而使蒸汽温度升高。另外，为了不让制冷工质液滴进入压缩机，也要求液体制冷工质在蒸发器中完全蒸发后继续吸收一部分热量。因此，吸入蒸汽在压缩之前已处于过热状态。

图1-7示出蒸汽过热循环的温熵图和压焓图。为了便于比较，在同一图中也示出了理论基本循环（即饱和循环）。

在相同压力下，蒸汽过热后的温度与饱和温度之差称为过热度 Δt_n。比较蒸发器出口的饱和蒸汽在吸气管路中过热的吸气过热循环1′-2′-3-4-5-1′与理论基本循环1-2-3-4-5-1之

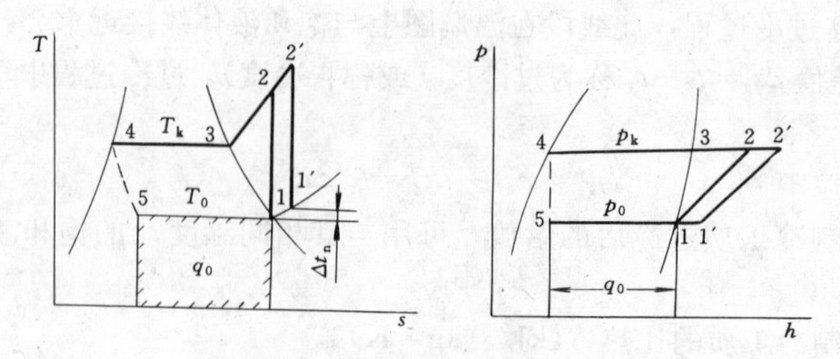

图 1-7　具有蒸汽过热的制冷循环

后可知，两者的单位质量制冷量相同，但蒸汽过热循环的单位压缩功增加了，冷凝器的单位热负荷也增加了，进入压缩机蒸汽的比容也增大了，因而压缩机单位时间内制冷工质的质量循环量减少了，故制冷装置的制冷能力降低，单位容积制冷量、制冷系数都将降低。

上述分析说明，吸入蒸汽在吸气管道内过热是不利的，故称为有害过热。蒸发温度越低,蒸汽与周围环境空气间的温差越大，有害过热也就越大。为此，应在吸气管道上敷设隔热材料，以减轻有害过热。

应当指出，虽然吸入蒸汽过热对循环性能有不利影响，但大多数情况下都希望吸入蒸汽有适当的过热度，以免湿蒸汽进入压缩机造成液击事故。吸入蒸汽过热度也不宜过大，以免造成排气温度过高。一般吸入蒸汽所允许的过热度与使用制冷工质有关。例如，用氨时，一般取 $\Delta t_n = 5℃$，用氟利昂时，过热度较大。

还应指出，有时蒸汽在蒸发器内已经过热（例如使用热力膨胀阀的氟利昂制冷机），此时这部分热量就应计入单位质量制冷量内，不属于有害过热，这一点在热力计算时应特别注意。

利用一个气-液热交换器（又称回热器）使节流前的常温液体工质与蒸发器出来的低温蒸汽进行热交换，这样不仅可以增加节流前的液体过冷度提高单位质量制冷量，而且可以减少甚至消除吸气管道中的有害过热。这种循环称为回热循环。

图 1-8 示出了回热循环的系统图和相应温熵图和压焓图。

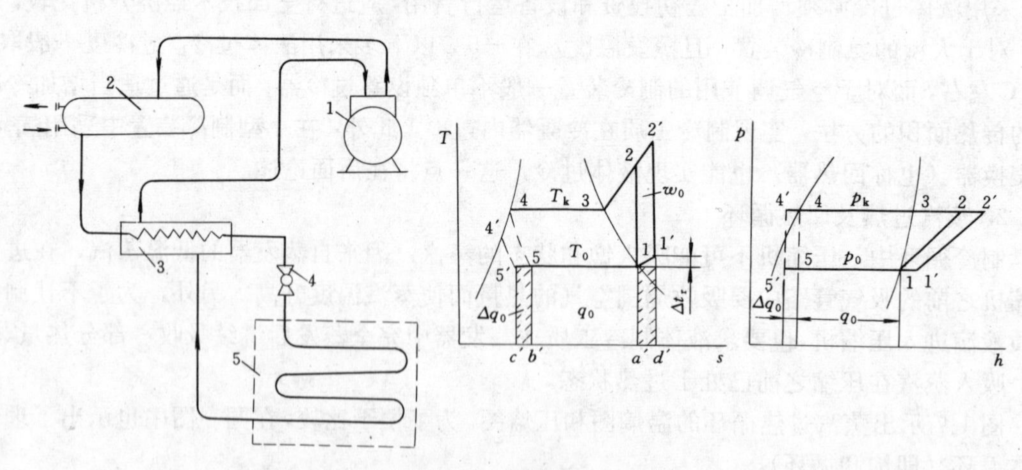

图 1-8　回热循环

1—压缩机；2—冷凝器；3—回热器；4—节流阀；5—蒸发器

图中1-2-3-4-5-1为理论基本循环，1-1′-2′-3-4-4′-5′-1表示回热循环，其中1-1′和4-4′表示等压下的回热过程。在无冷量损失的情况下液体放出的热量应等于蒸汽所吸收的热量，即为回热器的单位热负荷

$$q_h = h_4 - h_4' = h_1' - h_1 \tag{1-11}$$

或

$$q_h = c'(t_4 - t_4') = c_p(t_1' - t_1) = c'(t_k - t_4') = c_p(t_1' - t_0) \tag{1-11a}$$

式中 c'——液态制冷工质的比热〔kJ/(kg·K)〕；

c_p——制冷工质过热蒸汽的定压比热〔kJ/(kg·K)〕。

由于制冷工质的液体比热大于气体的比热，故液体的温降总比蒸汽的温升小。

由图1-8可知，回热循环的单位制冷量和单位压缩功都比理论基本循环增大，因而不能直接判断制冷系数是否提高。理论计算结果表明，对于氟利昂12(R12)，制冷系数比理论基本循环有所提高；而氨则相反，氟利昂22(R22)介于二者之间。

小型氟利昂空调装置一般不单设回热器，而是将高压液体管与低压回气管包扎在一起，以起到回热的效果。

第二节 单级蒸汽压缩式制冷的实际循环

一、实际循环与理论循环的区别

前面分析讨论了单级蒸汽压缩式制冷的理论循环，并假定循环是在没有传热温差和不考虑任何损失的情况下进行的。这种假定主要是便于用热力学方法予以分析讨论，从中找出某些规律性的东西，但客观上实际循环与理论循环存在着许多差异，其主要差别可归纳如下：

1. 实际压缩过程不是定熵过程

制冷工质蒸汽在压缩过程中存在着明显的热交换过程。压缩初始阶段，蒸汽温度低于缸壁温度，蒸汽吸收缸壁的热量，压缩终了阶段，蒸汽温度高于缸壁的温度，蒸汽又向缸壁放出热量，再加之蒸汽与气缸壁之间的摩擦，因此，实际压缩过程是一个多变指数不断变化的多变过程。

2. 制冷工质的冷凝和蒸发过程是在有传热温差下进行的。

温差是传热过程的推动力，实际的热交换过程中总是存在着传热温差。如在冷凝器中，制冷工质凝结放热时的冷凝温度 t_k 高于冷却介质(即冷却水或空气)的温度 t，即 $t_k = t + \Delta t_k$；而在蒸发器中，制冷工质沸腾吸热时的蒸发温度 t_0 又低于被冷却物体的温度 t'，即 $t_0 = t' - \Delta t_0$。由于有传热温差存在，所以过程是不可逆过程。

3. 制冷工质流经管道和设备时存在阻力

制冷工质流经吸、排气阀时，要克服阀片的惯性力和弹簧力及相应流动阻力，其结果使得实际吸气压力低于蒸发压力，实际排气压力高于冷凝压力。

综上所述，实际循环中四个基本热力过程，压缩、冷凝、节流、蒸发都是不可逆过程，其结果必然导致制冷能力下降、功耗增加，制冷系数降低。

二、单级蒸汽压缩式制冷实际循环的热力计算

在选定制冷工质和循环形式之后即可进行热力计算。热力计算的目的主要是根据实际制冷循环的工作条件(通常称为运行工况)，算出实际循环的性能指标、制冷压缩机的容量、

功率及蒸发器、冷凝器等热交换器的热负荷，为制冷系统的选择计算提供原始数据。

（一）确定工作参数

在热力计算时，首先应确定工作参数，即确定制冷循环的工作温度及工作压力，其中最主要的是蒸发温度 t_0（蒸发压力 p_0）和冷凝温度 t_k（冷凝压力 p_k）。

1. 蒸发温度 t_0　即制冷工质在蒸发器中沸腾吸热时的温度，它主要取决于被冷却物体的温度和蒸发器的结构型式。

对于冷却空气的蒸发器

$$t_0 = t_2 - (8 \sim 12)(℃) \tag{1-12}$$

式中　t_2——蒸发器出口空气的干球温度（℃）。

对于冷却液体（如冷冻水、盐水）的蒸发器

$$t_0 = t_2 - (3 \sim 4)(℃) \tag{1-13}$$

式中　t_2——蒸发器中被冷却液体的出口温度（℃）。

2. 冷凝温度 t_k 即制冷工质在冷凝器中凝结放热时的温度，它取决于所采用的冷却介质（水或空气）和冷凝器的结构型式。

对于用空气冷却的冷凝器（通常称风冷冷凝器）

$$t_k = t_1 + (10 \sim 15)(℃) \tag{1-14}$$

式中　t_1——冷凝器进风温度，℃。

如用水作冷却介质时，冷凝温度为

$$t_k = \frac{t_{c1} + t_{c2}}{2} + (3 \sim 5)(℃) \tag{1-15}$$

式中　t_{c1}——冷凝器冷却水进口温度（℃）；

t_{c2}——冷凝器冷却水出口温度（℃）。

一般，$t_{c1} \leqslant 32℃$，冷凝器进、出口水温差取：

立式冷凝器　$t_{c2} - t_{c1} = 2 \sim 4℃$；

卧式冷凝器　$t_{c2} - t_{c1} = 4 \sim 8℃$。

当冷却水进水温度偏高时，温差取下限；进水温度较低时，温差取上限。

3. 吸气温度 t_n　制冷工质蒸汽进入压缩机前的温度应根据低压蒸汽离开蒸发器时的状态及吸气管道中的传热情况来确定。对于氨制冷压缩机允许吸气温度如下：

蒸发温度（℃）	±0	−5	−10	−15	−20	−25
吸气温度（℃）	±1	−4	−7	−10	−13	−19

对于氟利昂制冷压缩机吸气温度通常定为15℃。

4. 过冷温度 t_g　液体过冷后的温度取决于冷却介质的温度和过冷器的传热温差，由于过冷器的热负荷较小，可选用较小的温差。通常取过冷温度较同压力下的冷凝温度低2～3℃左右，即

$$t_g = t_k - (2 \sim 3)(℃) \tag{1-16}$$

分析表明，制冷机的工作参数主要是蒸发温度 t_0 和冷凝温度 t_k，而蒸发温度、冷凝温度又主要取决于被冷却物体的温度、环境冷却介质的温度及相应的传热温差。一般说来，蒸发器的传热温差应选得比冷凝器小些。

（二）热力计算

热力计算可按下述步骤进行：

1. 根据所确定的工作参数，绘制制冷循环的压焓图（如图 1-9），然后再用制冷工质的热力性质图表确定各特定状态点的有关参数，并列表备用。

2. 计算单位性能指标（单位质量制冷量 q_0、单位容积制冷量 q_v 和单位压缩功 W_0 等），计算方法根据制冷循环类型按制冷理论循环的有关公式计算。

3. 当制冷系统需要的制冷量 Q_0 已定时，需要选配制冷压缩机，可先求出制冷工质的质量流量 M_R（即循环量）

$$M_R = \frac{Q_0}{q_0} \quad (kg/s)$$

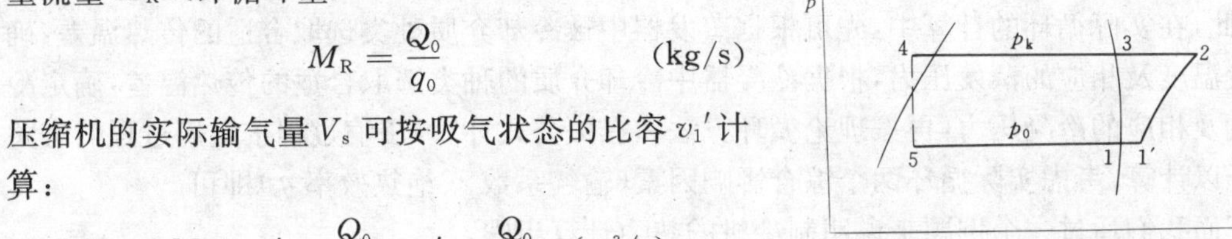

图 1-9 制冷循环的压焓图

压缩机的实际输气量 V_s 可按吸气状态的比容 $v_1{}'$ 计算：

$$V_s = M_R \cdot v_1{}' = \frac{Q_0}{q_0} \cdot v_1{}' = \frac{Q_0}{q_v} \quad (m^3/s) \tag{1-17}$$

然后根据运行工况（t_0、t_k）查有关手册附表或用经验公式确定制冷压缩机的输气系数 λ、即可求得压缩机的理论输气量：

$$V_h = \frac{V_s}{\lambda} = \frac{Q_0}{q_v \cdot \lambda} \quad (m^3/s) \tag{1-18}$$

根据 V_h 值就可查阅产品目录选配合适的制冷压缩机。

反之，当制冷压缩机已经选定需要核算制冷系统制冷量 Q_0 时，可按下式计算：

$$Q_0 = \frac{V_h \cdot \lambda}{v_1{}'} \cdot q_0 = V_h \cdot \lambda \cdot q_v \quad (kW) \tag{1-19}$$

4. 制冷压缩机的理论功率 N_0、指示功率 N_i、轴功率 N_e 分别为

$$N_0 = M_R \cdot W_0 \quad (kW) \tag{1-20}$$

$$N_i = \frac{N_0}{\eta_i} \quad (kW) \tag{1-21}$$

$$N_e = \frac{N_i}{\eta_m} = \frac{N_0}{\eta_i \eta_m} = \frac{N_0}{\eta_s} \quad (kW) \tag{1-22}$$

式中 η_i——指示效率，通常在 0.6～0.8 的范围内；

η_m——机械效率，通常在 0.8～0.9 之间；

η_s——总效率（绝热效率）。

5. 冷凝器热负荷 Q_k

$$Q_k = M_R \cdot q_k = Q_0 + N_i \quad (kW) \tag{1-23}$$

冷凝器的热负荷一般约为制冷量 Q_0 的 1.2～1.3 倍左右。

6. 实际制冷系数 ε_s

$$\varepsilon_s = \frac{Q_0}{N_e} = \frac{Q_0}{N_0} \cdot \eta_s = \varepsilon_0 \cdot \eta_s \tag{1-24}$$

实际制冷系数又称为性能系数，用 COP 表示，也可称为单位轴功率制冷量，用 K_e 值表示。

7. 实际制冷循环的热力完善度 η

通常将工作于相同温度间的实际制冷循环的制冷系数 ε_s 与逆卡诺制冷循环的制冷系数 ε_k 之比。称为热力完善度，即：

$$\eta=\frac{\varepsilon_s}{\varepsilon_k} \tag{1-25}$$

从实际制冷循环热力计算不难看出，在实际循环中，由于蒸发器、冷凝器中存在传热温差，使得冷凝温度高于环境冷却介质的温度（相应的冷凝压力较理论循环高），蒸发温度低于被冷却物体的温度（相应的蒸发压力则较理论循环的低）。除此之外，压缩过程并不是定熵过程。因此，在实际循环的计算中，先可根据蒸发器中被冷却介质种类选取合适的传热温差，确定蒸发温度及相应的蒸发压力，根据冷凝器中冷却介质的种类选取合适的传热温差，确定冷凝温度及相应的冷凝压力，再按理论循环方法和有关公式计算，压缩过程按定熵过程的有关公式予以计算，考虑实际循环两个综合影响因素（输气系数 λ、绝热效率 η_s）即可。

下面我们通过一个例题来说明制冷机的热力计算步骤。

【例 1-2】 某空调系统需要 20kW 制冷量，制冷机工作条件为：空调用冷冻水温度 10℃，冷却水温度 32℃，蒸发器端部的传热温差取 5℃，冷凝器端部的传温差取 8℃，计算时取液体过冷度 $\Delta t_g=5$℃，吸气过热度（有害过热）$\Delta t_n=5$℃，压缩机的输气系数 $\lambda=0.8$，指示效率 $\eta_i=0.8$，机械效率 $\eta_m=0.9$，工质为氨，试进行热力计算。

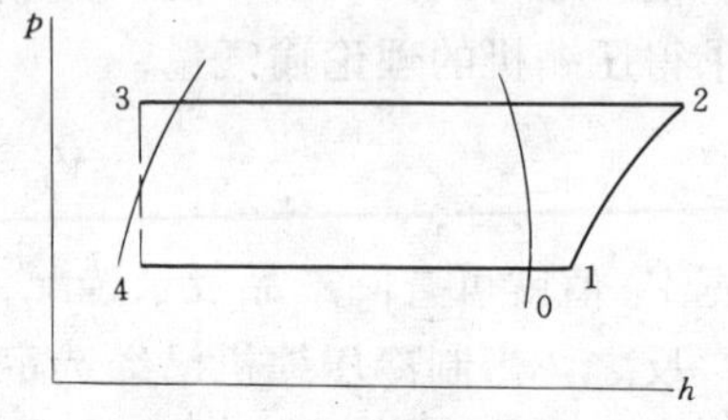

图 1-10 制冷循环压焓图

【解】 1. 制冷机工作参数的确定：

蒸发温度 $t_0=10-5=5$℃

冷凝温度 $t_k=32+8=40$℃

过冷温度 $t_g=t_k-\Delta t_g=40-5=35$℃

吸气温度 $t_n=t_0+\Delta t_n=5+5=10$℃

2. 根据工作温度绘制制冷循环的压焓图，如图 1-10 所示。查氨的热力性质图表，各状态点状态参数如下表：

点　号	p (MPa)	t (℃)	h (kJ/kg)	v (m³/kg)
0	0.517	5	1461.69	
1	0.517	10	1475.24	0.249
2	1.557		1635.95	
3	1.557	35	366.69	

3. 计算项目

1）单位质量制冷量

$$q_0=h_0-h_4=1461.69-366.69=1095 \quad (\text{kJ/kg})$$

2）单位容积制冷量

$$q_v=\frac{q_0}{v_1}=\frac{1095}{0.249}=4397.59 \quad (\text{kJ/m}^3)$$

3）单位压缩功

$$W_0=h_2-h_1=1635.95-1475.24=160.71 \quad (\text{kJ/kg})$$

4）冷凝器单位热负荷

$q_k = h_2 - h_3 = 1635.95 - 366.69 = 1269.26$　　(kJ/kg)

5）制冷工质的循环量

$M_R = \frac{Q_0}{q_0} = \frac{20}{1095} = 0.01826$　　(kg/s)

6）实际输气量和理论输气量

$V_s = M_R \cdot v_1 = 0.01826 \times 0.249 = 4.547 \times 10^{-3}$ (m^3/s)

$V_h = \frac{V_s}{\lambda} = \frac{4.547 \times 10^{-3}}{0.8} = 5.684 \times 10^{-3}$ (m^3/s) $= 20.46$ (m^3/h)

7）压缩机消耗的理论功率、指示功率和轴功率

$N_0 = M_R \times W_0 = 0.01826 \times 160.71 = 2.93$ (kW)

$N_i = \frac{N_0}{\eta_i} = \frac{2.93}{0.8} = 3.67$ (kW)

$N_e = \frac{N_i}{\eta_m} = \frac{3.67}{0.9} = 4.08$ (kW)

8）冷凝器热负荷

$Q_k = M_R \cdot q_k = 0.01826 \times 1269.26 = 23.18$ (kW)

$Q_k = Q_0 + N_i = 20 + 3.67 = 23.67$ (kW)

9）实际制冷系数

$\varepsilon_s = \frac{Q_0}{N_e} = \frac{20}{4.08} = 4.9$

讨论：① 单级蒸汽压缩式制冷的实际循环在工作参数确定后，完全按理论循环的热力计算方法予以计算，再考虑输气系数λ和效率（η_i、η_m）因素就可以了。λ的计算方法将在第三章介绍。

② 正确确定工作参数（即工作温度）是实际循环热力计算的关键。针对不同类型的制冷循环应熟练掌握。

第三节　单级蒸汽压缩式制冷循环的性能及与运行工况的关系

一、单级蒸汽压缩式制冷循环的性能

制冷机的工作参数（即蒸发温度t_0、冷凝温度t_k、过冷温度t_g、吸气温度t_n）常称为制冷机的运行工况。一台既定的压缩机在转速不变的情况下，它的理论输气量是定值，与循环的工作温度无关，但压缩机的性能要随蒸发温度和冷凝温度的变化而变化，其中蒸发温度的变化对性能影响更大。

当工作温度发生变化时，循环的单位质量制冷量、单位压缩功、制冷工质的循环量都将变化，从而制冷机的制冷量、功率消耗等也相应改变。为了讨论方便，现以理论基本循环为例进行分析，讨论温度变化时制冷机性能的变化规律，其结论同样适用于实际循环。

由上节可知，单级蒸汽压缩式制冷理论循环的制冷量及理论功率可分别按下式表示：

$$Q_0 = V_h \cdot \lambda \cdot q_v \tag{1-26}$$

$$N_0 = M_R \cdot W_0 = \frac{V_h \cdot \lambda}{v_1} \cdot W_0 \tag{1-27}$$

由式（1-26）、（1-27）可看出，当压缩机理论输气量V_h为定值时，Q_0、N_0仅分别与q_v及$W_0/$

v_1 有关。因此可通过分析温度变化时 q_v、W_0 的变化来了解 Q_0、N_0 的变化规律。

1. 蒸发温度对循环性能的影响

分析蒸发温度对循环性能的影响时，假定冷凝温度不变，这种情况属于制冷机在环境条件一定时用于不同目的或制冷机启动运行阶段。如图 1-11 所示当蒸发温度由 t_0 降至 t_0' 时，循环由 1-2-3-4-1 变为 1′-2′-3-4′-1′。

从图 1-11 中可看出：(1)单位质量制冷量 q_0 基本上没有变化($q_0'\approx q_0$)；(2)压缩机吸气比容增大了($v_1'>v_1$)，因而单位容积制冷量 q_v 及制冷量 Q_0 都在减小；(3)单位压缩功 W_0 增大了($W_0'>W_0$)。在这种情况下就无法直接看出制冷机功率的变化情况。为了找出其变化规律，可近似地视低压蒸汽为理想气体，压缩过程视为绝热压缩，则单位容积压缩功可表示为

$$W_v=\frac{W_0}{v_1}=\frac{k}{k-1}\cdot\frac{p_0v_1}{v_1}\left[\left(\frac{p_k}{p_0}\right)^{\frac{k-1}{k}}-1\right]=\frac{k}{k-1}p_0\left[\left(\frac{p_k}{p_0}\right)^{\frac{k-1}{k}}-1\right] \tag{1-28}$$

压缩机的理论功率为

$$N_0=M_R\cdot W_0=\frac{V_h\cdot\lambda}{v_1}\cdot W_0=V_h\cdot W_v\cdot\lambda=\frac{k}{k-1}p_0\cdot V_h\cdot\lambda\left[\left(\frac{p_k}{p_0}\right)^{\frac{k-1}{k}}-1\right]$$

当 $p_0=0$ 及 $p_k=p_0$ 时，N_0 均为零，而当蒸发压力 p_0 由 p_k 逐渐下降时，所消耗的功率逐渐增大，待达到某一最大值时（计算表明，对于常用制冷工质，当压缩比 $p_k/p_0\approx3$ 时，功率消耗出现最大值）后又逐渐降低。

以上分析可知，当 t_k 为定值，随 t_0 下降，制冷机的制冷量 Q_0 减小，功率变化则与压缩比$\frac{p_k}{p_0}$有关，当压缩比大约等于 3 时，功率消耗最大，这一通性在压缩机电动机功率选择时具有重要意义。

2. 冷凝温度对循环性能的影响

在分析冷凝温度对循环性能的影响时，则假定蒸发温度不变，这种情况属于用途既定的制冷机在不同地区和季节条件下运行。如图 1-12 所示，当冷凝温度由 t_k 升高到 t_k' 时，循环由 1-2-3-4-1 变为 1-2′-3′-4′-1。

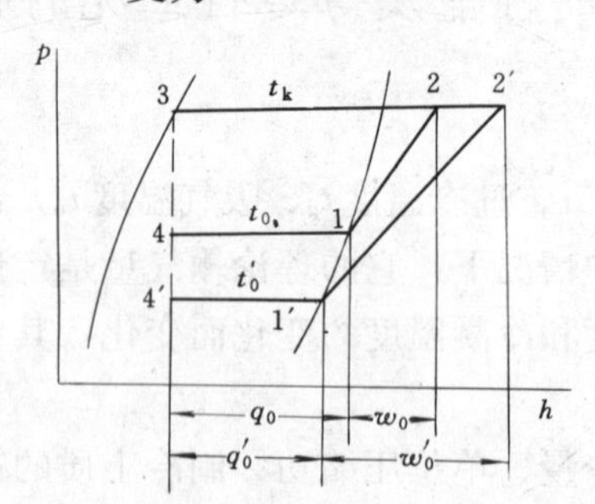

图 1-11 蒸发温度变化时

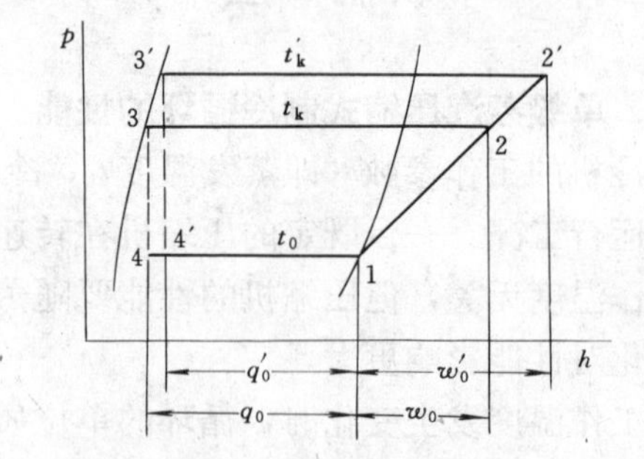

图 1-12 冷凝温度变化时

从图 1-12 中可看出：

(1) 循环的单位质量制冷量 q_0 减少了 ($q_0'<q_0$)；

(2) 虽然进入压缩机的蒸汽比容 v_1 没有变化，但由于 q_0 减小，故单位容积制冷量 q_v 也减少了；

(3) 单位压缩功 W_0 增大了 ($W_0'>W_0$)。

从上分析可知，当t_0为定值随t_k升高，制冷机的制冷量Q_0减少，功率消耗增加，制冷系数下降。

综上所述，随着蒸发温度的降低，制冷循环的制冷量Q_0，制冷系数ε_0均明显下降。因此，在运行中只要能满足被冷却物质的温度要求，总希望制冷机保持较高的蒸发温度，以获得较大的制冷量和较好的经济性。由于冷凝温度的升高会使制冷循环的制冷量及制冷系数下降，故运行中要尽量选用温度较低的冷却介质以降低冷凝温度，提高循环的经济性和安全性。

以上分析仅是当t_0为定值或t_k为定值时单级制冷循环的性能变化，至于t_k及t_0都有变化时制冷机性能如何，除了可以用热力计算方法确定外，最好能作出制冷机的性能曲线，即不同温度下制冷量和功率消耗的变化曲线。利用这些曲线可以很方便地看出t_k、t_0同时变化时制冷机性能的变化情况。

制冷压缩机的性能曲线通常由制造厂根据产品型式试验结果绘制而成。图1-13为4FV7K型制冷压缩机的性能曲线。工程中，常利用这种性能曲线作为选择制冷压缩机的依据。

二、制冷压缩机的工况

制冷机的制冷量、功率消耗及其他特性指标是随蒸发温度t_0及冷凝温度t_k而变的，因此不讲制冷机的工作参数（即工作温度）而单讲制冷量的大小是没有意义的。为了便于将制冷机的性能加以对比，人为地规定了一组温度作为比较基础，这就是所谓制冷压缩机工况。根据我国的实际情况，规定了“标准工况”、“空调工况”、“最大压差工况”和“最大轴功率工况”，其具体数值可参见表1-1、1-2。标准工况和空调工况分别用来标明低温和高温用压缩机的名义制冷能力和轴功率；最大压差工况用来考核制冷机的零部件强度、排气温度、油温和电机绕组温度；最大轴功率工况则用来考核压缩机的噪声、振动及机器能否正常启动。

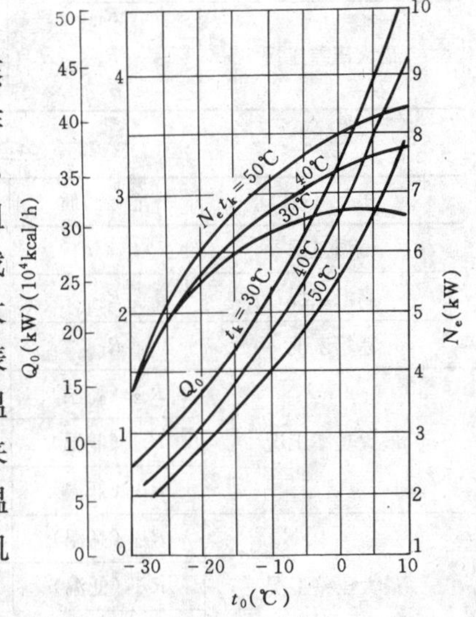

图1-13　4FV7K型压缩机特性曲线

此外，制冷机还必须限定在一定的条件下工作，以保证运行安全可靠。为此，原机械工业部规定了中小型单级活塞式制冷压缩机设计和使用条件（JB955—67），可参见表1-3。这是设计和运行使用单位都必须遵守的条件。

需要说明的是，标准工况或空调工况都是为了比较制冷压缩机的特性而人为规定的，并不限定制冷压缩机只能在这样的工况下工作。实际上制冷压缩机的运行工况（即操作工况）是按使用单位的具体条件而定，不同工况下制冷压缩机的性能可以直接从制造厂提供的性能曲线中查取。

另外，利用式$Q_0=V_h \cdot q_v \cdot \lambda$可以换算出一台制冷压缩机在不同工况下运行时的制冷量。

$$V_h=\frac{Q_{0B}}{\lambda_B \cdot q_{vB}}=\frac{Q_{0C}}{\lambda_C \cdot q_{vC}}$$

即

$$Q_{0C}=Q_{0B}\frac{\lambda_c \cdot q_{vc}}{\lambda_B \cdot q_{VB}}=K_j Q_{0B} \tag{1-29}$$

这里下标字母 B 表示标准工况，C 表示操作工况，$K_j=\frac{\lambda_c \cdot q_{VC}}{\lambda_B \cdot q_{VB}}$ 称为压缩机制冷量换算系数。当制冷压缩机在不同工况下运行时，可利用式（1-29）对制冷压缩机的制冷量予以换算，工程上作粗略估算时，K_j 值可由表 1-4，1-5 查取。

中小型单级活塞式制冷压缩机工况及工作温度 **表 1-1**

工　况	工　质	蒸发温度（℃）	吸气温度（℃）	冷凝温度（℃）	过冷温度（℃）
标准工况	R_{12}	−15	+15	+30	+25
	R_{22}		+15		
	R_{717}		−10		
空调工况	R_{12}	+5	+15	+35	+30
	R_{22}		+15	+35	+30
	R_{717}		+10	+40	+35
最大功率工况	R_{12}	+10	+15	+50	+45
	R_{22}	+5	+15	+40	+35
	R_{717}	+5	+10	+40	+35
最大压差工况	R_{12}	−30	0	+50	+45
	R_{22}	−40	0	+40	+35
	R_{717}	−30	−15	+40	+35

全封闭式压缩机工况及工作温度 **表 1-2**

工　况	工　质	蒸发温度（℃）	吸气温度（℃）	冷凝温度（℃）	过冷温度（℃）
低温工况	R_{12}、R_{22}	−15	15	30	25
高温工况	R_{22}	5	15	40	35
冰箱工况	R_{12}	−20		55	32
最大功率工况	R_{22}（高温）	10	15	55	50
	R_{22}（低温）	−5	15	45	40
	R_{12}（低温）	−5	15	50	45
最大压差工况	R_{22}（高温）	−5	15	50	45
	R_{22}（低温）	−30	0	45	40
	R_{12}（低温）	−30	0	50	45

活塞式制冷压缩机设计、使用条件 **表 1-3**

项　目	制　冷　工　质		
	R_{12}	R_{22}	R_{717}
最高冷凝温度（℃）	50	40	40
相应表压力（MPa）	～1.14	～1.48	～1.49
蒸发温度范围（℃）	−30～10	−40～5	−30～5
相应表压力（MPa）	0.0025～0.33	0.0076～0.5	0.022～0.43
吸气温度（℃）	15	15	t_0+（5～8）
活塞最大压力差（MPa）	1.2	1.4	1.2
最高排气温度（℃）	130	150	150
油压（MPa）	比曲轴箱压力高 0.15～0.3		
最高油温（℃）	70		

立式和 V 型氨压缩机制冷量换算系数 K_i 　　**表 1-4**

蒸发温度（℃）	冷凝温度（℃）															
	25	26	27	28	29	30	31	32	33	34	35	36	37	38	39	40
−15	1.07	1.06	1.04	1.03	1.01	1.0	0.99	0.98	0.96	0.95	0.94	0.93	0.91	0.90	0.88	0.87
−14	1.13	1.12	1.10	1.09	1.07	1.06	1.05	1.04	1.02	1.01	1.0	0.98	0.97	0.95	0.94	0.92
−13	1.19	1.18	1.16	1.15	1.13	1.12	1.11	1.09	1.08	1.06	1.05	1.03	1.02	1.0	0.99	0.97
−12	1.26	1.24	1.23	1.21	1.20	1.18	1.17	1.15	1.14	1.12	1.11	1.09	1.08	1.06	1.05	1.03
−11	1.32	1.30	1.29	1.27	1.26	1.24	1.22	1.21	1.19	1.18	1.16	1.14	1.13	1.11	1.10	1.08
−10	1.38	1.36	1.35	1.33	1.32	1.30	1.28	1.27	1.25	1.24	1.22	1.20	1.18	1.17	1.15	1.13
−9	1.46	1.44	1.42	1.41	1.39	1.37	1.35	1.34	1.32	1.31	1.29	1.27	1.25	1.24	1.22	1.20
−8	1.53	1.51	1.49	1.48	1.46	1.44	1.42	1.41	1.39	1.38	1.36	1.34	1.32	1.30	1.28	1.26
−7	1.61	1.59	1.57	1.56	1.54	1.52	1.50	1.48	1.46	1.44	1.42	1.40	1.38	1.37	1.35	1.33
−6	1.68	1.66	1.64	1.63	1.61	1.59	1.57	1.55	1.53	1.51	1.49	1.47	1.45	1.43	1.41	1.39
−5	1.76	1.74	1.72	1.70	1.68	1.66	1.64	1.62	1.60	1.58	1.56	1.54	1.52	1.50	1.48	1.46
−4	1.85	1.83	1.81	1.79	1.77	1.75	1.73	1.71	1.68	1.66	1.64	1.62	1.60	1.58	1.56	1.54
−3	1.94	1.92	1.90	1.88	1.86	1.84	1.82	1.80	1.77	1.75	1.73	1.71	1.68	1.66	1.63	1.61
−2	2.04	2.02	1.99	1.97	1.94	1.92	1.90	1.88	1.85	1.83	1.81	1.79	1.76	1.74	1.71	1.69
−1	2.13	2.11	2.08	2.06	2.03	2.01	1.99	1.97	1.94	1.92	1.90	1.87	1.84	1.82	1.79	1.76
±0	2.22	2.20	2.17	2.15	2.12	2.10	2.08	2.05	2.03	2.0	1.98	1.95	1.92	1.90	1.87	1.84
1	2.33	2.31	2.28	2.26	2.23	2.21	2.18	2.16	2.13	2.11	2.08	2.05	2.02	2.0	1.97	1.94
2	2.44	2.41	2.39	2.36	2.34	2.31	2.28	2.26	2.23	2.21	2.18	2.15	2.12	2.10	2.07	2.04
3	2.56	2.53	2.50	2.48	2.45	2.42	2.39	2.36	2.34	2.31	2.28	2.25	2.22	2.19	2.16	2.13
4	2.67	2.64	2.61	2.58	2.55	2.52	2.49	2.46	2.44	2.41	2.38	2.35	2.32	2.29	2.26	2.23
5	2.78	2.75	2.72	2.69	2.66	2.63	2.60	2.57	2.54	2.51	2.48	2.45	2.42	2.39	2.36	2.33
10	3.45	3.41	3.37	3.34	3.30	3.26	3.22	3.19	3.15	3.12	3.08	3.04	3.01	2.97	2.94	2.90

立式和 V 型氟利昂 12 压缩机制冷量的换算系数 K_i 　　**表 1-5**

蒸发温度（℃）	冷凝温度（℃）															
	25	26	27	28	29	30	31	32	33	34	35	36	37	38	39	40
−15	1.08	1.06	1.05	1.03	1.02	1.0	0.98	0.97	0.95	0.94	0.92	0.90	0.89	0.87	0.86	0.84
−14	1.14	1.12	1.11	1.09	1.08	1.06	1.04	1.02	1.01	0.99	0.97	0.95	0.93	0.92	0.90	0.88
−13	1.20	1.18	1.16	1.15	1.13	1.11	1.09	1.07	1.06	1.04	1.02	1.0	0.98	0.97	0.95	0.93
−12	1.27	1.25	1.23	1.21	1.19	1.17	1.15	1.13	1.11	1.09	1.07	1.05	1.03	1.01	0.99	0.97
−11	1.33	1.31	1.29	1.26	1.24	1.22	1.20	1.18	1.16	1.14	1.12	1.10	1.08	1.06	1.04	1.02
−10	1.39	1.37	1.35	1.32	1.30	1.28	1.26	1.24	1.21	1.19	1.17	1.15	1.13	1.10	1.08	1.06
−9	1.46	1.44	1.42	1.39	1.37	1.35	1.33	1.31	1.28	1.26	1.24	1.22	1.19	1.17	1.14	1.12
−8	1.54	1.52	1.49	1.47	1.44	1.42	1.40	1.37	1.35	1.32	1.30	1.28	1.25	1.23	1.20	1.18
−7	1.61	1.59	1.56	1.54	1.51	1.49	1.47	1.44	1.42	1.39	1.37	1.35	1.32	1.30	1.27	1.25
−6	1.69	1.66	1.64	1.61	1.59	1.56	1.53	1.51	1.48	1.46	1.43	1.41	1.38	1.36	1.33	1.31
−5	1.76	1.73	1.71	1.68	1.66	1.63	1.60	1.58	1.55	1.53	1.50	1.47	1.45	1.42	1.40	1.37
−4	1.85	1.82	1.79	1.77	1.74	1.71	1.68	1.66	1.63	1.61	1.58	1.55	1.52	1.49	1.47	1.44
−3	1.94	1.91	1.88	1.85	1.82	1.79	1.76	1.73	1.70	1.68	1.65	1.62	1.59	1.56	1.54	1.51
−2	2.02	2.0	1.97	1.94	1.91	1.88	1.85	1.82	1.79	1.76	1.73	1.70	1.67	1.64	1.61	1.58
−1	2.11	2.08	2.05	2.02	1.99	1.96	1.92	1.89	1.86	1.83	1.80	1.77	1.74	1.71	1.68	1.65
±0	2.20	2.17	2.13	2.10	2.07	2.04	2.0	1.97	1.94	1.91	1.88	1.84	1.81	1.78	1.75	1.72
1	2.31	2.26	2.23	2.20	2.17	2.14	2.10	2.06	2.03	2.0	1.97	1.93	1.89	1.86	1.83	1.80
2	2.42	2.37	2.34	2.31	2.28	2.24	2.20	2.16	2.13	2.10	2.06	2.02	1.98	1.95	1.92	1.89
3	2.52	2.47	2.44	2.41	2.38	2.34	2.30	2.26	2.23	2.20	2.16	2.11	2.06	2.03	2.0	1.97
4	2.63	2.58	2.54	2.51	2.48	2.44	2.40	2.36	2.32	2.29	2.25	2.20	2.15	2.12	2.09	2.06
5	2.74	2.70	2.66	2.62	2.58	2.54	2.50	2.46	2.42	2.38	2.34	2.30	2.26	2.22	2.18	2.14
10	3.38	3.33	3.28	3.23	3.18	3.14	3.09	3.04	2.99	2.95	2.90	2.85	2.80	2.75	2.71	2.66

第四节　双级压缩制冷循环

一、采用双级压缩制冷循环的原因

一般单级蒸汽压缩式制冷循环，在采用常用制冷工质时，蒸发温度只能达到－20℃～－25℃。由于冷凝温度及其对应的冷凝压力受到环境条件限制，所以当冷凝压力一定时，要想获得较低的蒸发温度，其蒸发压力 p_0 也必然较低，因而压缩比 p_k/p_0 变大。而压缩比过大，必然导致压缩机的输气系数减小，压缩机的排气温度过高，其结果不仅使制冷量降低，运行条件恶化，甚至会危害压缩机的正常工作。通常单级压缩比 p_k/p_0 的合理范围大致为：氨（R717）≤8，氟利昂 22（R22）和氟利昂 12（R12）≤10。当压缩比超过上述范围时就应采用两级压缩式制冷循环。

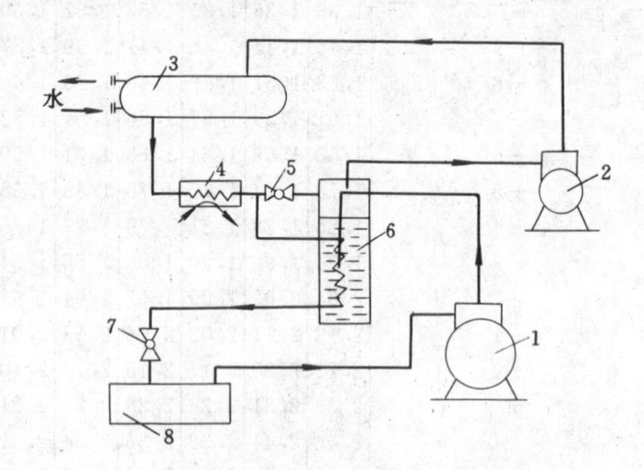

图 1-14　一次节流完全中间冷却两级压缩制冷循环系统图

1—低压压缩机；2—高压压缩机；3—冷凝器；4—过冷器；5、7—节流阀；6—中间冷却器；8—蒸发器

两级压缩式制冷循环的主要特点是将来自蒸发器的低压（低温）蒸汽先用低压级压缩机压缩到适当的中间压力 p_{01}，然后再进入高压级压缩机再次压缩到冷凝压力。这样既可以获得较低的蒸发温度，又可使压缩机的压缩比控制在合理范围内，保证压缩机安全可靠地运行。

工程中在氨系统主要采用一次节流、完全中间冷却的两级压缩制冷循环；在氟利昂 12 系统则采用一次节流，不完全中间冷却的两级压缩制冷循环。下面分别予以分析讨论。

二、一次节流、完全中间冷却的两级压缩制冷循环

图 1-14 和图 1-15 分别示出一次节流、完全中间冷却的两级压缩制冷循环系统图，压焓图和温熵图。

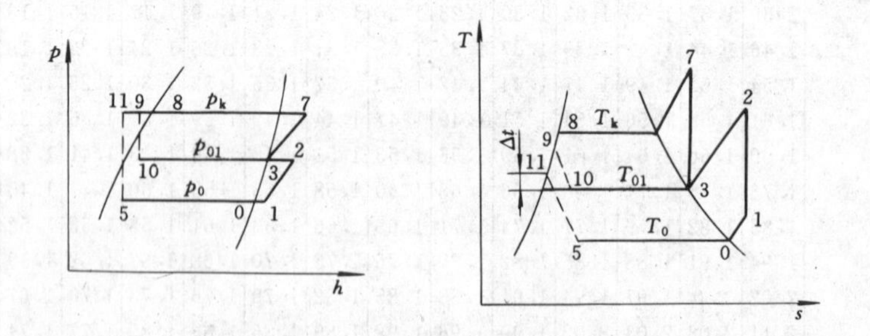

图 1-15　一次节流完全中间冷却两级压缩制冷循环的压焓图及温熵图

系统工作过程如下：从蒸发器出来的低压蒸汽被低压级压缩机 1 吸入后压缩到中间压力 p_{01}，过热蒸汽进入中间冷却器 6 中，被其中的液体制冷工质冷却到中间压力下的饱和温度 t_{01}，再经高压级压缩机 2 继续压缩到冷凝压力 p_k，然后进入冷凝器 3 中冷凝成高压液体。由冷凝器流出的液体经过过冷器 4 分成两路：一路经节流阀 5 节流到中间压力 p_{01} 进入中间

冷却器中，利用它的蒸发来冷却低压级压缩机排出的中压蒸汽和盘管中的高压液体，蒸发了的蒸汽连同节流后的闪发气体及低压级压缩机的排气一起进入高压级压缩机；另一路液体在中间冷却器的盘管内被过冷后，经节流阀 7 节流后在蒸发器 8 中气化制冷。

图 1-15 中 1-2 表示低压级压缩过程；2-3 表示低压级压缩机的排气在中间冷却器中的冷却过程；3-7 表示高压级压缩机的压缩过程；7-8 表示高压排气在冷凝器中的冷却和冷凝过程；8-9 表示高压常温液态制冷工质在过冷器 4 中的再冷却过程；9-10 表示节流阀 5 中的节流过程；10-3 表示湿蒸汽在中间冷却器中的蒸发过程；9-11 表示液体制冷工质在中间冷却器盘管内的再冷却过程；11-5 表示高压液体制冷工质在节流阀 7 中的节流过程；5-0 表示低压低温湿蒸汽在蒸发器中的蒸发过程；0-1 表示低压低温蒸汽在吸气管中的过热过程。高压液体在中间冷却器盘管中被冷却后的温度 t_{11} 通常比中间温度 t_{01}（即中间压力 p_{01} 对应的饱和温度）大约高 5～8℃。

在一次节流、完全中间冷却的两级压缩制冷循环中，蒸发温度 t_0、冷凝温度 t_k 的确定方法与单级制冷循环相同，确定了 t_0、t_k，也就能定出蒸发压力 p_0、冷凝压力 p_k、中间压力 p_{01} 及中间温度 t_{01} 的确定将单独分析讨论。

三、一次节流不完全中间冷却的两级压缩制冷循环

图 1-16 及图 1-17 分别示出一次节流不完全中间冷却的两级压缩制冷循环的系统简图及温熵图和压焓图。

比较图 1-16 与图 1-14 可知，不完全中间冷却循环与完全中间冷却循环主要区别是低压级压缩机的排气不在中间冷却器内冷却，而是与中间冷却器中产生的饱和蒸汽在管路中混合后进入高压级压缩机。因此，高压级压缩机吸入的不是中间压力下对应的饱和蒸汽，而是过热蒸汽。这样，中间冷却器的热负荷就相应小一些，容积也可小一些，结构也简单一些；但另一方面，高压级压缩机的排气温度也比吸入饱和蒸汽时要高一些。然而对于绝热指数 k 值较小的氟利昂来说排气温度也不会很高。

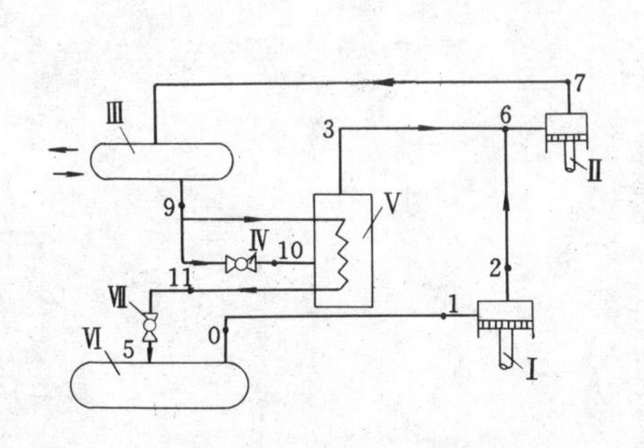

图 1-16　一次节流不完全中间冷却两级压缩制冷循环图

Ⅰ—低压压缩机；Ⅱ—高压压缩机；Ⅲ—冷凝器；Ⅳ、Ⅶ—节流阀；Ⅴ—中间冷却器；Ⅵ—蒸发器

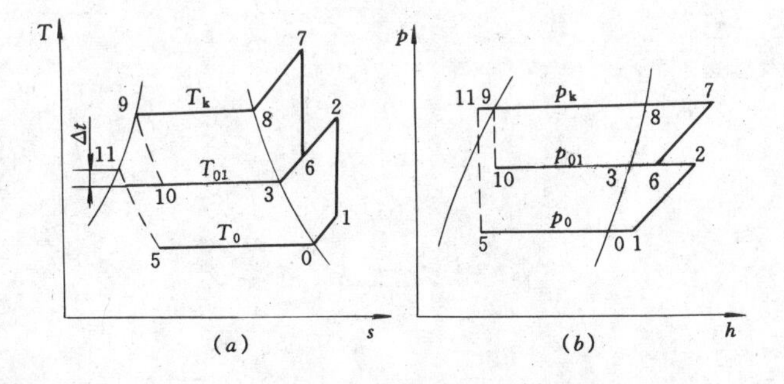

图 1-17　一次节流不完全中间冷却两级压缩制冷循环的温熵图和压焓图

四、两级压缩制冷循环的中间压力

在两级压缩制冷循环中，当制冷量 Q_0 已确定时，蒸发温度 t_0、蒸发压力 p_0、冷凝温度 t_k、冷凝压力 p_k、过冷度、过热度均可参照单级蒸汽压缩制冷循环的方法决定，因此中间压

力 p_{01}、中间温度 t_{01} 的确定是作循环图（温熵图和压焓图）和计算的关键。

对于新设计的两级压缩制冷机，中间压力（中间温度）按循环制冷系数最大的原则去确定。工程中，可按下面几个经验公式确定：

（1）按压力比例中项确定中间压力

$$p_{01} = \sqrt{p_0 \cdot p_k}(\text{MPa}) \tag{1-30}$$

（2）按温度的比例中项确定中间温度，再查取相应的中间压力。

$$T_{01} = \sqrt{T_0 \cdot T_k}(\text{K}) \tag{1-31}$$

（3）拉赛提出了温度在－40℃～＋40℃范围内，对 R717 和 R12 都适用的经验公式

$$t_{01} = 0.4t_k + 0.6t_0 + 3℃ \tag{1-32}$$

上述公式中求出了 p_{01}（t_{01}）就可根据饱和压力与饱和温度的对应关系从制冷工质热力性质表中查取 t_{01}（p_{01}）。

但是，实际工作中常常需要选配两台（或两台以上的）压缩机来组成两级压缩制冷循环。对于由两台既定的压缩机（高压级压缩机理论输气量为 V_{hg}，低压级压缩机理论输气量为 V_{hd}）组成的两级压缩制冷循环的中间压力，则应按高低压容积比 $\zeta = V_{hg}/V_{hd}$ 为定值的条件确定。具体方法可参阅有关制冷教材。我国中小型活塞式制冷压缩机系列产品中就有单机双级压缩机（如 1/3AS12.5 型制冷压缩机），其中 2 个缸作为高压级，6 个缸作为低压级，容积比 $\zeta = 1/3$。根据我国生产实践，当 t_0 在－28℃～－40℃范围内，高低压容积比 $\zeta = 1/3$～1/2，长江以南取大值，这主要是南方夏季环境气温较高的缘故。

第二章　制冷剂、载冷剂和润滑油

第一节　对制冷剂性能的基本要求

在制冷系统中不断地循环以实现制冷目的的工作物质称为制冷剂。目前常用的制冷剂有十几种。国际上规定用“R”和后面跟着的两位或三位数字作为表示制冷剂的代号。制冷剂的性质直接关系到制冷机的性能及运行管理，因而对制冷剂性质的了解应给予足够的重视。制冷剂应具备的基本条件，通常可以从热力学、物理与化学、生理和经济等几方面来考虑。

一、热力学方面的要求

1. 蒸发压力和冷凝压力要适中。在蒸发器内制冷剂的压力应稍高或接近于大气压力，因为当蒸发器中制冷剂的压力低于大气压力时，外部的空气就有可能从密封不严处进入制冷系统，就会降低制冷机的效率。在冷凝器中制冷剂的压力不应过高，这样可以降低制冷设备承压要求和密封要求，以及减少制冷剂渗漏的可能性。

2. 单位容积制冷量 q_v 要大。制冷剂的单位容积制冷量越大，对于产生一定的制冷量，制冷剂的体积循环量就越小，就可以缩小压缩机的尺寸和管道的管径，以减少金属材料的消耗。

3. 临界温度要高而凝固温度要低。制冷剂的临界温度越高，则制冷循环的工作区越远离临界点，制冷循环可越接近逆卡诺循环，节流损失小，制冷系数较高。同时也便于用常温冷却水或空气进行冷凝液化。制冷剂的凝固温度要低一些，以可能在较低的蒸发温度下制取冷量。

4. 绝热指数要小。制冷剂的绝热指数越小，压缩机的排气温度越低，不但有利于提高压缩机的输气系数，而且对压缩机的润滑也有好处。表 2-1 列举了常用制冷剂的绝热指数及 $t_0=-20℃$，$t_k=30℃$ 时的绝热压缩温度。

绝热压缩温度（蒸发温度－20℃，冷凝温度 30℃）　　**表 2-1**

制　冷　剂	R717	R12	R22	R502
压缩比	6.13	4.92	4.88	4.5
绝热指数	1.31	1.136	1.184	1.132
绝热压缩温度（℃）	110	40	60	36

二、物理与化学方面的要求

1. 制冷剂的粘度和密度应尽可能小。制冷剂的粘度和密度小，制冷剂在管道中的流动阻力就小，可以降低压缩机的耗功率和缩小管道直径。

2. 导热系数和放热系数要高。这样能提高蒸发器和冷凝器的传热系数和减少其传热面积。

3. 具有一定的吸水性。当制冷系统中渗进极少的水分时，虽会导致蒸发温度升高，但不至于在低温下形成“冰堵”而影响制冷系统的正常运行。

水在液态 R12 和 R22 中的溶解度 表 2-2

温　度（℃）	水的溶解度%（以重量计）		温　度（℃）	水的溶解度%（以重量计）	
	R12	R22		R12	R22
35	0.0150	0.1700	−20	0.00072	0.0280
30	0.0115	0.1470	−25	0.00052	0.0230
25	0.0090	0.1280	−30	0.00036	0.0180
20	0.0072	0.1100	−35	0.00024	0.0150
15	0.0057	0.0960	−40	0.00017	0.0120
10	0.0044	0.0830	−45	0.00012	0.0100
5	0.0032	0.0700	−50	0.00008	0.0070
0	0.0025	0.0600	−55	0.00005	0.0050
−5	0.0018	0.0500	−60	0.00004	0.0040
−10	0.0014	0.0420	−65	0.00002	0.0030
−15	0.0010	0.0340	−70	0.00001	0.0020

4. 具有化学稳定性。制冷剂应不燃烧、不爆炸，高温下不分解，对金属和其他材料不产生腐蚀作用。

5. 溶解于油的性质应从正反两方面分析。如制冷剂能和润滑油无限溶解在一起，其优点是为机件润滑创造良好条件；在蒸发器和冷凝器的传热面上不易形成油膜而阻碍传热。其缺点是使蒸发温度有所提高；使润滑油粘度降低；制冷剂沸腾时泡沫多，蒸发器中的液面不稳定。如制冷剂难溶于油，其优点是蒸发温度比较稳定；在制冷设备中制冷剂与润滑油易于分离。缺点是蒸发器和冷凝器的传热面上会形成油膜从而影响传热。

三、其他方面的要求

1. 制冷剂对人的生命和健康应无危害，不具有毒性、窒息性和刺激性。制冷剂的毒性分为六级，一级毒性最大，六级毒性最小。六级只是在浓度高的情况下才会造成对人体的危害，其危害也只是窒息性质的。同级毒性中 a 等的毒性比 b 等大。

制冷剂毒性分级标准 表 2-3

级　别	条　件		产 生 的 结 果
	制冷剂蒸汽在空气中的体积百分比	作用时间（min）	
1	0.5～1.0	5	致　死
2	0.5～1.0	60	致　死
3	2.0～2.5	60	开始死亡或成重症
4	2.0～2.5	120	产生危害作用
5	20	120	不产生危害作用
6	20	120 以上	不产生危害作用

2. 制冷剂应易于制取且价格便宜。

上述对制冷剂的要求仅作为选择制冷剂时的参考。因为要选择十全十美的制冷剂实际上做不到，目前能作为制冷剂用的物质或多或少都存在一些缺点。实际使用中只能根据用途和工作条件，保证主要的要求，而不足之处可采取一定措施弥补。

第二节　常用的制冷剂

目前空调用制冷系统中使用的制冷剂有很多种，归纳起来大体上可分三类：即无机化合物、甲烷或乙烷的卤素衍生物（又称氟利昂），以及混合制冷剂。

一、无机化合物

无机化合物作为常用制冷剂的有氨和水。它们的代号分别用R7XX表示，其中7表示无机化合物，其余两个数字表示组成该物质的分子量的整数。例如，氨的代号为R717，水的代号为R718。

1. 氨（R717）

氨除了毒性大些以外，是一种很好的制冷剂，从19世纪70年代至今一直被广泛应用。氨的单位容积制冷量较大，蒸发压力和冷凝压力适中。氨对钢铁不腐蚀，含水时才对铜及铜的合金（磷青铜除外）有腐蚀作用。氨价廉易得。氨的最大缺点是有强烈刺激作用，对人体有危害，当空气中容积浓度达到0.5%～0.6%时，人在其中停留半小时即将中毒。氨可以燃烧和爆炸，当空气中氨的容积含量达到11%～14%时即可点燃，若含量达16%～25%遇明火时即会引起爆炸。因此制冷机房需有良好的通风条件，并且不许使用明火。

2. 水（R718）

水作为制冷剂常用于蒸汽喷射式制冷机或溴化锂吸收式制冷机中。水作为制冷剂最大的优点是无毒、无臭、不燃不爆、汽化潜热大而且极易获得。但水的蒸汽比容很大，因此它的单位容积制冷量很小。水作为制冷剂只能制取0℃以上的冷冻水。

二、甲烷和乙烷的卤素衍生物

甲烷和乙烷的卤素衍生物又称为氟利昂（Freon）。氟利昂作为制冷剂时，同样也用“R”和后面的数字表示。氟利昂的化学分子通式为$C_mH_nF_xCl_yBr_z$，氟利昂简写符号在“R”后的数字依次为（$m-1$），（$n+1$），x，若化合物中含有溴原子时再在后面加“B”和溴原子个数。例如，二氯二氟甲烷（CF_2Cl_2）即R12，一氯二氟乙烷（$C_2H_3F_2Cl$）即R142，一溴三氟甲烷（CF_3Br）即R13B1。

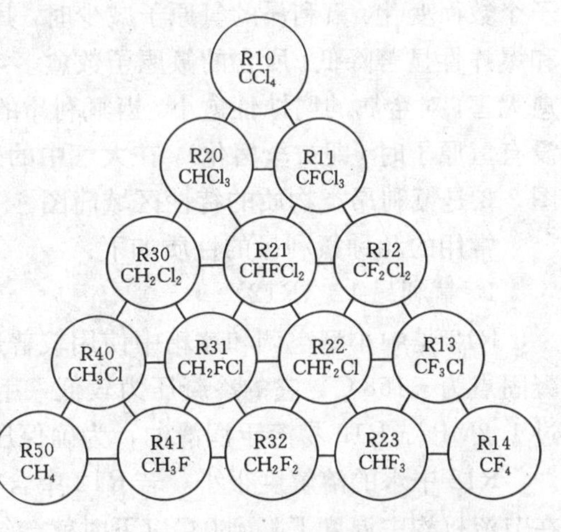

图2-1　甲烷衍生物的氟利昂系列

由于氟利昂的性质与其分子结构形式之间存在着一定的联系，所以可按氟利昂族分子结构中各元素之间的置换情况进行有规律的排列。甲烷衍生物的氟利昂系列有15种，如图2-1所示。乙烷衍生物的氟利昂系列有28种，如图2-2所示。

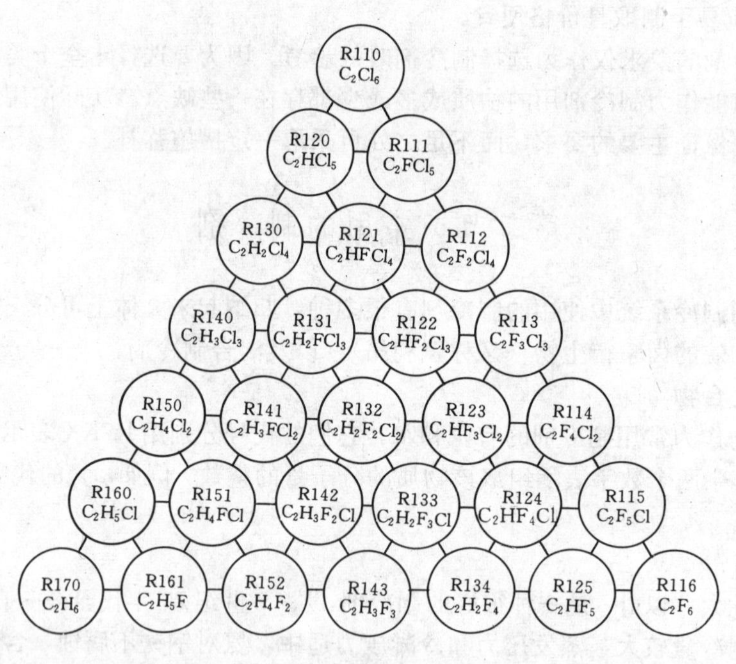

图 2-2　乙烷衍生物的氟利昂系列

乙烷衍生物的氟利昂系列物质中的两个碳原子可与氟、氯、氢原子以不同的方式结合，因而存在同分异构物。按每个碳原子结合的元素的原子量不平衡程度，可以依次排列为 a、b、c 三种异构体，如 R134a、R142b、R114 等。这种同分子异构体现象给选用更合适的制冷剂提供了一个更加广泛的范围。

氟利昂的性质随其分子中所含氟、氯、溴的原子个数而变化。氟利昂的氢原子减少时，其可燃性和爆炸性显著降低，所含的氟原子数愈多，对人体愈无害，对金属的腐蚀性愈小。当氟利昂的分子中没有氢原子时（即被全卤化），在大气中的寿命长。图 2-3 是氟利昂类物质的特性区域简图。

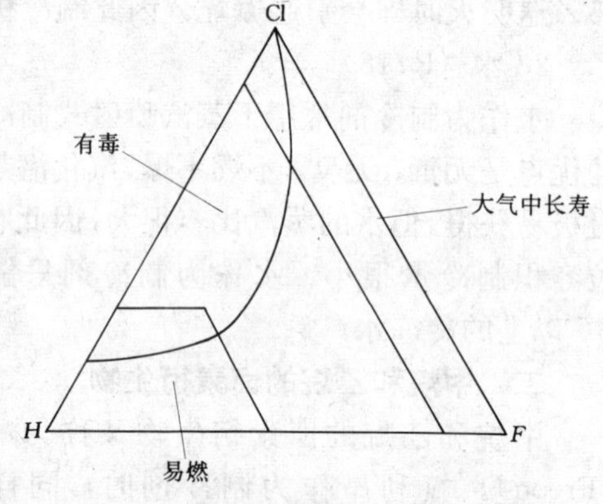

图 2-3　氟利昂类物质的特性区域

常用的几种氟利昂的性质如下：

1．氟利昂 12（R12）

R12 是中小型空调和冰箱中使用较普遍的制冷剂。R12 在大气压下的沸点为－29.8℃，凝固点为－158℃。它的冷凝压力较低，用水冷却时冷凝压力不超过 1.0MPa，风冷时不超过 1.2MPa。R12 易溶于润滑油，为确保压缩机的润滑应使用粘度较高的冷冻机油。

R12 中水的溶解度很小。若 R12 中含有少量水份，呈游离状态的水随制冷剂流动，若在节流机构中温度下降到 0℃以下时就会结冰，从而堵塞节流阀的阀孔，造成制冷系统无法制冷，这种现象称为“冰堵”。为防止“冰堵”，通常要求 R12 的含水量不大于 0.0025％（即 25ppm）。

R12 无色、无臭、对人体生理危害极小。R12 中不含氢原子，因而不燃不爆。由于 R12 已全卤化，因而在大气中寿命长，约 95～150 年，对臭氧层有破坏作用，被列入首批限用制冷剂。

2. 氟利昂 22（R22）

R22 在空调用制冷装置中被广泛采用。R22 的热力学性能与氨很相近，而且安全可靠，是一种良好的制冷剂。

R22 对电绝缘材料的腐蚀性较 R12 为大，毒性也比 R12 稍大。R22 不燃不爆，在大气中的寿命约 20 年。

3. 氟利昂 11（R11）

R11 在大气压下蒸发温度为 23.7℃。由于它的分子量大，冷凝压力低，所以主要用于空调用离心式制冷压缩机中。因为它含有三个氯原子，毒性较 R12 大。R11 的其他理化性质与 R12 相近。R11 是全卤化甲烷衍生物，在大气中寿命约 47～80 年，属首批限用制冷剂。

4. 氟利昂 114（R114）

R114 在大气压力下蒸发温度为 3.55℃。冷凝压力很低，冷凝温度达 60℃时其饱和压力只有 0.596MPa。所以适用于高温环境中，如冶金厂的吊车用空调机组。它的毒性及水在其中的溶解度与 R12 相近，与润滑油的溶解度和 R22 相似。

R114 是全卤化乙烷衍生物，在大气中的寿命长达 210～320 年，也被列入限用制冷剂。

5. 氟利昂 142b（R142b）

R142b 在大气压力下蒸发温度为－9.25℃。在常温下甚至在 80℃高温下的饱和压力也不算高（1.4MPa），因此它适用于环境温度较高下的空调机组，也可以作为热泵的工质。

R142b 的毒性和 R22 差不多，和空气混合容积浓度在 10.6%～15.1%范围内会发生爆炸。R142b 在大气中的寿命约 21～27 年。

6. 氟利昂 152a（R152a）

R152a 在大气压下沸点是－24.7℃。制冷循环性能比 R12 提高 10%，无毒。但由于 R152a 中的氢含量较高，体积浓度 7%～12%即可燃烧，因此安全性较差。R152a 在大气中的寿命约 2～3 年。

7. 氟利昂 134a（R134a）

R134a 是一种新开发的制冷剂，分子量 102.03，大气压下沸点为－26.25℃，凝固点－101℃，临界温度 101.05℃，临界压力 4.06MPa。R134a 的热力性质与 R12 非常接近，对电绝缘材料的腐蚀程度比 R12 还稳定，毒性级别与 R12 相同。但 R134a 难溶于油，因此采用 R134a 的制冷系统还需配用新型的润滑油。目前 R134a 已取代 R12 作为汽车空调中的制冷剂。R134a 在大气中的寿命约 8～11 年。

8. 氟利昂 123（R123）

R123 是一种新开发的制冷剂，分子量 152.93，大气压下沸点为 27.61℃，凝固点－107℃，临界温度 183.79℃，临界压力 3.676MPa。R123 的热力性质与 R11 很相似，但对金属的腐蚀性比 R11 大，毒性级别尚待确定。R123 在大气中的寿命约 1～4 年。

三、混合制冷剂

混合制冷剂是由两种以上的氟利昂组成的混合物。由于混合制冷剂的热力性质与组成它的原单一制冷剂的热力性质不同，从而有利于改善和提高制冷机的工作特性。混合制冷剂又分为共沸混合物和非共沸混合物两类。它们本质上的区别是饱和状态下气液两相的组分是否相同。相同的属于共沸制冷剂，不相同的属于非共沸制冷剂，例如后者的低沸点组分在气相中的成分高于在液相中的成分。

下面介绍两种混合制冷剂：

1. 氟利昂 502（R502）

R502 是由质量百分比为 48.8%的 R22 和 51.2%的 R115 组成，属共沸制冷剂。与 R22 相比，压力稍高，在较低温度下制冷能力约大 13%。在相同的蒸发温度和冷凝温度条件下压缩比较小，压缩后的排气温度较低。采用单级蒸汽压缩式制冷时，蒸发温度可低达－55℃。

2. R22/R152a/R124 三元混合制冷剂

R22/R152a/R124 三元混合物是一种新开发的制冷剂，各组分的重量百分配比为 36/24/40。这种三元混合制冷剂属非共沸混合物，由于三组分的沸点相差不是太远，也可称为近共沸混合物，其特性与 R12 很相近。三组分中只有 R152a 可燃，但当其含量小于 35%时混合物基本不燃。三组分中也只有 R152a 有轻微毒性，故混合后毒性很小。R22/R152a/R124 三元混合制冷剂的制冷效率比 R12 提高 3%。

四、制冷剂的选用

制冷剂的选用是否合适，将直接影响到制冷机的工作性能和技术经济指标。一般从下列几方面去考虑选用问题。

1. 首先应考虑制冷剂的适用温度范围。当蒸发温度和冷凝温度给定时，在制冷系统中使用不同的制冷剂会得到不同的蒸发压力和冷凝压力。选用的制冷剂在制冷系统中的蒸发压力最好不低于大气压力；冷凝压力不应超过 1.6MPa。

2. 制冷剂在一定的冷凝温度和蒸发温度下，对应的饱和压力的比值应较小。这样可使制冷压缩机的效率提高，工作情况有所改善。

3. 制冷系统中的压缩机是容积型的应选用单位容积制冷量大的制冷剂，如是速度型的应选用分子量大的制冷剂。

4. 对于大容量的制冷装置必须考虑到选用廉价易得的制冷剂。安装在人口稠密地区的制冷装置或空调用的制冷装置，最好不选用有毒性、易燃易爆的制冷剂。

制冷剂种类虽多，但由于性质各异，故适用于不同类型的制冷系统。表 2-4 是目前几种主要制冷剂的适用范围。

常用制冷剂的范围 **表 2-4**

制冷剂名称	化学分子式	使用压力范围	使用温度范围	制冷机种类	用途	备注
氨	NH_3	中压	低、中	活塞式、离心式、螺杆式、吸收式	制冰、冷藏及其他	温度范围： 高－1～10℃ 中－18～－1℃ 低－60～－18℃ 超低－90～－60℃ 压力范围： 高 2.0～7.0MPa 中 0.3～2.0MPa 低 0.3MPa R-22：48.8% R-115：51.2% R-12：73.8% R-152a：26.2%
R-11	CCl_3F	低压	高	离心式、回转式	空调（限用）	
R-12	CCl_2F_2	中压	低～高	活塞式、离心式、螺杆式	冷藏空调、船舶（限用）	
R-22	$CHClF_2$	中压	超低～高	活塞式、离心式、螺杆式	低温制冷、小冷机、空调	
R-113	$C_2Cl_3F_3$	低压	高	离心式	空调（限用）	
R-114	$C_2Cl_2F_4$	低压	中、高	回转式、离心式	小型制冷机（限用）	
R-502	$CHClF_2$ $CClF_2\text{-}CF_3$	中压	低、中	活塞式	冷藏及其他	
R-500	CCl_2F_2 $CH_3\text{-}CHF_2$	低压	中、高	活塞式	冷藏、空调、船舶及其他	
水	H_2O	低压	高	吸收式、蒸汽喷射式	空调、化工	

第三节 CFC的限用与替代物的选择

氟利昂自1930年被人们发现并进入商业性生产，至今已有60多年历史了。可以说，氟利昂对制冷技术的应用和发展起到了非常大的作用，曾经给人类带来了巨大的好处。

目前采用的制冷剂都是按国际上规定的统一编号，书写为R12、R22、R11等。为了区别各类氟利昂对臭氧（O_3）的作用，1988年美国杜邦公司建议采用新的命名方法。把不含氢的氟利昂写成CFC，读作氯氟烃，如R12改写为CFC12。把含氢的氟利昂写成HCFC，读作氢氯氟烃，如R22改写为HCFC22。把不含氯的氟利昂写成HFC，读作氢氟烃，如R134a改写为HFC134a。这种新的命名方法正逐渐地被人们采用。

一、CFC对臭氧层的破坏作用及温室效应

一般认为，地球表面的大气在高度约25km处存在一层臭氧层，大气中的臭氧（O_3）约90%集中在该层中。由于臭氧层形成了一道天然屏障，能有效地阻止来自太阳的紫外线对地球表面的辐射危害。臭氧层成了地球上生物和人类的防护罩。

由于CFC化学性质稳定，在大气中的寿命可长达几十年甚至上百年。当CFC类物质在大气中扩散、上升到臭氧层时，在强烈的紫外线照射下才发生分解。分解时释放出的氯离子对O_3有亲和作用，可与O_3分子作用生成氧化氯分子和氧分子。氧化氯又能和大气中游离的氧原子作用，重新生成氯离子和氧分子，这样循环反应产生的氯离子就不断地破坏臭氧层。据测算，一个CFC分子分解生成的氯离子可以破坏近10万个臭氧分子。上述论点提出后，历经十多年的争议，目前世界上大多数专家意见基本取得一致，认为O_3层的破坏主要是地球上散发到大气中的CFC造成。

另外，CFC还会加剧温室效应。

二、环境保护及CFC替代物的选择

保护臭氧层是一项全球性的环境保护问题，1987年联合国在加拿大蒙特利尔举行“大气臭氧层保护会议”，会上三十多个国家签定了一项“限制破坏臭氧层物质蒙特利尔议定书”，五种氟利昂（CFC11、CFC12、CFC113、CFC114、CFC115）被限制生产和使用。自1990年至1992年召开了三次“蒙特利尔议定书”缔约国会议。通过的修正案，不断扩大控制物质的范围和缩短限制期限。最后规定CFC到1996年1月1日停用，HCFC在2030年停用。

以CFC作为制冷剂，由于其化学性质稳定、无毒以及不燃性等方面的优点，曾为制冷行业作出巨大的贡献。显然，停止CFC的使用会给制冷工业带来不少问题。为此，制冷专家们努力寻求合适的替代制冷剂。合适的替代制冷剂应满足的基本要求是：

1. 对环境安全。所选用的替代制冷剂的臭氧耗减潜能值（ODP）必须小于0.1，全球变暖潜能值（GWP）相对于R12来说必须很小。

2. 具有良好的热力性能。要求替代制冷剂的压力适中，制冷效率高，并且与润滑油有良好的亲合性。

3. 具有可行性。除易于大规模工业化生产、价格可被接受外，制冷剂的毒性必须符合职业卫生要求，对人体无不良影响。

专家们认为，长远的办法是采用HFC物质作为制冷剂。因为HFC不含氯，所以对O_3

无破坏作用。如选用近期替代物的话，必须是ODP值小的HCFC物质。

烷类衍生物系列的替代制冷剂选择范围　表2-5

系　列	近期替代物	长期替代物
甲烷衍生物	R22	R23（R32，R41，R50）①
乙烷衍生物	R123，R133，R124	R134a，R125，（R143，R152a，R161，R170）①

①括号内的带有可燃性，属有争议工质。

第四节　载　冷　剂

在间接式制冷系统中，被冷却物体（空间）的热量是通过中间介质传给制冷剂的。这种中间介质在制冷工程中称为载冷剂。采用载冷剂的优点是能使制冷装置的各种设备集中布置在一起，减小制冷剂管路系统的总容积和减少制冷剂的充注量。其缺点是整个系统比较复杂，而且在被冷却物和制冷剂之间增加了一级传热温差，以及增加了冷量损失。

一、对载冷剂的要求

选择载冷剂时，应考虑下列一些因素：

1. 在工作温度范围内始终应处于液体状态。沸点要高，凝固点要低，而且都应远离工作温度。

2. 载冷剂循环运行中能耗要低。也就是说要求载冷剂的比热要大，密度要小，粘度要低。

3. 载冷剂的工作要安全可靠。化学稳定性要好，对管道及设备不腐蚀，应不燃不爆，对人体无毒害。

4. 价格低廉，便于获得。

二、常用的载冷剂

1. 水

水可用作工作温度高于0℃的载冷剂。水的比热大，对流传热性能好，价格低廉。因此，水在空调系统中被广泛地用作载冷剂。

2. 盐水

盐水可用作工作温度低于0℃的载冷剂。常用的盐水是由氯化钙（$CaCl_2$）或氯化钠（NaCl）配制成的水溶液。

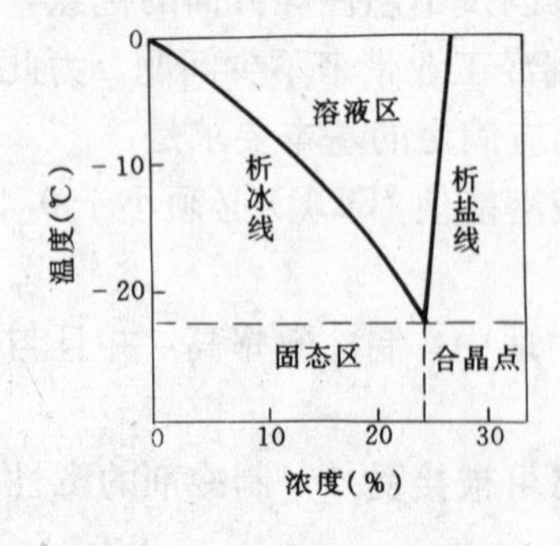

图2-4　氯化钠盐水溶液

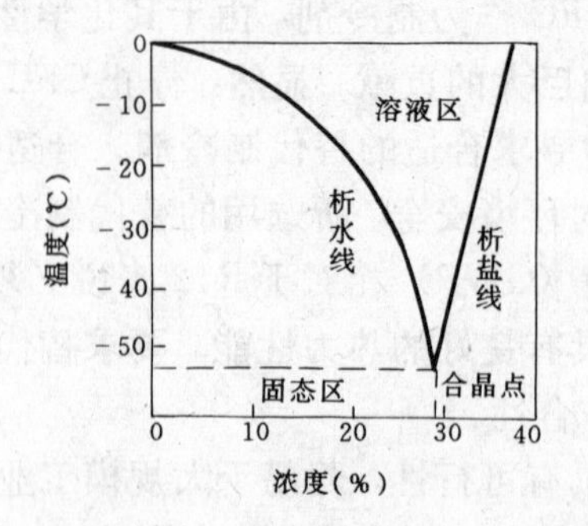

图2-5　氯化钙盐水溶液

盐水的性质与溶液中盐的浓度密切相关，如图 2-4 和图 2-5 所示。图中左右各有一条曲线，左边是析冰线，右边是析盐线。两曲线的交点称为冰盐共晶点。由析冰线可知，起始析冰温度随着含盐量的增加而降低。由析盐线可知，起始析盐温度随着含盐量的增加而升高。冰盐共晶点是盐水的最低凝固点。氯化钠水溶液共晶点的温度（称作共晶温度）为 -21.2℃，质量浓度为 23.1%（称作共晶浓度），氯化钙水溶液的共晶点二者分别为 -55℃ 和 29.9%。

盐水溶液的浓度越大，其密度也越大，流动阻力也增大；同时，浓度增大，其比热减小，输送一定冷量所需盐水溶液的流量将增加，造成泵消耗的功率增大。因此，配制盐水溶液时，只要使其浓度所对应的凝固温度不低于系统中可能出现的最低温度即可，一般使凝固温度比制冷剂的蒸发温度低 5～8℃。

盐水溶液对金属有腐蚀性，尤其是略带酸性并与空气相接触的盐水溶液，其腐蚀性更强。为了降低盐水对金属的腐蚀作用，可在盐水溶液中加入一定量的防腐剂。一般采用的做法是：$1m^3$ 的氯化钙水溶液中加 1.6kg 的重铬酸钠（$Na_2Cr_2O_7$）和 0.432kg 的氢氧化钠（NaOH）；$1m^3$ 氯化钠水溶液中加入 3.2kg 的重铬酸钠和 0.86kg 的氢氧化钠。添加缓蚀剂的盐水应呈弱碱性，pH≈8.5。重铬酸钠对人体皮肤有腐蚀作用，调配溶液时需加注意。

3. 有机载冷剂

常用的有机载冷剂主要有乙二醇、丙二醇的水溶液。它们都是无色、无味、非电解性溶液。冰点都在 0℃ 以下，对金属管道、容器无腐蚀作用。丙二醇是无毒的，可以与食品直接接触而不致污染。乙二醇略带毒性，但无危害性，价格和粘度较丙二醇低。

第五节　润　滑　油

在制冷压缩机中，润滑油的功能主要是：

（1）润滑相互摩擦的零件表面，使摩擦表面完全被油膜分隔开来，从而降低压缩机的摩擦功，摩擦热和零件的磨损。

（2）带走摩擦热量，使摩擦零件的温度保持在允许范围内。

（3）使活塞环与气缸壁之间的间隙、轴封摩擦面等密封部分充满润滑油，以阻挡制冷剂的泄漏。

（4）带走金属摩擦表面的磨屑。

（5）利用油压作为控制卸载机构的液压力。

一、制冷机对润滑油的基本要求

1. 在与制冷剂混合的情况下，能保持足够的粘度。

2. 具有较低的凝固点，需低于制冷剂的工作蒸发温度。

3. 不应含有水分和蜡质，闪点要高，高温下的挥发性要小。

4. 化学稳定性好，对金属及填料无腐蚀作用。

5. 绝缘电阻值大。

二、制冷压缩机用润滑油的特性分析

1. 溶解性

各种制冷剂对润滑油的溶解度不同，而且还与温度条件有关。在制冷机的工作温度范

围内，按与润滑油溶解的情况常用制冷剂大致可分为三类：

（1）不溶于润滑油的制冷剂R717，R13，R14等。润滑油在低温时的粘度、密度和其他性能不会改变。如果使用这些制冷剂，必须加强压缩机与冷凝器之间的油分离器作用。

（2）少量溶于润滑油的制冷剂，如R22。一般来说，温度越低溶解度越小。所以，当蒸发温度降低到某一程度时（约为+10℃），润滑油与R22就会分成两层（上层为富油层，下层为少油层），油漂浮在制冷剂上面。从而影响制冷剂的蒸发率，而且不利于油被吸回压缩机。如在R22的制冷机中采用聚硅酸丁腈类合成机油，它与R22能在−80℃以上的温度范围内完全溶解。这样，在蒸发器里一般就不会出现R22与油的分离现象，系统中可以不用油分离器。

（3）无限溶于润滑油的制冷剂有R11，R12，R21，R113和R500等。这些制冷剂在液态时，能与润滑油以任何比例相互溶解。润滑油是一种高沸点的液体，制冷剂中溶油量多，会使制冷剂在定压下的沸点升高。换句话说，要保持沸点不变则要降低蒸发压力，这将引起单位容积制冷量下降。

2. 粘度

粘度是润滑油的一个重要性能指标。不同的制冷剂要求使用不同粘度的润滑油，例如R12与润滑油能互溶，使油变稀，所以应选用粘度较高的润滑油。压缩机中润滑油的粘度应适当，粘度过大会使压缩机的摩擦功率增大，启动力矩也增大；粘度过小会使轴承不能建立所需要的油膜。

有些润滑油的粘度随温度的变化很大，例如温度由50℃升高到100℃，矿物油的粘度值降低到原来的1/3～1/6。在制冷压缩机中要求选用粘度随温度变化小的润滑油。

3. 闪点

闪点即是引起润滑油燃烧的温度。一般冷冻机油的闪点温度为160～180℃。对于氨制冷机，由于氨的绝热指数k值高，当压缩比较大时的排气温度很高，有接近润滑油闪点的可能。所以，氨压缩机的气缸顶部设有冷却水套，以防高温油的炭化。

4. 含水量

润滑油中的含水量与制冷装置的制冷效果及使用寿命有十分密切的关系。水在氟利昂系统中会引起“冰堵”现象和“镀铜现象”。为避免上述情况发生，对润滑油的含水量必须按要求严格控制。

国产冷冻机油的规格见表2-6。一般，氨压缩机多用N15号，R12压缩机多用N22号，R22压缩机则多用N32号。

国产冷冻机油（SH0349—92） **表2-6**

项　目	质量指标					试验方法
粘度等级	N15	N22	N32	N46	N68	GB 3141
运动粘度（40℃）（mm^2/s）	13.5～16.5	19.8～24.2	28.8～35.2	41.4～50.6	61.2～74.8	GB 265
闪点（开口）（℃）不低于	150	160	160	170	180	GB 267
凝点（℃）不高于	−40				−35	GB 510
倾点（℃）	报告					GB 3535
酸值（mgKOH/g）不大于	0.02			0.03	0.05	GB 264

续表

项目	质量指标				试验方法
水溶性酸或碱	无				GB 259
腐蚀（T3铜片，100℃，3h），级不大于	1				GB 5096
氧化安定性： 氧化后酸值（mgKOH/g）不大于 氧化后沉淀物（%）不大于	0.05 0.005	0.2 0.02	0.05 0.005	0.10 0.02	SY2652及注1
机械杂质	无				GB 511
水分	无				GB 260
水分（ppm）	报告	—	报告		SY 2122
颜色，号	— 报告				GB 6540
浊点（与氟氯烷的混合液）（℃）不高于	—		−28	—	SY 2666
灰分（%）不大于	0.005	0.01	0.005	0.01	GB 508

注：1. 氧化条件：140℃，14h，空气流量50mL/min。

2. N32号冷冻机油不得加入降凝剂。

3. 供蒸发温度不低于−20℃的冷冻机使用的N22冷冻机油允许其凝点不高于−25℃。

第三章 制 冷 压 缩 机

制冷压缩机是蒸汽压缩式制冷系统中最主要的设备。制冷压缩机的型式很多，根据它的工作原理，可分为容积型和速度型两大类。

在容积型压缩机中，气体压力靠可变容积被强制缩小来提高，常用的容积型压缩机有往复式活塞压缩机、回转式压缩机、螺杆式压缩机及滚动转子式压缩机。

在速度型压缩机中，气体压力的提高是由气体的动能转化而来。常用的速度型压缩机有离心式压缩机。

本章主要介绍活塞式及螺杆式制冷压缩机的工作原理、性能、结构特点及选用计算方法，对其他型式压缩机作一般性讨论。各类型压缩机的基本构造及应用范围见表 3-1。

制冷压缩机的分类及应用 **表 3-1**

区分			形态	气密特征	容量范围（kW）	主要用途	特点
容积式	往复式	活塞连杆式	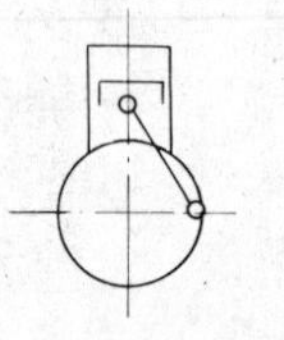	开启	0.4～120	冷冻，空调，热泵	机型多、易生产、价廉、容量中等
				半封闭	0.75～45	冷冻，空调	
				全封闭	0.1～15	冷藏库，车辆	
		活塞斜盘式	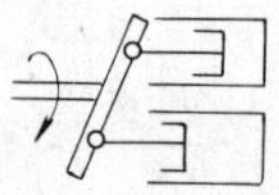	开启	0.75～2.2	轿车空调专用	高速，小容量
	旋转式	转子式	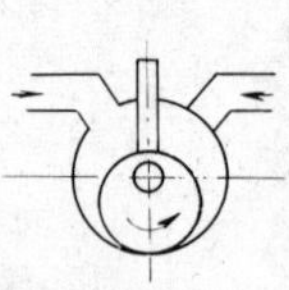	开启	0.75～2.2	车辆空调	
				全封闭	0.1～5.5	冷藏库，冰箱，车辆	高速，小容量
容积式	旋转式	旋转叶片式	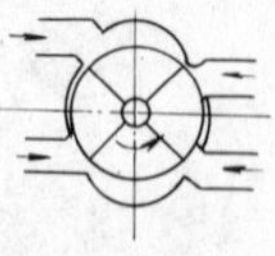	开启	0.75～2.2	车辆空调	
				全封闭	0.6～5.5	冷库，冰箱，空调	高速，小容量
	涡旋式		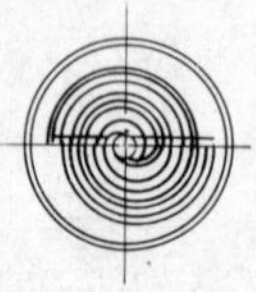	开启	0.75～2.2	车辆空调，热泵	
				全封闭	2.2～7.5	空调	高速，小容量

续表

区分			形态	气密特征	容量范围（kW）	主要用途	特点
容积式	螺杆式	双螺杆		开启	～6	汽车空调	压比大，可替代小容量往复式压缩机，价昂
					30～1600	车辆空调	
				半封闭	55～300	热泵	
		单螺杆		开启	100～1100	热泵	
				半封闭	22～90	热泵，车辆	
离心式				开启	90～1000	冷冻，空调	适用于大容量
				半封闭			

第一节　活塞式制冷压缩机的概述

活塞式压缩机是利用气缸中活塞的往复运动来压缩气缸中的气体，通常是利用曲柄连杆机构将原动机的旋转运动转变为活塞的往复直线运动，故也称为往复式压缩机。

活塞式压缩机主要由机体、气缸、活塞、连杆、曲轴和气阀等组成，图 3-1 为立式两缸活塞式制冷压缩机。

一、活塞式制冷压缩机的分类

由于曲柄连杆运动的惯性力及阀片的寿命，限制了活塞运动速度和气缸容积，故排气量不能太大，目前国产的活塞式制冷压缩机转速一般在 500～3000r/min 之间，标准制冷量为 60～600kW 的中型机和标准制冷量小于 60kW 的小型机。

1．按压缩机的密封方式分类

为了防止制冷系统内的制冷工质从运动着的制冷压缩机中泄漏，常采取密封结构，并可分为开启式和封闭式。

开启式压缩机的曲轴功率输入端伸出机体之外，通过传动装置（联轴器或皮带轮）与原动机相连接。曲轴伸出端设有轴封装置，以防制冷工质的泄漏。压缩机的机体与电动机外壳铸成一体，构成密闭的机身，气缸盖可拆卸的叫半封闭式压缩机。压缩机和电动机共同装在一个封闭壳体内，上下机壳接合处焊封的为全封闭式压缩机。全封闭式压缩机与所配用的电动机共用一根主轴装在机壳内，因而可不用轴封装置，减少了泄漏的可能性。这三种压缩机的结构见图 3-2 所示。

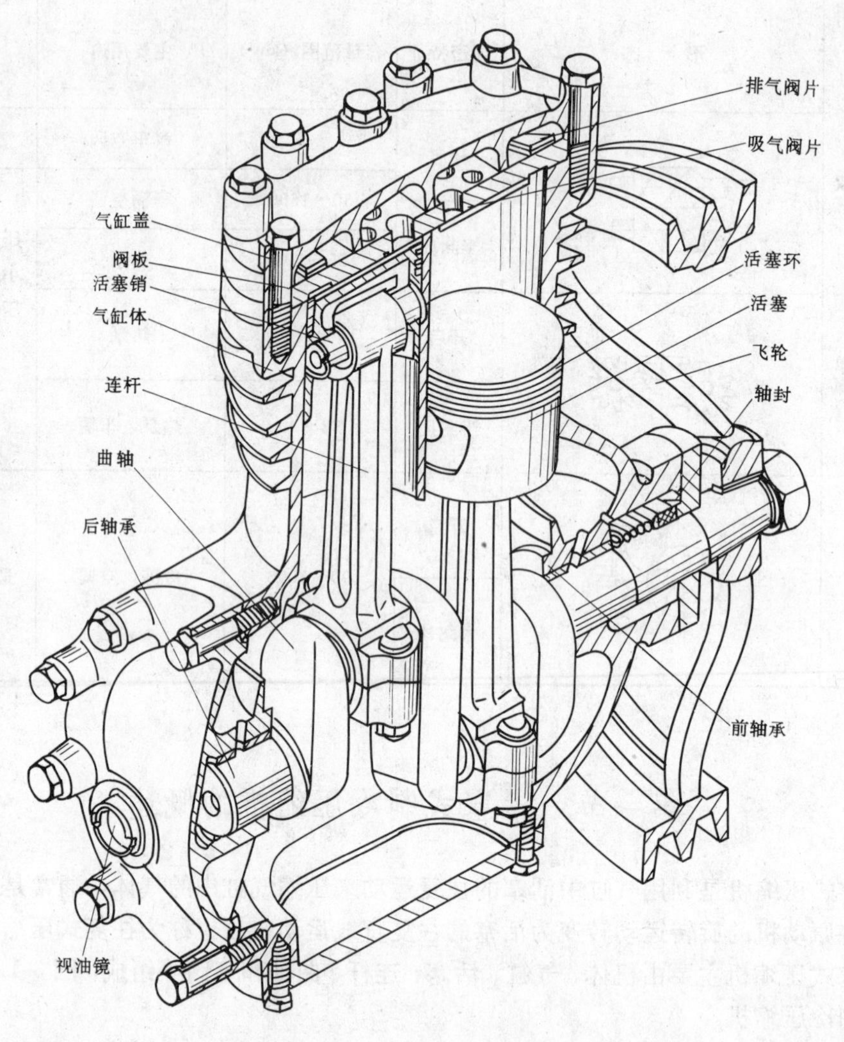

图 3-1 立式两缸活塞式制冷压缩机

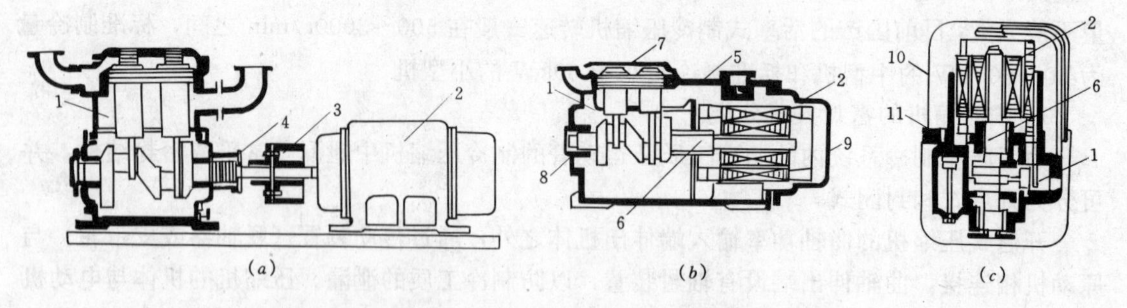

图 3-2 开启式、半封闭、全封闭式压缩机结构示意图

(*a*) 开启式；(*b*) 半封闭式；(*c*) 全封闭式

1—压缩机；2—电机；3—联轴器；4—轴封；5—机体；6—主轴；

7、8、9—可拆的密封盖板；10—焊封的罩壳；11—弹性支撑

2. 按压缩机的气缸布置方式分类

根据气缸布置形式，压缩机可分为卧式、立式和角度式。

卧式压缩机的气缸呈水平布置，属老式压缩机，空气调节工程中不采用。

立式压缩机的气缸为垂直设置，气缸数目多为两个，转速一般在750r/min以下，如图3-3中a，工程上已很少采用。

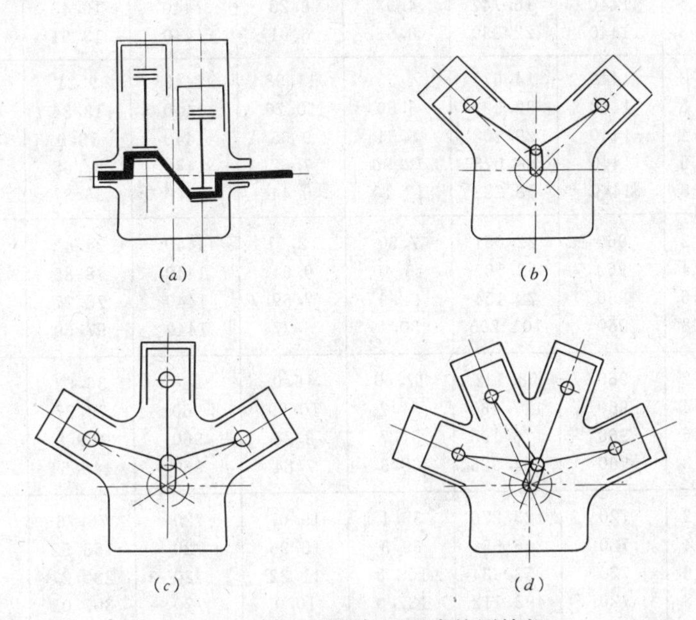

图3-3　气缸不同布置型式的压缩机

(a) 直立型；(b) V型；(c) W型；(d) S型

角度式压缩机的气缸轴线在垂直于曲轴轴线的平面内呈一定的夹角（图3-3），其排列形式有V型、W型、S型等。这种压缩机具有结构紧凑、质量轻、运转平稳等特点，因而在现代中小型高速多缸压缩机系列中得到广泛应用。目前，中小型空气调节工程中多采用这种压缩机。

3. 国产中小型活塞式制冷压缩机系列产品

目前，我国中小型活塞式制冷压缩机系列型号编制有两种，一种是开启式和半封闭式，另一种是全封闭式。两种编法基本统一，各类活塞式制冷压缩机的基本参数见表3-2、3-3、3-4。

气缸直径分别为40、50、70、100、125、170mm，再布置不同的气缸轴线夹角和配上不同的气缸数，组成多种规格，以满足对不同制冷量的要求。

如8AS17制冷压缩机：第一位以数字表示压缩机气缸数目；第二位以汉语拼音字母表示压缩机所适用的制冷工质，A表示氨；第三位以英文字母表示压缩机气缸布置型式，S表示扇形；第四位以数字表示压缩机气缸直径（cm）。

又如4FV7B制冷压缩机：4表示4缸，F表示适用氟利昂，V表示气缸布置为V型，7表示缸径，B则表示半封闭。若全封闭，最后以Q表示，其他与半封闭相同。

开启式制冷压缩机基本参数 表 3-2

类别	缸径(mm)	行程(mm)	缸数	R22 转速(r/min)	R22 标准制冷量(kW)	R22 标准轴功率(kW)	R22 单位重量(kg/kW)	R12 转速(r/min)	R12 标准制冷量(kW)	R12 标准轴功率(kW)	R12 单位重量(kg/kW)
Ⅰ	50	40	2	1440	5.582	1.67	13.37	1440	3.477	1.138	21.40
			3	1440	8.374	2.49	11.63	1440	5.21	1.690	18.61
			4	1440	11.165	3.30	10.09	1440	6.955	2.24	16.51
			6	1440	16.747	4.93	8.23	1440	10.43	2.33	13.26
			8	1440	22.330	6.55	6.91	1440	13.91	4.44	11.05
Ⅱ	70	55	2	1440	14.677	4.35	11.98	1440	9.21	3.01	19.07
			3	1440	22.027	6.50	10.76	1440	13.84	4.49	17.10
			4	1440	29.308	8.54	9.65	1440	18.0	5.94	15.35
			6	1440	44.078	12.90	7.62	1440	27.68	8.86	12.33
			8	1440	58.732	17.10	6.44	1440	36.87	11.70	10.35
Ⅲ	100	70	2	960	22.051	7.80	12.91	1440	24.42	7.98	13.84
			4	960	52.102	15.40	9.54	1440	48.85	15.7	10.18
			6	960	78.154	22.9	7.59	1440	73.27	23.5	8.14
			8	960	104.205	30.4	6.77	1440	97.69	31.1	7.27
Ⅳ	125	100	2	960	58.732	17.60	15.0	960	36.63	12.00	23.96
			4	960	117.463	34.7	10.99	960	73.27	23.6	17.68
			6	960	176.195	51.7	8.78	960	109.9	35.2	14.07
			8	960	234.926	68.5	7.84	960	146.54	46.7	12.56
Ⅶ	170	140	2	720	123.276	35.1	19.07	720	76.76	24.0	30.59
			4	720	246.556	69.3	13.96	720	153.52	47.0	22.45
			6	720	253.534	103.3	11.22	720	230.27	70.7	18.03
			8	720	493.112	137.0	10.0	720	307.03	93.6	16.05

半封闭制冷压缩机基本参数 表 3-3

类别	缸径(mm)	行程(mm)	缸数	R22 转速(r/min)	R22 标准制冷量(kW)	R22 单位重量(kg/kW)	R12 转速(r/min)	R12 标准制冷量(kW)	R12 单位重量(kg/kW)
Ⅰ	50	40	2	1440	5.0	22.79	1440	3.19	33.73
			3	1440	7.51	18.14	1440	4.79	26.75
			4	1440	10.01	16.17	1440	6.38	23.84
			6	1440	15.0	13.14	1440	9.58	19.31
			8	1440	20.0	11.28	1440	12.77	16.75
Ⅱ	70	55	2	1440	14.19	21.05	1440	9.01	31.05
			3	1440	21.28	16.98	1440	13.49	25.12
			4	1440	28.38	14.77	1440	18.03	15.93
			6	1440	42.57	11.86	1440	26.75	17.56
			8	1440	56.17	10.35	1440	36.05	15.24
Ⅲ	100	70	2	960	25.0	22.21	1440	23.73	12.68
			4	960	50.0	17.21	1440	47.45	14.65
			6	960	75.01	24.54	1440	71.29	13.14
			8	960	100.02	13.37	1440	95.02	11.16

全封闭制冷压缩机基本参数 **表 3-4**

类　型	制冷剂	缸　径 (mm)	行　程 (mm)	缸　数	转　速 (r/min)	名义制冷量 kW (kcal/h)	配用电机功率 (kW)
高温用	R22	40	25	1	2820	4.07 (3500)	1.1
				2		8.37 (7200)	2.2
				3		12.56 (10800)	3
				4		16.74 (14400)	4
		50	30	1	2880	7.91 (6800)	2.2
				2		15.31 (18600)	4
				3		23.72 (20400)	5.5
				4		31.63 (27200)	7.5
低温用	R22	40	25	1	2820	2.09 (1800)	1.1
				2		4.30 (3700)	2.2
				3		6.45 (5550)	3
				4		8.60 (7400)	4
		50	30	1	2880	4.07 (3500)	2.2
				2		8.14 (7000)	4
				3		12.21 (10500)	5.5
				4		16.28 (14000)	7.5

二、常用术语

分析压缩机结构特点及性能时，常用到一些术语，现简单予以说明。

1. 压缩机转速 n：

压缩机曲轴单位时间内的旋转圈数即为转速，计量单位为 r/min（转/分）。当皮带传动时，电动机的转速经换算才为压缩机转速。

2. 上、下止点：

当活塞在气缸中沿中心轴线上移至运动轨迹最高点时（离曲轴中心最远点），就是活塞运动的上止点，如图 3-4（*a*）。当活塞下移至运动轨迹最低点时（离曲轴中心最近点），就是活塞运动的下止点，如图 3-4（*b*）。

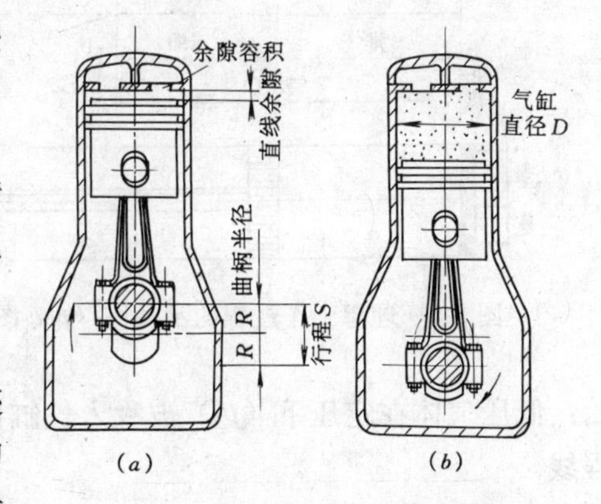

图 3-4　上（下）止点的位置

（*a*）上止点；（*b*）下止点

3. 活塞行程 S：

活塞在气缸中由上止点至下止点之间移动的距离称活塞行程，它等于曲轴回转半径 R 的 2 倍，即 $S=2R$。

4. 工作容积 V_g：

活塞移动一个行程时在气缸内所扫过的容积称为气缸的工作容积 V_g，即 $V_g=\frac{\pi}{4}D^2S$，

式中 D 为气缸内径，对于一台有 Z 个气缸，转速为 n 的压缩机，其理论容积 $V_h=V_g\cdot Z\cdot n=\frac{\pi}{4}D^2S\cdot Z\cdot n\frac{1}{60}$（$m^3/s$）理论容积也称为理论排气量。

5. 余隙容积 V_c：

活塞处在上止点时，为了防止活塞顶部与阀板、阀片等零件撞击，并考虑热胀冷缩和装配允许误差等因素，活塞顶部与阀板之间必留有一定的间隙，其直线距离称为线性余隙，线性余隙与气缸壁之间所含的空间（包括排气阀孔容积，对于装活塞环的压缩机包括第一道环以上的空间）称为余隙容积。

6. 相对余隙容积 C：

余隙容积与气缸工作容积之比称为相对余隙容积，$C=V_c/V_g$，表示余隙容积占气缸工作容积的比例。现代中、小型活塞式制冷压缩机的 C 值约为 2%～6%，我国系列产品 C 值约为 4%。

7. 吸（排）气阀片升程 H_s（H_d）：

吸（排）气阀片由关闭状态运动到升程限止器的距离称为吸（排）气阀片的升程。

三、活塞式制冷压缩机工作过程的概述

活塞式制冷压缩机实际工作过程是相当复杂的，为了便于分析讨论，我们假定压缩机在没有任何损失（容积和能量损失）的状况下运行，以此作为压缩机的理想工作过程。

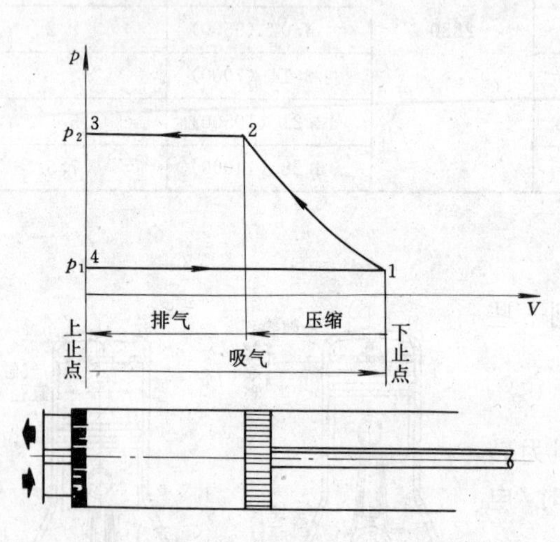

图 3-5　理想工作过程的示功图（p-v 图）

压缩机在理想工作过程中，气缸中制冷工质压力（P）随容积（V）的变化（即示功图）如图 3-5 所示。活塞式压缩机的理想工作过程包括吸气、压缩、排气三个过程。

吸气：

活塞由上止点下行时，排气阀片关闭，气缸内压力瞬间下降，当低于吸气管内压力 P_1 时，吸气阀开启，吸气过程开始，低压气体在定压下（p_1）被吸入气缸内，直至活塞行至下止点为止，如 p-V 图 4→1 过程线。

压缩：

活塞由下止点上行，当气缸内制冷工质压力等于吸气管内压力（p_1）时，吸气阀关闭，气缸内形成封闭容积，缸内气体被绝热压缩，随着活塞上行到某一位置，缸内气体被压缩至压力与排气管内压力（p_2）相等时，压缩过程结束，排气过程开始，如图 1→2 过程线。

排气：

排气过程持续进行到活塞行至上止点，将气缸内高压气体在定压（p_2）下全部排出为止，即图上 2→3 过程线。

这样，曲轴旋转一圈，活塞往返一次，压缩机完成吸气、压缩、排气过程，将一定量

低压气体吸入经绝热压缩提高压力后全部排出气缸。所以，一个气缸的工作容积V_g就是一个气缸理论容积输气量。在一定的工况条件下运行的制冷压缩机，其理论制冷量主要取决于理论输气量V_h。

第二节　活塞式制冷压缩机的总体结构及零部件构造

一、开启式压缩机

开启式压缩机的结构特点在于压缩机与原动机分装，容易拆修。目前，国产氨压缩机和容量较大的氟利昂压缩机多采用这种结构型式，下面以6AW-12.5型压缩机为例介绍开启式压缩机的结构，见图3-6。

（一）机体

6AW-12.5型压缩机的机体为整体式，上部的气缸体和下部的曲轴箱铸成一体，气缸体和曲轴箱之间由隔板隔开，以防曲轴旋转时将润滑油带至吸气腔。气缸体外又由隔板分隔为吸气腔（下部）和排气腔（上部），两层隔板上下各开有六个对应的缸套座孔，用以对气缸套定位。吸气腔最低部位设有回油孔与曲轴箱连通，其作用在于使从吸气分离下来的润滑油流回曲轴箱，并可使吸气腔与曲轴箱的压力保持均衡。

吸气腔通过吸气管和吸气截止阀连通，构成吸气通道。排气腔通过排气管和排气截止阀连通，构成排气通道。为了防止排气温度过高，气缸盖内铸有冷却水套。

曲轴箱兼作润滑油的贮油箱，两侧开有工作孔，以便拆修。曲轴箱的前、后各开有较大的圆形座孔，以装配前、后轴承座支承曲轴。

机体形状复杂，加工面多，强度和刚度要求较高，一般用不低于HT20～40的灰铸铁铸造，铸件应经时效处理。

（二）曲柄连杆机构

6AW-12.5压缩机的曲轴为双曲拐、夹角为180°。每拐上套装三个连杆及活塞，三个活塞所在的气缸轴线之间夹角均为60°。曲轴体内钻有油孔，润滑油自两端进入油孔，输往主轴承及各个连杆的大头轴承等润滑部位。曲轴一端装有油泵，另一端伸出机体外与原动机相连。为了防止泄漏，曲轴伸出端装有轴封装置。

图3-7为摩擦环式轴封，它有三个密封面：A是径向动密封面，它由转动摩擦环（动环）5和固定环（定环）1之间两个相互压紧的摩合面组成，压紧力由弹簧座10上的弹簧9和气体压力产生；B是径向静密封面，由动环和橡皮圈6端面形成压紧密封面，并随曲轴一起旋转；C是轴向密封面，由橡皮圈的外圆上套一个紧圈7，使橡皮圈箍在轴颈的外圆表面上，使橡皮圈和轴颈表面间既可相对轴向滑动，又能起到密封的作用，压缩机运行时，轴封处需不断地供给润滑油，以冷却轴封，润滑密封面，在摩擦面间形成油膜层以增强密封能力。压缩机轴封处有微量渗油是允许的，但不能滴油。

压缩机的连杆采用工字形断面，用可锻铁制造。连杆为直剖式（也有斜剖式），内装薄壁轴瓦，用连杆螺栓固连。连杆小头采用磷青铜制造的小头衬套与活塞销配合。连杆体内钻有油孔，可使润滑油从连杆大头经油孔送至小头衬套润滑。连杆组件可参见图3-8。

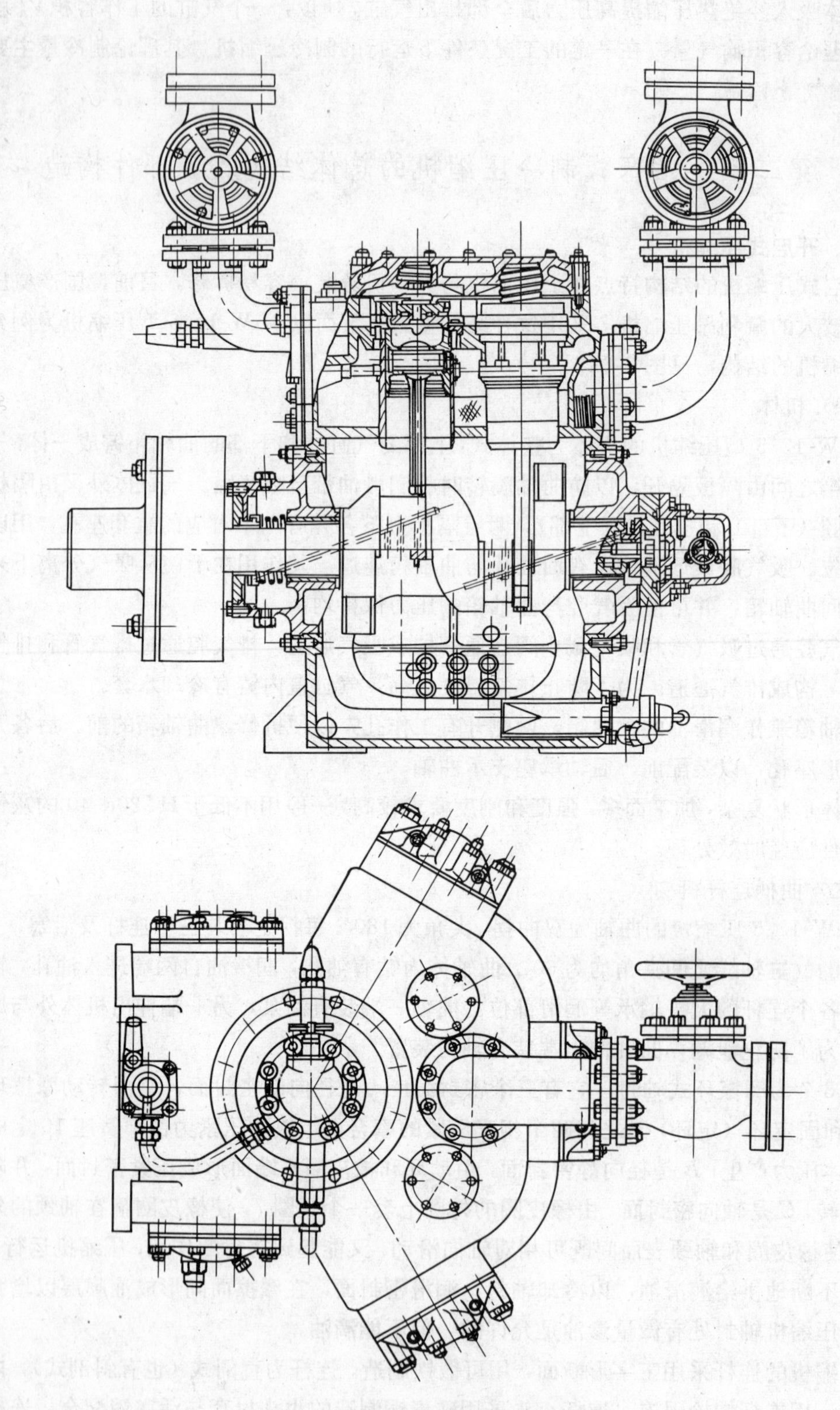

图 3-6　6W-12.5 型压缩机剖面图

压缩机的活塞为铝合金筒形结构，顶部呈凹形和气阀的内阀座形状相适应，以减少余隙容积。活塞上部有活塞环(两道气环和一道刮油环)。活塞销与活塞销座、连杆小头衬套之间采用浮动连接,以减少摩擦面间相对滑动速度,使活塞销磨损均匀。为了防止活塞销有产生轴向窜动而擦伤气缸，在销座两端的环槽内装上弹簧挡圈。活塞结构图见图3-9。

(三) 气阀缸套

6AW-12.5型压缩机的可变气缸容积是由气缸套、筒形活塞和环状吸、排气阀组共同组成，参见图3-10。

吸气阀片16与排气阀片12均为环状阀片,阀片上面均用6个圆柱形小弹簧压着。吸气阀阀座在气缸套顶部，排气阀座分为内阀座18与外阀座15两个零件,外阀座也是吸气阀片的升程限制器,内阀座与假盖(也是排气阀片的升程限制器)用螺栓紧固,并用开口销锁住。假盖上面设有假盖弹簧10将其压紧在排气阀座上，当吸入大量液态制冷工质或大量润滑油进入缸内，造成缸内压力剧增超过假盖弹簧的弹力，假盖与内阀座一起被顶起，以防气缸等零件损坏。

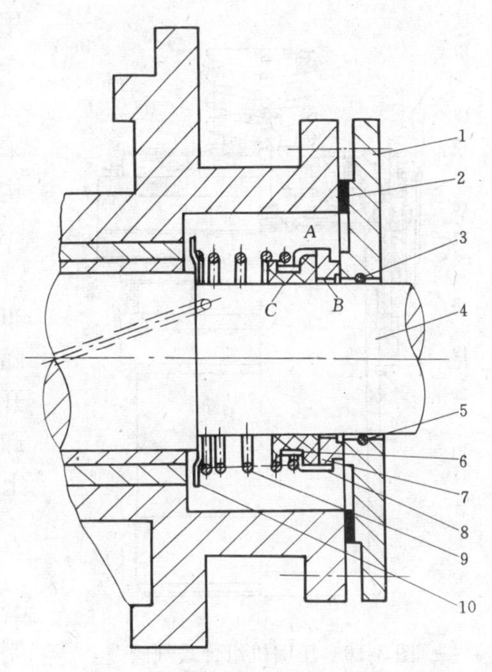

图3-7 端面摩擦式轴封结构

1—压盖（兼固定环）；2—垫片；3—密封圈；4—曲轴；5—转动摩擦环；6—橡皮圈；7—紧圈；8—钢圈；9—弹簧；10—弹簧座

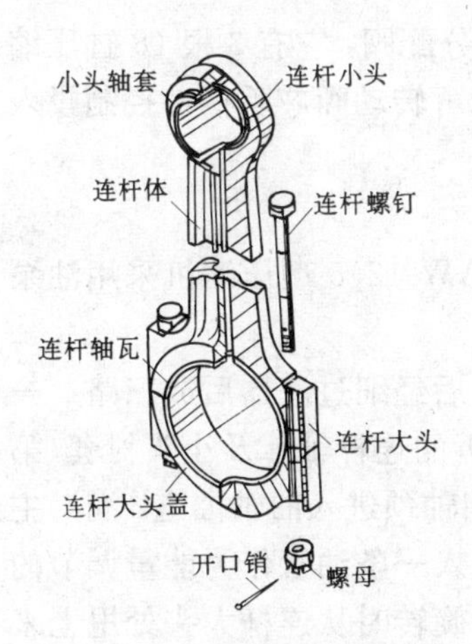

图3-8 连杆组件结构图

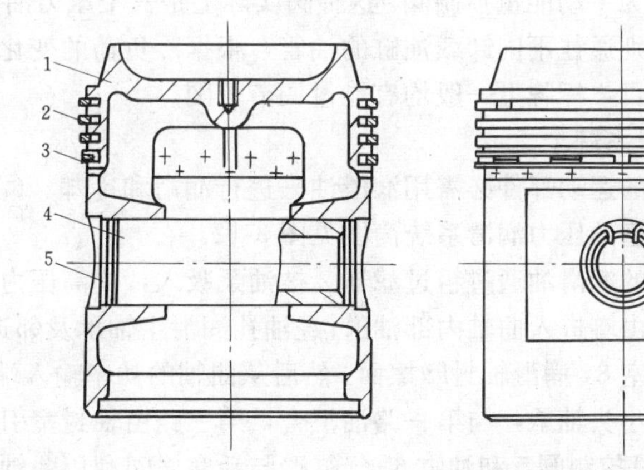

图3-9 筒形活塞组结构

1—活塞；2—气环；3—油环；4—活塞销；5—弹簧挡圈

(四) 能量调节装置

6AW-12.5型压缩机采用油压操纵的输气量调节机构,根据运行条件的变化,改变压缩机工作气缸的数目，以达到调节制冷量的目的。此外，它还可以起到压缩机的卸载起动作

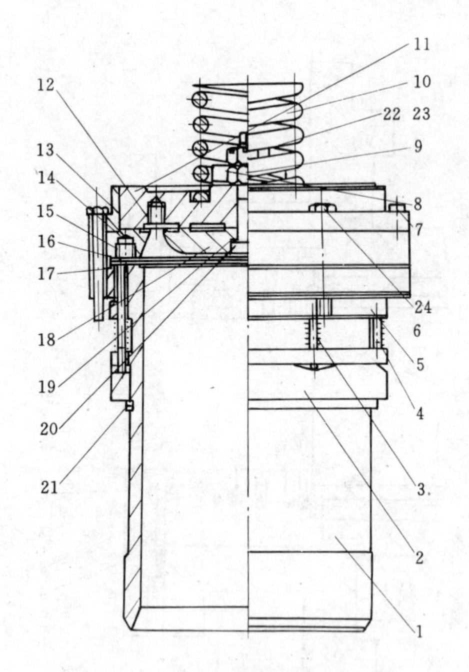

图 3-10　压缩机组合式气阀

1—缸套；2—转动环；3—顶杆；4—开口销；5—顶杆弹簧；6—组装螺栓；7—内六角螺钉；8—套圈；9—六角螺母；10—假盖弹簧；11—假盖；12—排气阀片；13—导向环；14—阀片弹簧；15—排气阀外阀座；16—吸气阀片；17—缸套垫片；18—排气阀内阀座；19—垫圈；20—螺钉；21—止推环；22—开口销；23—六角槽形扁螺母；24—弹簧垫圈

用，以减少起动转矩，简化电动机的起动设备和操作运行手续。

国产系列压缩机多采用顶开吸气阀片的方法来调节压缩机的输气量，能量调节装置由执行机构、传动机构和控制机构三部分组成，见图 3-11。

1．执行机构

在吸气阀片下面，有进气孔的环形平面上均布着 6 个装小顶杆的小孔，顶杆上套有弹簧，可以随传动机构的动作而升降。小顶杆将吸气阀片顶开（即离开阀片密封线），该气缸不能输气，即是卸载，而小顶杆下落，使吸气阀片落下紧贴到阀线上，该气缸即投入正常吸、排气。

2．传动机构

传动机构也称油缸——拉杆机构。套在气缸套外面的转动环与顶吸气阀片用的小顶杆接触处制成斜面，转动环转动时，斜面使小顶杆沿顶杆孔上下移动。当卸载油缸中无油压时，拉杆和油缸内小活塞在弹簧力作用下向后移动，并带动转动环转动，使顶杆处在斜面的最高点，将吸气阀片顶开，达到卸载目的。反之，当有油压时小顶杆落下使气阀片恢复正常工作状态。一般一个油缸——拉杆机构控制两个气缸的卸载动作。

3．控制机构

控制机构为手动能量控制阀。这种阀实际上是一个压力油分配阀，它有 3 根（8 缸压缩机为 4 根）分别通往不同卸载油缸的油管，根据冷负荷的变化可转动阀芯手柄，控制投入工作的气缸数目，标牌上一般均有能量调节范围。

（五）润滑系统

压缩机中的运动部件必需用润滑油来进行润滑和冷却。6AW-12.5 型压缩机采用油泵压力润滑，典型的压力润滑系统简图见图 3-12。

曲轴箱中的润滑油通过粗过滤器 2 被油泵吸入，提高压力后经细过滤器后成三路：一路由曲轴的自由端进入曲轴内部油道，经油孔润滑主轴承及邻近的连杆轴承及小头衬套；第二路送至轴封室 8，润滑轴封摩擦面，然后从曲轴的功率输入端轴颈进入曲轴油道，润滑主轴承及连杆大小头轴承，与第一路油汇合；第三路由轴封室引入一条油管作为能量调节的动力，进入能量控制阀 5 和油缸 6。气缸壁与活塞之间利用曲轴旋转时从连杆大头处甩上来的润滑油进行飞溅润滑。

一般氨压缩机都装油分离器，另外，为了防止油温过高，在氨压缩机和高温用的氟利昂压缩机中还设置油冷却器，在低温条件下运行的氟利昂压缩机，为了防止起动时溶解于油中的氟利昂蒸发起泡而影响润滑，还设置油加热器。当环境温度达到 40℃时，曲轴箱中的油温不应超过 70℃（对于半封闭式压缩机则不高于 80℃）。润滑油路上还接了油压差

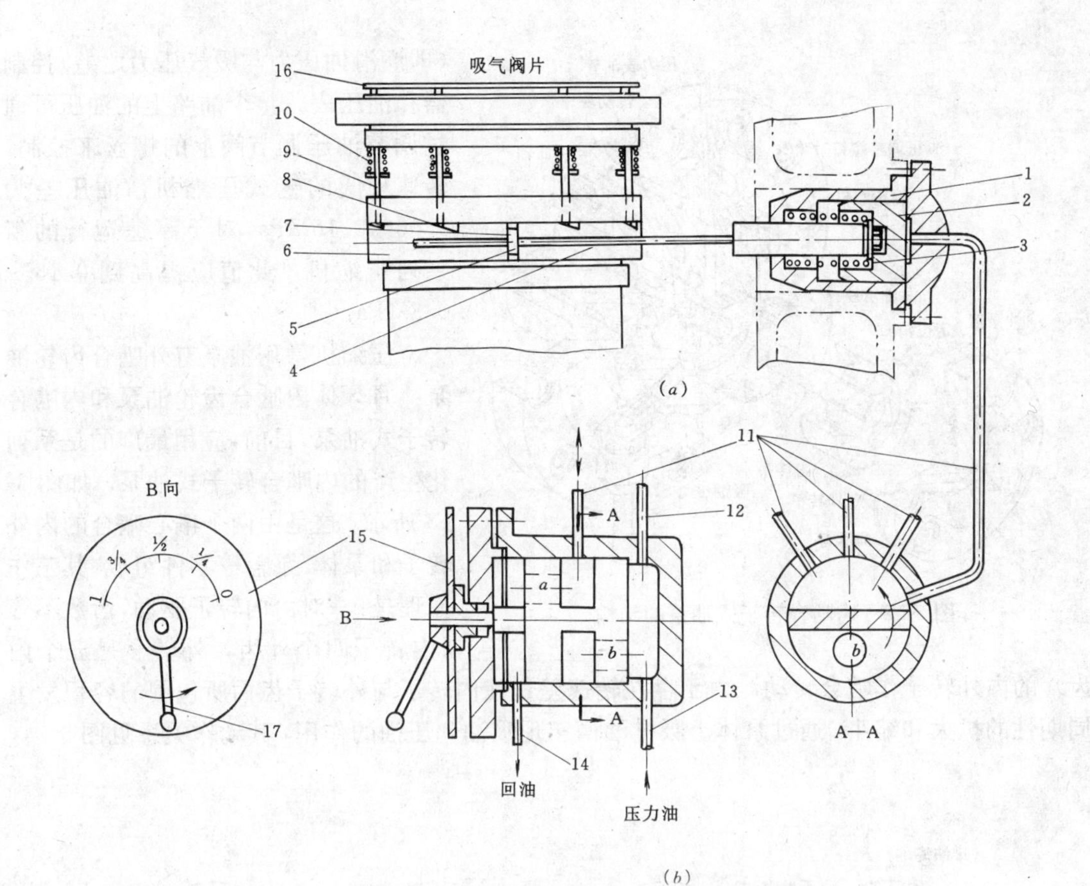

图 3-11　油压顶杆启阀式卸载机构

1—卸载油缸；2—卸载活塞；3—卸载弹簧；4—推杆；5—凸缘；6—转动环；7—缺口；8—斜面切口；9—顶杆；10—顶杆弹簧；11—配油接管；12—压力表接管；13—供油接管；14—回油接管；15—标牌；16—吸气阀片；17—能量调节手柄

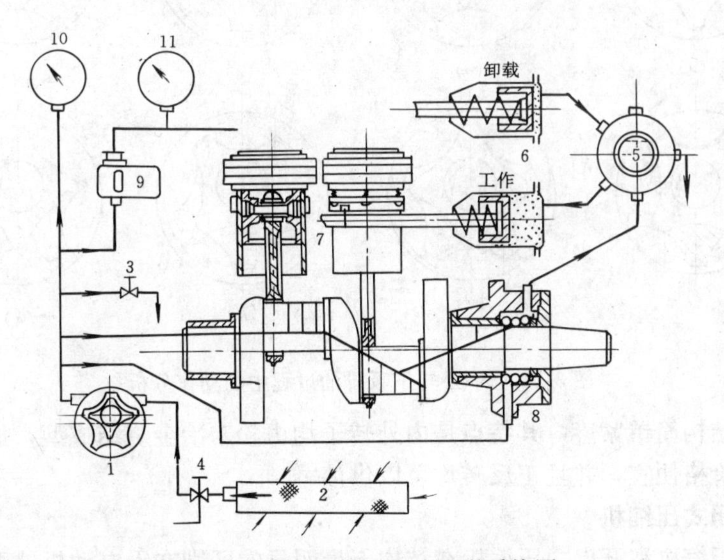

图 3-12　制冷压缩机压力润滑系统图

1—油泵；2—滤油器；3—油压调节阀；4—油三通阀；5—能量控制阀；6—卸载油缸；7—活塞连杆及缸套；8—轴封室；9—油压差控制器；10—油压表；11—低压表

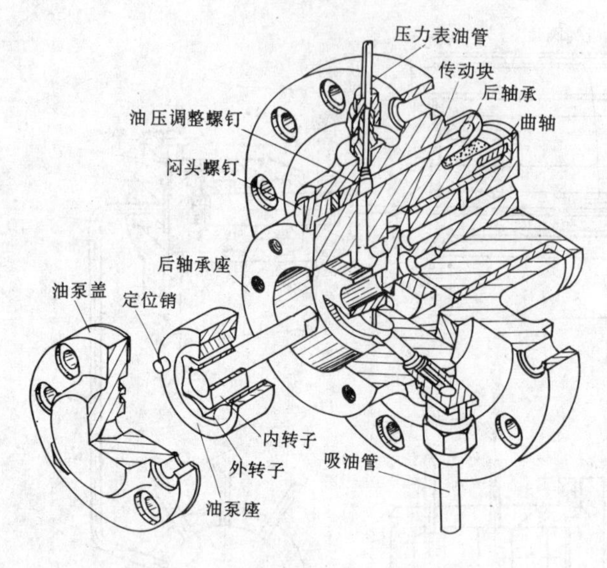

图 3-13 内啮合转子式油泵的结构

(即润滑油压力与吸气压力之差)控制器和油压表。整个油路上的油压可通过调节油压调节阀上的螺丝来控制。转速较低的老式压缩机，油压差为 0.06～0.15MPa，对于高速运行的新系列压缩机，此值应提高到 0.15～0.3MPa。

压缩机常用油泵有外啮合齿轮油泵，月牙体内啮合齿轮油泵和内啮合转子式油泵，目前，应用最广的是系列化生产的内啮合转子式油泵。如图 3-13 所示。这是由两个偏心啮合的内外转子和泵体、泵盖等零件组成，其工作原理是：一对由内转子驱动，齿数不等(内转子四个外齿，外转子是五个内齿)的内外转子作啮合转动，由于存在转速差，使内转子与外转子齿面所包围的容积发生周期性的扩大和缩小，通过泵体上吸排油槽实现吸油和压油的作用，其动作关系见图 3-14。

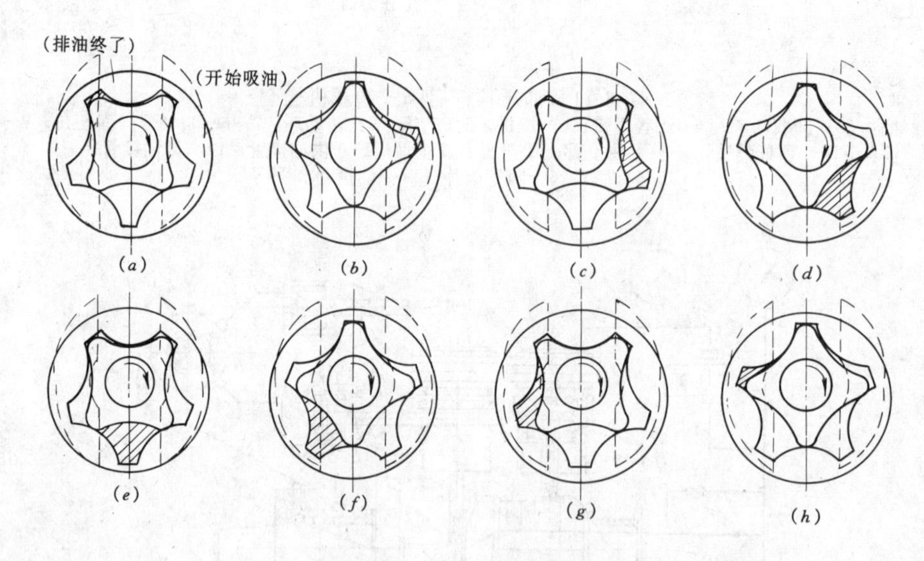

图 3-14 内-外转子吸排油过程中的动作分析

转子油泵结构简单紧凑，其特点是内外转子均由粉末冶金烧结成型，加工简单，耗材少，寿命长，价格便宜，并且正反转均可以供油。

二、半封闭式压缩机

半封闭式压缩机和开启式压缩机在结构上最明显的区别在于电动机外壳和压缩机曲轴箱构成一个密闭空间，从而取消轴封装置，并且可以利用吸入低温制冷工质蒸汽来冷却电动机绕组，改善了电动机的冷却条件。然而压缩机部分是可拆装的，这样便于压缩机的检修。图 3-15 是国产系列产品 4FS7B 压缩机的结构示意图。国外制造的往复式冷水机组大多采用半封闭式压缩机。

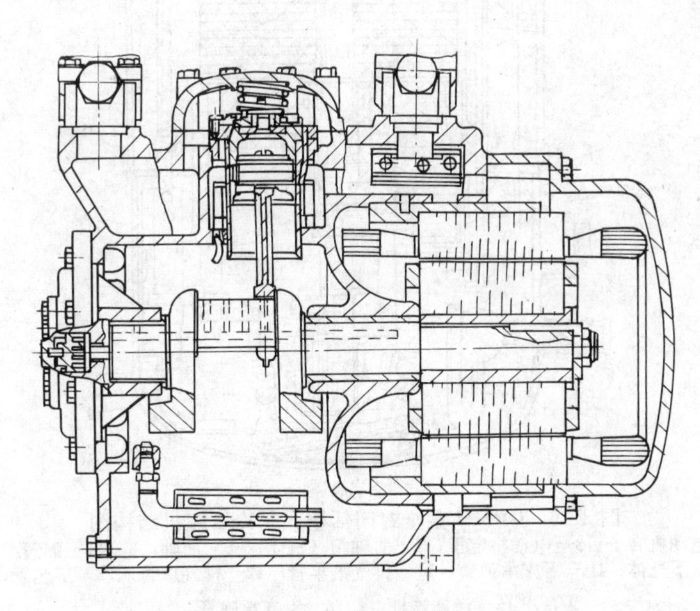

图 3-15　4FS7B 型半封闭式压缩机结构图

三、全封闭式压缩机

全封闭式压缩机的结构特点在于压缩机与电动机共用同一个主轴，且二者组装在一个密闭钢制壳内，电动机在吸入蒸汽冷却下运动，故结构紧凑，噪声低，多用于冰箱和小型空气调节机组。

全封闭活塞式制冷压缩机的气缸多数为卧式排列，电动机轴垂直安装。压缩机主轴为偏心轴，下端开设偏心油道，靠主轴高速旋转离心上油，活塞为平顶，不装活塞环，仅有两道环形槽，使润滑油充满其中，起密封和润滑作用。连杆为整体式，直接套在偏心轴上，图 3-16 为 CRHH 型全封闭活塞式制冷压缩机的结构图。

气阀结构往往采用各种形状的簧片阀（舌形、马蹄形、条形），如图 3-17。其中 a～i 为吸气阀片，j～m 为排气阀片。

簧片阀结构简单、余隙容积小，阀片质量轻、启闭迅速，噪声低。但簧片阀的阀隙通流面积小，对材质和加工工艺要求高。

小型全封闭活塞式制冷压缩机、大多配电容式单相感应电动机，起动电流较大（约为正常电流的 5～7 倍），但起动转矩小、使用时注意在停机后不宜立即起动，因刚停机高低压差较大，压缩机起动较困难。

立柜式空调机，模块化冷水机组大多采用全封闭式制冷压缩机。

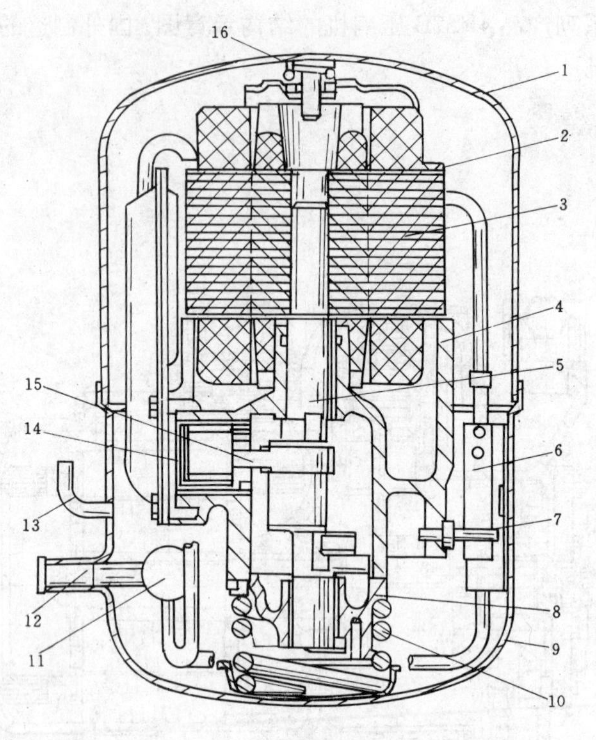

图 3-16　CRHH 型全封闭活塞式制冷压缩机结构图

1—上壳体；2—电动机转子；3—电动机定子；4—曲轴箱（机体）；5—曲轴；6—抗扭弹簧组；7—抗扭螺杆；8—轴承座；9—下壳体；10—下支承弹簧；11—排气汇集管；12—排气总管；13—工艺管；14—气阀组；15—活塞连杆组；16—上支承弹簧

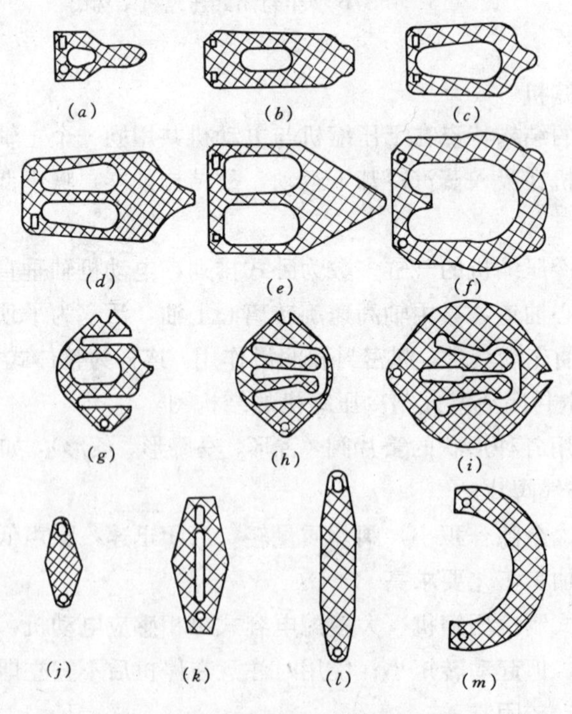

图 3-17　簧片阀的几种阀片形状

第三节 活塞式制冷压缩机的工作原理

深入了解压缩机的实际工作过程，着重分析讨论与制冷机的制冷量直接有关的输气能力和压缩机的功率消耗，从而找到提高压缩机性能的具体措施。

一、活塞式制冷压缩机的实际工作过程

压缩机的实际工作过程比理想过程复杂得多。

为了便于比较，把具有相同吸、排气压力，吸气温度和气缸工作容积的压缩机的实际工作循环示功图（即 p-v 图）$1'$-$2'$-$3'$-$4'$-$1'$ 和理论工作循环示功图 1-2-3-4-1 对照，发现其间有下述主要方面的区别，见图 3-18。

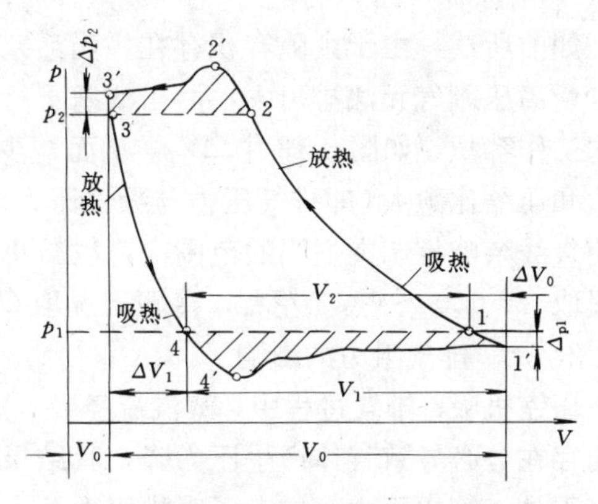

图 3-18 压缩机的实际示功图

(1) 由于有余隙容积 V_c 存在，排气结束，活塞开始反向移动时，残留在气缸中的高压蒸汽首先膨胀，不能立即吸气，形成膨胀过程 $3'-4'$。

(2) 吸排气阀片必须在两侧压差足以克服气阀弹簧力和运动零件的惯性力时才能开启。这就造成了吸、排气的阻力损失，导致气缸内实际吸气压力低于吸气腔压力，实际排气压力高于排气腔压力。

(3) 吸气过程中制冷工质蒸汽与吸入管道、腔、气阀、气缸等零件发生热量交换。

(4) 气缸内部的不严密处和气阀可能发生延迟关闭引起气体的泄漏损失。

(5) 运动机构的摩擦，消耗一定的摩擦功。

由于以上因素影响，压缩机实际工作过程较为复杂，其实际输气量低于理论输气量，实际功耗要大于理论功耗。

二、输气量及输气系数

压缩机的输气量有理论容积输气量 V_h 和质量输气量 M_R，其关系式为

$$M_R = \frac{V_h \cdot \lambda}{v_{s0}} \qquad (kg/s) \tag{3-1}$$

式中 v_{s0}——进口处吸气状态下制冷工质蒸汽的比容（m^3/kg）。

实际上，由于各种因素影响，压缩机的实际输气量，(V_s) 总是小于理论输气量 (V_h)，两者的比值称为压缩机的输气系数。即

$$\lambda = \frac{V_s}{V_h} \tag{3-2}$$

输气系数实际上表示压缩机气缸工作容积的有效利用率，所以又称为容积效率，它是评价压缩机性能的一个重要指标。

输气系数是综合了四个主要因素，即余隙容积，吸排气阻力，吸气过热及泄漏对压缩

机输气量的影响，为此我们可以将输气系数写成四个分系数乘积的形式，即

$$\lambda=\lambda_v\cdot\lambda_p\cdot\lambda_t\cdot\lambda_l \tag{3-3}$$

式中 λ_v——容积系数；

λ_p——压力系数；

λ_t——温度系数；

λ_l——泄漏系数。

三、影响压缩机输气系数 λ 的因素

输气系数是综合了压缩机实际工作时各方面因素对压缩机输气量的影响，下面从四个方面分析：

1. 余隙容积的影响

如前所述，由于余隙容积存在，当活塞上行至上止点排气终了时，残留在余隙容积中的少量高压剩气无法排出去，而当活塞下行之初，少量高压剩气首先膨胀而占居一部分气缸的工作容积，如图 3-18 中 ΔV_1，从而减少了气缸的有效工作容积。计算表明，相对余隙愈大和压缩比愈大(即排气压力与吸气压力之比)，则容积系数 λ_v 的值愈小。因此在装配时，应使直线余隙控制在适当的范围内，以减小余隙容积对压缩机输气量的影响。通常，空调工况取 $C=0.04\sim0.05$ 左右，冷藏工况取 $C=0.02\sim0.04$。

2. 吸、排气阻力的影响

压缩机吸、排气过程中，蒸汽流经吸、排气腔、通道及阀门等处，都会有流动阻力。阻力的存在势必导致气体产生压力降，其结果使得实际吸气压力低于吸气管内压力，排气压力高于排气管内压力，增大了吸排压力差，并使得压缩机的实际吸气量减小。吸、排气压力损失（Δp_1、Δp_2）主要取决于压缩机吸、排气通道、阀片结构和弹簧力的大小。

3. 吸入蒸汽过热的影响

压缩机在实际工作时，从蒸发器出来的低温蒸汽在流经吸气管、吸气腔、吸气阀进入气缸前均要吸热而温度升高，比容增大，而气缸的容积是一定的，蒸汽比容增大，必导致实际吸入蒸汽的质量减少。为了减小吸入蒸汽过热的影响，除吸气管道应隔热外，应尽量降低压缩比，使得气缸壁的温度下降，同时应改善压缩机的冷却状况。全封闭压缩机吸入蒸汽过热的影响最严重，半封闭压缩机次之，开启式压缩机吸入蒸汽过热的影响较小。

4. 泄漏的影响

气体的泄漏主要是压缩后的高压气体通过气缸壁与活塞之间的不严密处向曲轴箱内泄漏。此外，由于吸排气阀关闭不严和关闭滞后也会造成泄漏。这些都会使压缩机的排气量减少。为了减少泄漏，应提高零件的加工精度和装配精度，控制适当的压缩比。

综上所述，影响压缩机的输气系数 λ 的因素很多，当压缩机结构型式和制冷工质确定以后，运行工况的压缩比（p_k/p_0）是最主要的因素。因此，压缩机制造厂一般将生产的各类型压缩机的输气系数 λ 整理成压缩比 p_k/p_0 的变化曲线，以供用户使用。有些厂家整理成蒸发温度、冷凝温度的曲线。

图 3-19、3-20 分别代表开启式压缩机的输气系数与工况温度的变化关系，和氟利昂制冷压缩机典型产品输气系数与压缩比的关系，在选型或近似计算时，可直接根据运行工况查用。

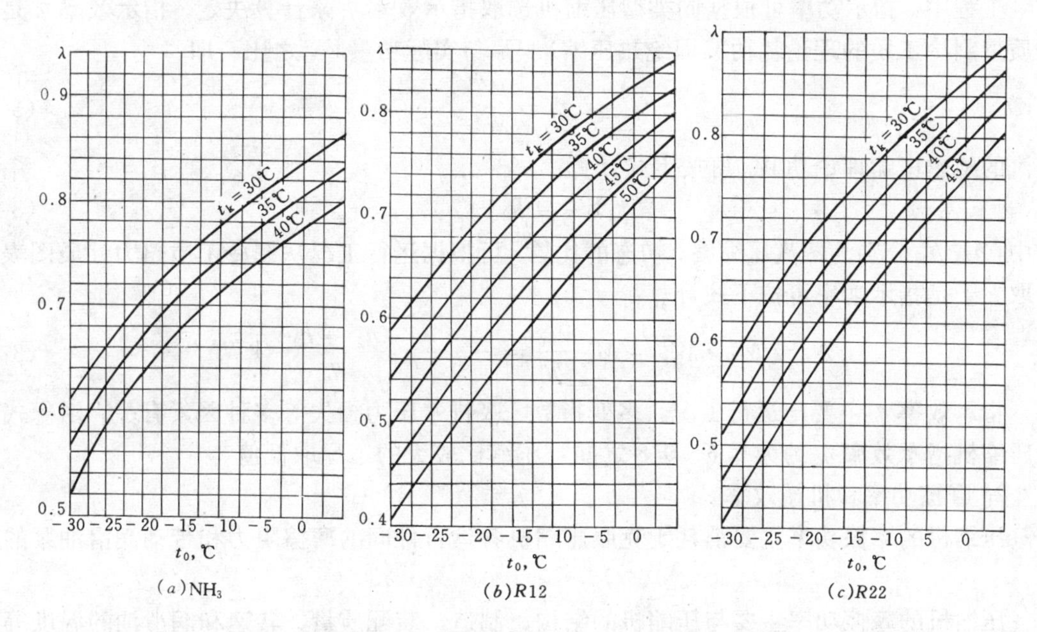

图 3-19　开启式压缩机的输气系数与工况温度的变化关系

在制冷系统方案比较的初步计算时，活塞式制冷压缩机的输气系数可按下述经验公式计算

(1) 日本木村亥之助公式

$$\lambda = 0.94 - 0.085\left[\left(\frac{p_2}{p_1}\right)^{\frac{1}{m}} - 1\right] \quad (3\text{-}4)$$

式中，m 为多变指数，氨 $m=1.28$，氟利昂 12。$m=1.13$，氟利昂 22$m=1.18$；p_2/p_1 为吸、排气压力比。按式（3-4）计算的输气系数 λ 值均稍高于我国系列产品的实测值，对于空调用压缩机，其误差值较大。

(2) 氟利昂 12 中小型压缩机经验公式

$$\lambda = \frac{T_0}{T_k}\left[0.93 - C\left(\frac{p_k}{p_0} - 1\right)\right] \quad (3\text{-}5)$$

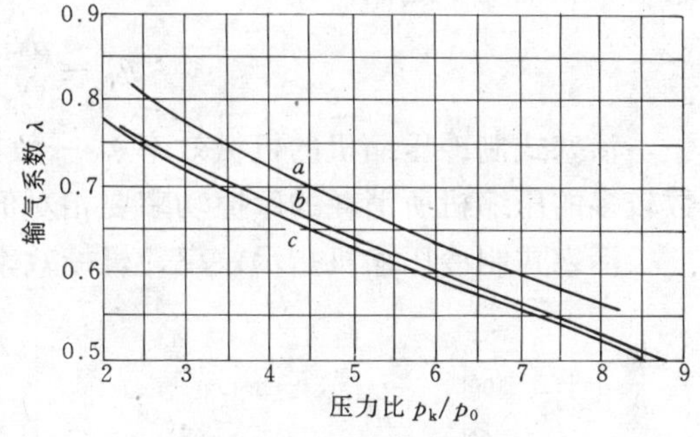

图 3-20　氟利昂压缩机的输气系数 λ 与压缩比的关系

a—SFS10 型（R12）；b—SFS12.5 型（R12）；c—SFS12.5 型（R22）

式中，T_k、T_0 分别为绝对冷凝温度和绝对蒸发温度，C 为相对余隙容积。

四、活塞式制冷压缩机的功率和效率

由原动机传到压缩机主轴上的功率称为轴功率 N_e，其中一部分直接用于压缩气体，称为指示功率 N_i；另一部分用于克服运动机构的摩擦阻力和带动油泵工作，称为摩擦功率 N_m。因此，压缩机的轴功率等于

$$N_e = N_i + N_m \quad (3\text{-}6)$$

1. 指示功率和指示效率

指示功率决定于压缩机的气缸数，转数和单位（即曲轴转一圈）指示功，而后者可直接由 p-v 图（示功图）的面积表示。

工程中，指示功率可根据同类型压缩机选取指示效率 η_i 来计算决定。指示效率 η_i 是单位质量制冷工质的理论耗功（即绝热压缩）W_0 与实际功量 W_s 之比，即

$$\eta_i = \frac{W_0}{W_s} \tag{3-7}$$

蒸汽的绝热压缩理论功 W_0 可按下式计算：

$$W_0 = h_2 - h_1 \tag{3-8}$$

式中，h_2、h_1 分别为蒸汽压缩终、初态的比焓，可根据运行工况从制冷工质热力性质图表中查取。于是指示功率可按下式计算：

$$N_i = M_R \cdot W_s = M_R \frac{W_0}{\eta_i} = \frac{V_h \cdot \lambda}{v_1} \cdot \frac{(h_2 - h_1)}{\eta_i} (\text{kW}) \tag{3-9}$$

指示效率 η_i 主要与运行工况、多变指数、吸排气压力损失等多种因素有关。活塞式制冷压缩机指示效率 η_i 约为 0.6～0.8 之间，压缩比较大的工况取低值。

2. 摩擦功率和机械效率

压缩机的摩擦功率主要消耗于克服压缩机各运行件间的摩擦阻力和带动润滑油泵的功率。

压缩机的摩擦功率主要与压缩机的结构、制造、装配质量、转速和润滑油的温度等因素有关。工程中，摩擦功率 N_m 可利用机械效率 η_m 的方法予以计算。机械效率是压缩机指示功率和轴功率之比，即

$$\eta_m = \frac{N_i}{N_e} = \frac{N_i}{N_i + N_m} \tag{3-10}$$

活塞式制冷压缩机的机械效率 η_m 一般在 0.8～0.9 之间。在制冷压缩机系列产品中，缸数较多的压缩机所消耗的摩擦功率要相对低些。

活塞式制冷压缩机指示效率、机械效率与压缩比之间的关系可参见图 3-21、3-22。

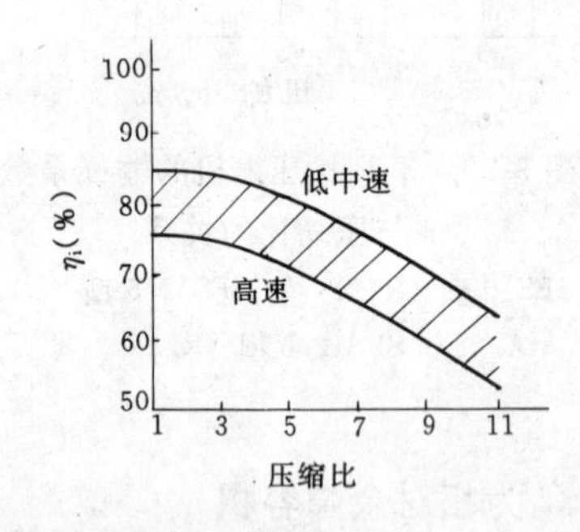

图 3-21　活塞式制冷压缩机的指示效率

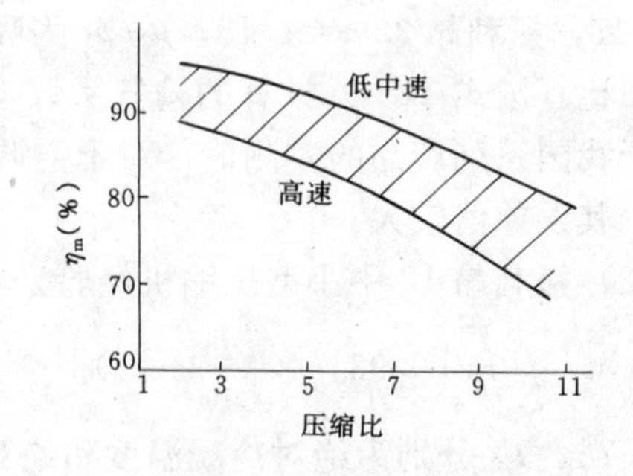

图 3-22　活塞式制冷压缩机的摩擦效率

3. 轴功率和轴效率

制冷压缩机的轴功率可按下式计算：

$$N_e = N_i + N_m = \frac{N_i}{\eta_m} = \frac{V_h \cdot \lambda}{v_1} \cdot \frac{(h_2 - h_1)}{\eta_i \cdot \eta_m} \quad (\text{kW}) \tag{3-11}$$

式中指示效率与机械效率的乘积称为压缩机的轴效率 $\eta_e = \eta_i \cdot \eta_m$，或称为总效率。活塞式制冷压缩机的轴效率随压缩比的变化见图 3-23，它在低压缩比范围内的降低主要是由于指示效率和机械效率的下降所致。

必须指出，全封闭式活塞制冷压缩机，内置电动机的转子直接装在压缩机主轴上，其动力经济性还得用电效率η_{el}来衡量，$\eta_{el}=\eta_e\cdot\eta_{m0}$，单相或三相内置电动机在名义工况下，其电动机效率$\eta_{m0}$的范围一般在0.6～0.95之间。大功率取上限，小功率取下限，单相取下限，三相取上限。

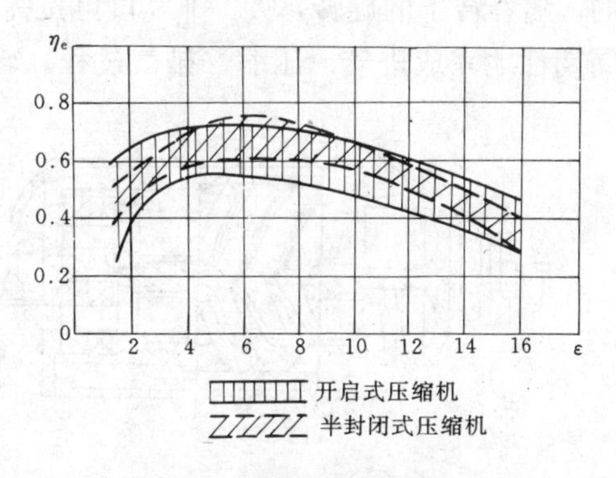

图 3-23　轴效率η_e随压力比δ的变化关系

4. 制冷压缩机电动机功率的校核计算

制冷压缩机所需的轴功率随运行工况而变化，当冷凝温度一定的情况下，压缩比约为3时轴功率最大，因此，对于空调用压缩机可按最大轴功率工况选配。而对于经常在较低蒸发温度下工作的低温压缩机，如果只考虑到起动时要通过最大功率工况而按最大轴功率选配，势必造成电动机效率很低，整机容量过大和电力的浪费。为此，对于制冷量大的开启式压缩机，可考虑按其常用的工况范围分档选配。对于选配低档的功率，为了防止电动机起动过载，可采用起动卸载的方法。

对于小型开启式压缩机，所需电动机的名义功率可按最大功率工况下的轴功率并考虑其传动效率η_d，再加上起动的需要增加10％～15％来计算，即制冷压缩机配用电动机的功率N应为

$$N\doteq(1.10\sim1.15)\frac{N_e}{\eta_d}=(1.10\sim1.15)\frac{V_h\cdot\lambda}{v_1}\cdot\frac{(h_2-h_1)}{\eta_i\cdot\eta_m\cdot\eta_d}\quad(\text{kW})\qquad(3\text{-}12)$$

式中　η_d——传动效率，直联时为1，三角皮带联接时为0.90～0.95。

第四节　螺杆式制冷压缩机

螺杆式制冷压缩机是一种容积型回转式压缩机，如图3-24。这种压缩机靠一对相互啮合的转子（螺杆）来工作。转子表面是螺旋形，主动转子端面上的齿形为凸形（即阳转子亦是功率输入转子），从动转子端面上的齿形是凹的（即阴转子），两者在气缸内作反向回转运动，转子齿槽与气缸体之间形成V形密封空间，随着转子的旋转，空间容积不断变化，完成吸气、压缩和排气过程。

螺杆式压缩机结构简单、紧凑、易损件少，在高压缩比工况下容积效率高，但由于目前大都采用喷油式螺杆压缩机，润滑系统比较复杂，辅助设备较大。我国对螺杆式制冷压缩机系列规定，标准工况下制冷量的范围在100～2300kW，介于活塞式与离心式之间。

一、螺杆式制冷压缩机的基本结构

螺杆式制冷压缩机的基本结构见图3-24所示。

主要部件是：阳、阴转子、机体（包括气缸体和吸、排气端座）、轴承、轴封、平衡活塞及能量调节装置。

压缩机的工作气缸容积由转子齿槽与气缸体、吸排气端座构成。吸气端座和气缸体的壁上也开有吸气孔口（分轴向吸气口和径向吸气口），排气端和气缸体内壁上也开有排气口，而不像活塞式压缩机那样设吸、排气阀。吸、排气口大小和位置是经过精心设计计算确定

的。随着转子的旋转，吸、排气口可按需要准确地使转子的齿槽和吸、排气腔连通或隔断，周期性地完成进气、压缩、排气过程。转子、机体壳体部件如图 3-25、3-26 所示。

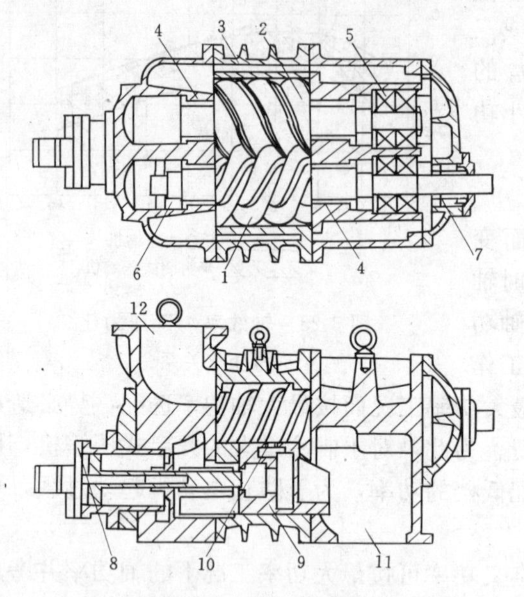

图 3-24　喷油式螺杆制冷压缩机

1—阳转子；2—阴转子；3—机体；4—滑动轴承；5—止推轴承；6—平衡活塞；7—轴封；8—能量调节用卸载活塞；9—卸载滑阀；10—喷油孔；11—排气口；12—进气口

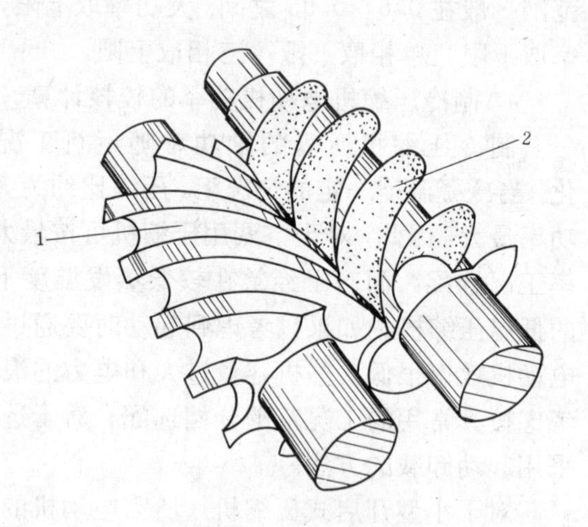

图 3-25　阴阳螺杆

1—阴螺杆；2—阳螺杆

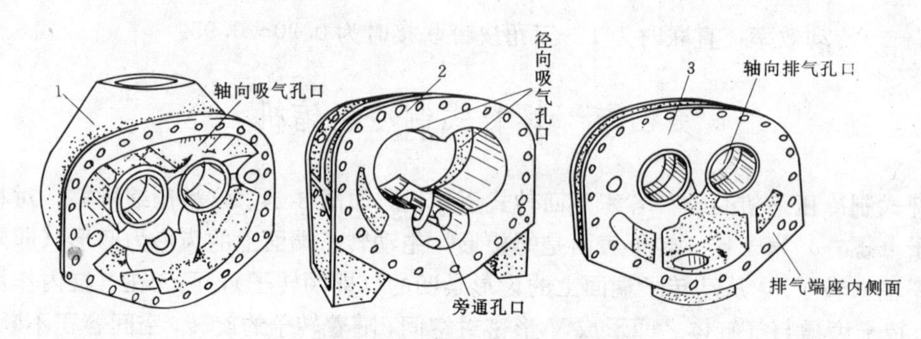

图 3-26　机壳部件立体图

1—吸气端座；2—机体；3—排气端座

喷油的作用是冷却气缸壁，降低排气温度，润滑转子，并在转子及气缸壁面之间形成油膜密封，减小机械噪声。

螺杆压缩机运转时，由于转子上产生较大轴向力，必须采用平衡措施，通常在两转子的轴上设置推力轴承。另外，阳转子上轴向力较大，还加装平衡活塞予以平衡。

二、工作过程

一对相互啮合的螺杆，具有特殊的螺旋齿形，凸齿形称为阳螺杆（或称为阳转子），凹齿形称为阴螺杆（或称为阴转子），参见图 3-25。阳转子为四齿，阴转子为六齿，两转子按一定速比啮合反向旋转。一般阳转子由原动机直联，阴转子为从动，由于齿数比为 4∶6，故阳转子旋转一转，阴转子仅转 2/3 转。

两啮合转子的外圆柱面，与机体的横 8 字形内腔吻合。阳、阴转子未啮合的螺旋槽与机体内壁及吸、排气端座内壁形成独立的封闭齿间容积，而阳、阴转子相啮合的螺旋槽，由螺旋面的接触线分隔成两部分空间，形成一个“V”形工作容积，如图 3-27。吸、排气口是按其工作过程的需要精确设计的，可根据需要使工作容积和吸、排气口连通或隔断。

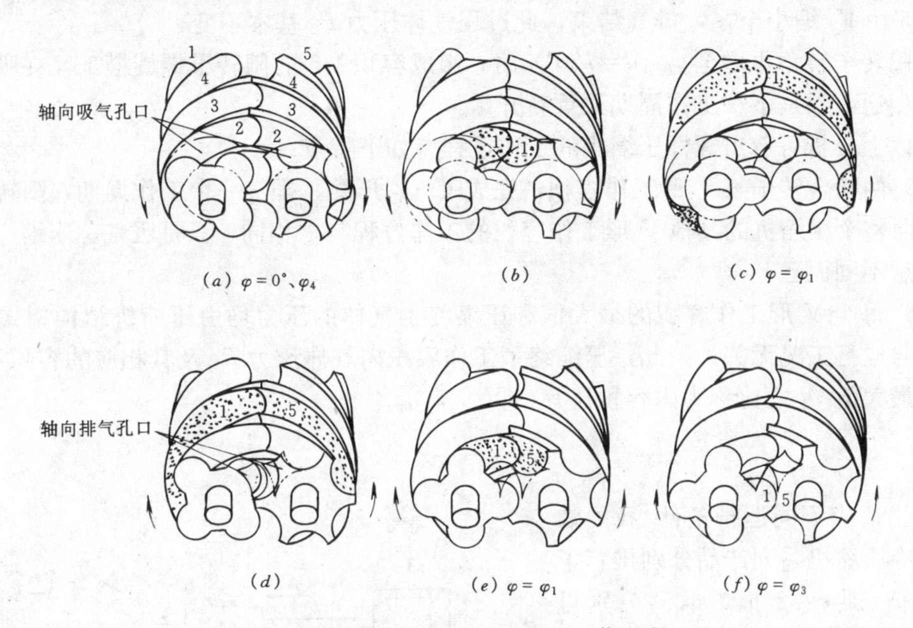

图 3-27　螺杆式制冷压缩机的工作过程

下面以一个 V 形工作容积为例，说明其工作过程。

1. 吸气过程

设阳转子转角为 φ，以 V 形齿间容积 1-1 为对象。当 $\varphi=0$ 时，容积 1-1 为零，随着阳转子旋转，φ 增加，容积 1-1 随之增大，且容积 1-1 一直与吸气口相通使蒸发器内气体不断被吸入。当 $\varphi\approx270°$时，构成 1-1 容积的两螺旋槽在排气端脱出啮合，该对螺旋槽在其长度中全部充满气体，容积 1-1 达最大值 V_1，相应的气体压力为 p_1，见图 3-28。当阳转子转角超过 φ_1 瞬间，容积 1-1 与吸气口断开，吸气过程结束。吸气全过程见图 3-27 (*a*)、(*b*)、(*c*)。

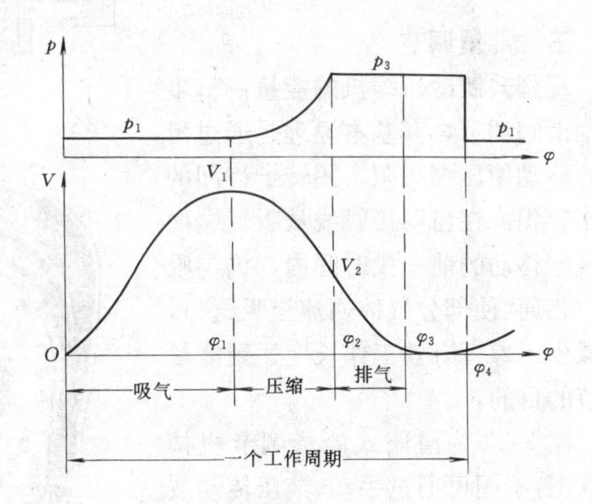

图 3-28　气体压力、工作容积和转角的关系

2. 压缩过程

阳转子继续旋转，阳转子螺旋槽 1 与阴转子另一螺旋槽 5（已吸满气体）连通，组成新的 V 形容积 1-5，参见图 3-27 (*d*)。此工作容积 1-5 由最大值 V_1 逐渐向排气端移动而缩小，对封闭在其中的气体进行压缩，压力逐渐升高。当阳转子的转角继续增至 φ_2 时，参见图 3-

27 (e)，容积 1-5 由 V_1 缩小至 V_2，压力升至 P_2，此时（$\varphi=\varphi_2$）容积 1-5 开始与排气孔口连通，压缩过程结束，排气过程即将开始。

3. 排气过程

阳转子继续旋转，与排气孔口连通的容积 1-5 逐渐缩小，当阳转子转角由 φ_2 增至 φ_3 时，容积 1-5 由 V_2 缩小至零，排气结束，此过程气体压力 P_2 基本不变。

当阳转子转角再增至 φ_4（$\varphi=720°$）时，组成容积 1-5 的阳转子螺旋槽 1 又在吸气端与吸气口相通，于是下一工作周期又重新开始。

从以上分析可看出螺杆压缩机的工作过程有如下特点：

（1）两啮合转子某 V 形工作容积，完成吸气、压缩、排气一个工作周期，阳转子要转两转。而整个压缩机的其他 V 形工作容积的工作过程与之相同，只是吸气、压缩、排气过程的先后不同而已。

（2）每个 V 形工作容积的最大值和压缩终了气体的压力均由压缩机结构型式参数决定，而与运行工况无关。因此，压缩终了工作容积内气体压力 P_2 及其相应的容积 V_2 与工作容积最大值 V_1 之比称为内容积比 ε，即

$$\varepsilon=\frac{V_1}{V_2}$$

为了适应不同运行条件，我国螺杆式制冷压缩机系列产品分别推荐了三种比值，即 ε＝2.6、3.6、5，分别可供高温、中温和低温工况选用。这一点在选择螺杆式制冷压缩机时应予以注意。

三、能量调节

螺杆式制冷压缩机的能量调节多采用滑阀调节，其基本原理是通过滑阀的移动使压缩机阳、阴转子齿间的工作容积，在齿间接触线从吸气端向排气端移动的前一段时间内，仍与吸气口相通，使部分气体回流至吸气口，即减少了螺杆有效工作长度达到能量调节的目的。

图 3-29 为滑阀式能量调节机构示意图，滑阀可通过手动、液压传动或电动方式使其沿着机体轴线方向往复滑动。若滑阀停留在某一位置，压缩机即在某一排气量下工作。

图 3-30 为滑阀能量调节的原理图。其中图 (a) 为全负荷工作时的滑阀位置，此时滑阀尚未移动，工作容积

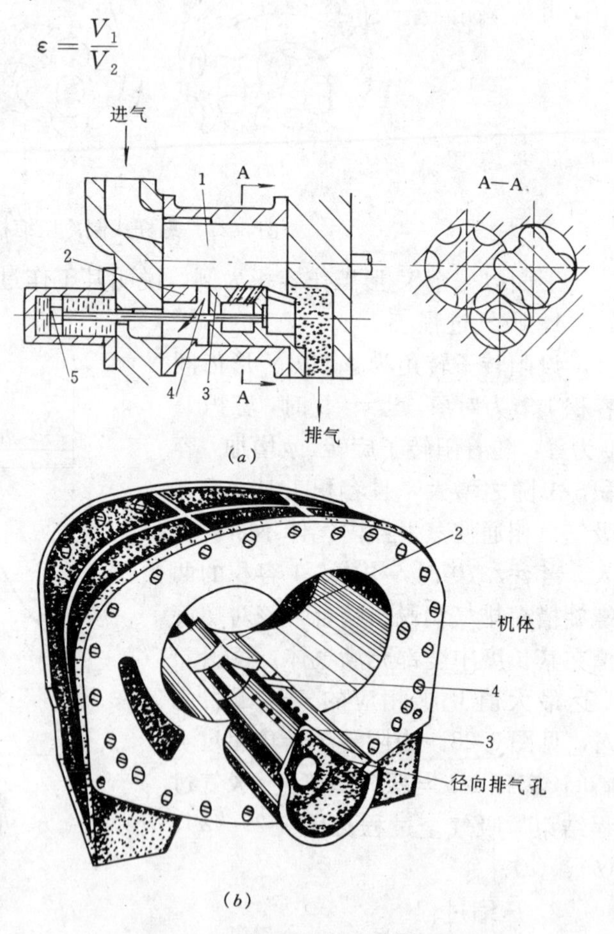

图 3-29　滑阀式能量调节机构

1—阴阳螺杆；2—滑阀固定端；3—能量调节滑阀；4—旁通口；5—油压活塞

中全部气体被排出。图（b）则为部分负荷时滑阀位置，滑阀向排气端方向移动，旁通口开启，压缩过程中，工作容积内气体在越过旁通口后才能进行压缩过程，其余气体未进行压缩就通过旁通口回流至吸气腔。这样，排气量就减少，起到调节能量的作用。

一般螺杆制冷压缩机的能量调节范围为10%～100%，且为无级调节。在能量调节过程中，其制冷量与功耗关系见图3-31所示。显然，螺杆式制冷压缩机的制冷量与功率消耗，在整个能量调节范围内不是正比关系。当制冷量为50%以上时，功率消耗与制冷量近似正比关系，而在低负荷下运行则功率消耗较大。因此，从节能考虑，螺杆式制冷压缩机的负荷（即制冷量）应在50%以上的情况下运行为宜。

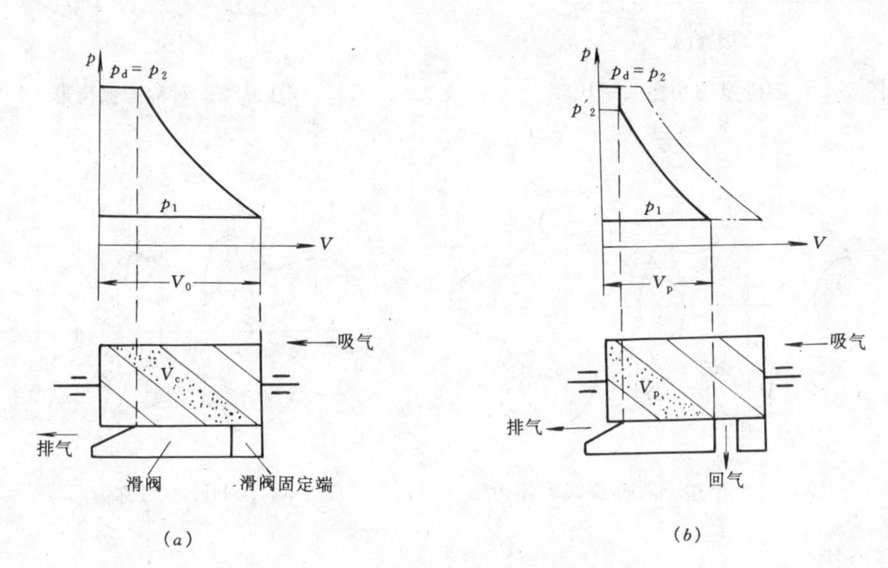

图3-30　滑阀能量调节原理

（a）全负荷位置；（b）部分负荷位置

四、螺杆式制冷压缩机的螺杆齿形及主要参数

为了使螺杆式制冷压缩机具有良好的性能，必须确定合理的螺杆齿形，选取适合的主要结构参数。

1．螺杆齿形

螺杆齿形一直是人们研究的核心，目前螺杆的齿形主要有对称圆弧形（图3-32）、单边不对称的摆线圆弧齿形（图3-33）及80年代国外新设计的GHH不对称齿形（图3-34）三种。

2．螺杆直径和长径比

螺杆直径是指转子的公称直径D_0，我国螺杆的公称直径为63、80、100、125、160、200等，单位为毫米。

螺杆的长径比是指压缩机螺杆的轴向（螺杆部分）长度L与螺杆公称直径D_0的比值，我国有两种长径比，即

$$\frac{L}{D_0}=1\text{ 和 }\frac{L}{D_0}=1.5$$

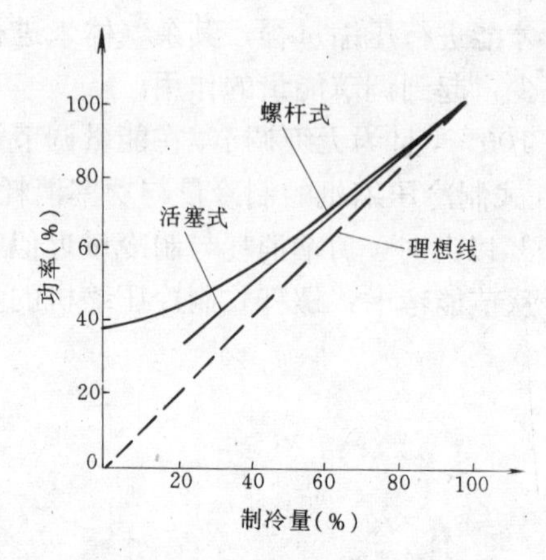

图 3-31 制冷量与功耗关系比较

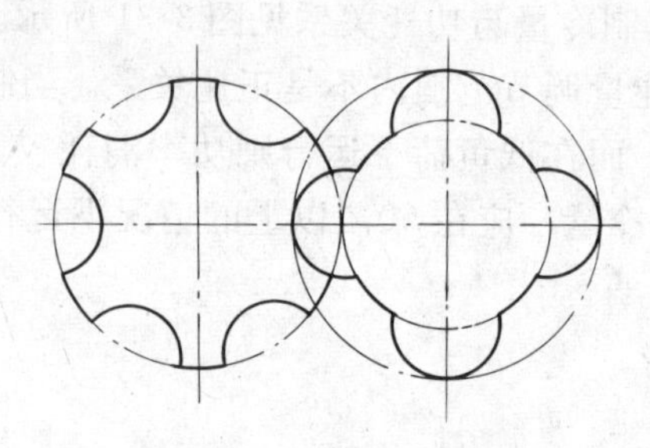

图 3-32 对称圆弧齿形

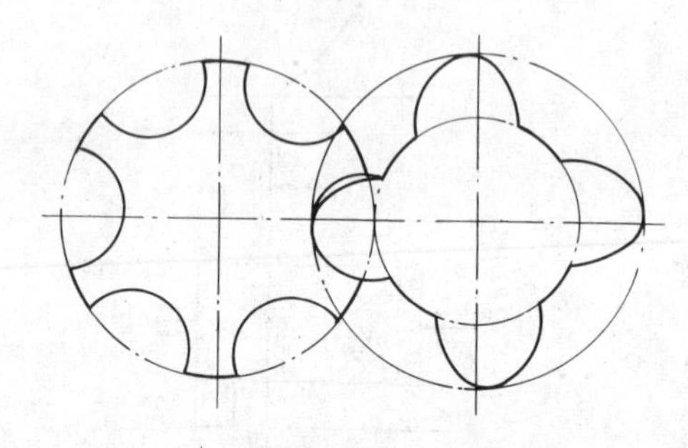

图 3-33 单边不对称摆线圆弧齿形

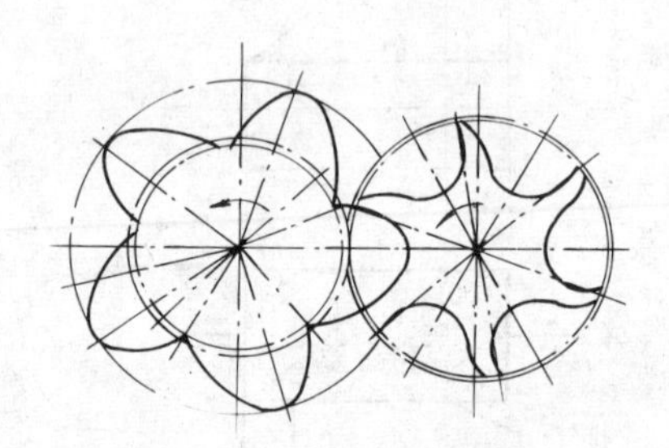

图 3-34 GHH 不对称齿形

3. 理论排气量

理论排气量 V_h 为单时间内阴、阳转子转过的齿间容积之和，即

$$V_h = 60(m_1 n_1 V_1 + m_2 n_2 V_2) \qquad (m^3/h) \qquad (3\text{-}13)$$

式中 V_1、V_2——阳转子和转子的齿间容积（即一个齿槽容积）(m^3)；

m_1、m_2——阳转子和阴转子的齿数；

n_1、n_2——阳转子和阴转子的转速（r/min）。

因为 $m_1n_1=m_2n_2$

又 $V_1=f_{01}L \quad V_2=f_{02}L$

所以 $V_h=60m_1n_1L\ (f_{01}+f_{02})$

式中 L——螺杆的螺旋部分长度（m）；

f_{01}、f_{02}——阳转子和阴转子的端面齿间面积（端平面上的齿槽面积）(m^2)。

4. 容积效率和指示效率

螺杆式制冷压缩机的实际排气量低于它的理论排气量，其主要原因是螺杆之间及螺杆与机壳之间的间隙引起的气体泄漏。螺杆式制冷压缩机的容积效率（类同于活塞式制冷压缩机的输气系数）一般在 0.75～0.95 之间，大于相同压缩比下的活塞式制冷压缩机，机械效率为 0.95～0.98，指示效率（也称为内效率）在 0.72～0.85 之间。

图 3-35、图 3-36 为 KA20C 型螺杆式制冷压缩机的性能曲线图，其变化规律与活塞式制冷压缩机基本相同。目前已使用半封闭式螺杆压缩机，且采用压差送油，简化了润滑油系统，如图 3-37 所示。

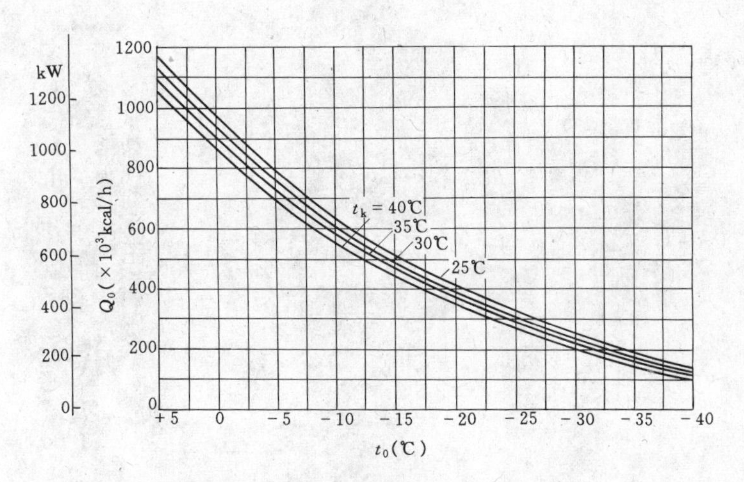

图 3-35　KA20C 型螺杆式制冷压缩机的蒸发温度 t_0 与制冷量 Q_0 的关系

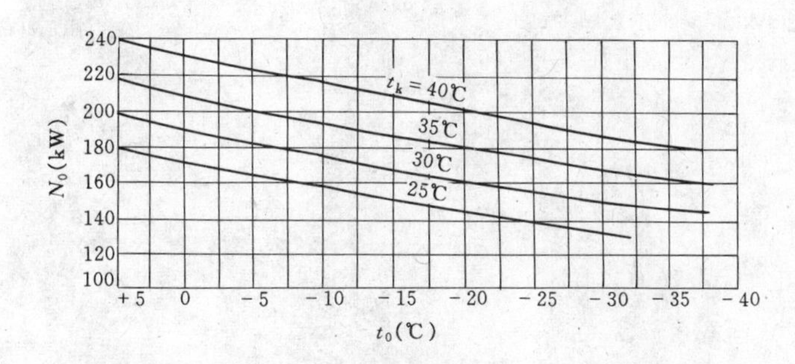

图 3-36　KA20C 螺杆式制冷压缩机轴功率 N_0 与蒸发温度 t_0 的关系

五、单螺杆压缩机简介

一对相互啮合的螺杆压缩机（通常称双螺杆压缩机）运行时轴向力大，因而机械结构较为复杂。为此，单螺杆压缩机不断改进、完善，形成一个新机种，目前国外不少公司生产单螺杆压缩机。

单螺杆压缩机的结构类似机械传动中的蜗轮蜗杆，但其作用不是机械传动，而是用来压缩气体。

单螺杆压缩机主要零件是一个外圆柱面上铣有 6 个螺旋槽的转子外螺杆。在螺杆的两侧垂直地对称布置完全相同的有 11 个齿条的行星齿轮。单螺杆的一端与电动机直联，单螺杆在水平方向旋转时，同时带动 2 个行星齿轮以相反的方向在垂直方向上旋转。运转时，行星齿轮的齿条和螺杆的沟槽相啮合，形成密封线。行星齿轮的齿条一方面绕中心垂直旋转，同时也逐渐侵入到螺杆沟槽中去，使沟槽的容积逐渐缩小，从而达到压缩气体的目的。由于 2 个行星齿轮是反方向旋转，所以吸、排气口的布置正好上、下相反。

单螺杆工作过程与容积式压缩机类似，有吸气、压缩、排气三个过程，如图 3-38 所示。

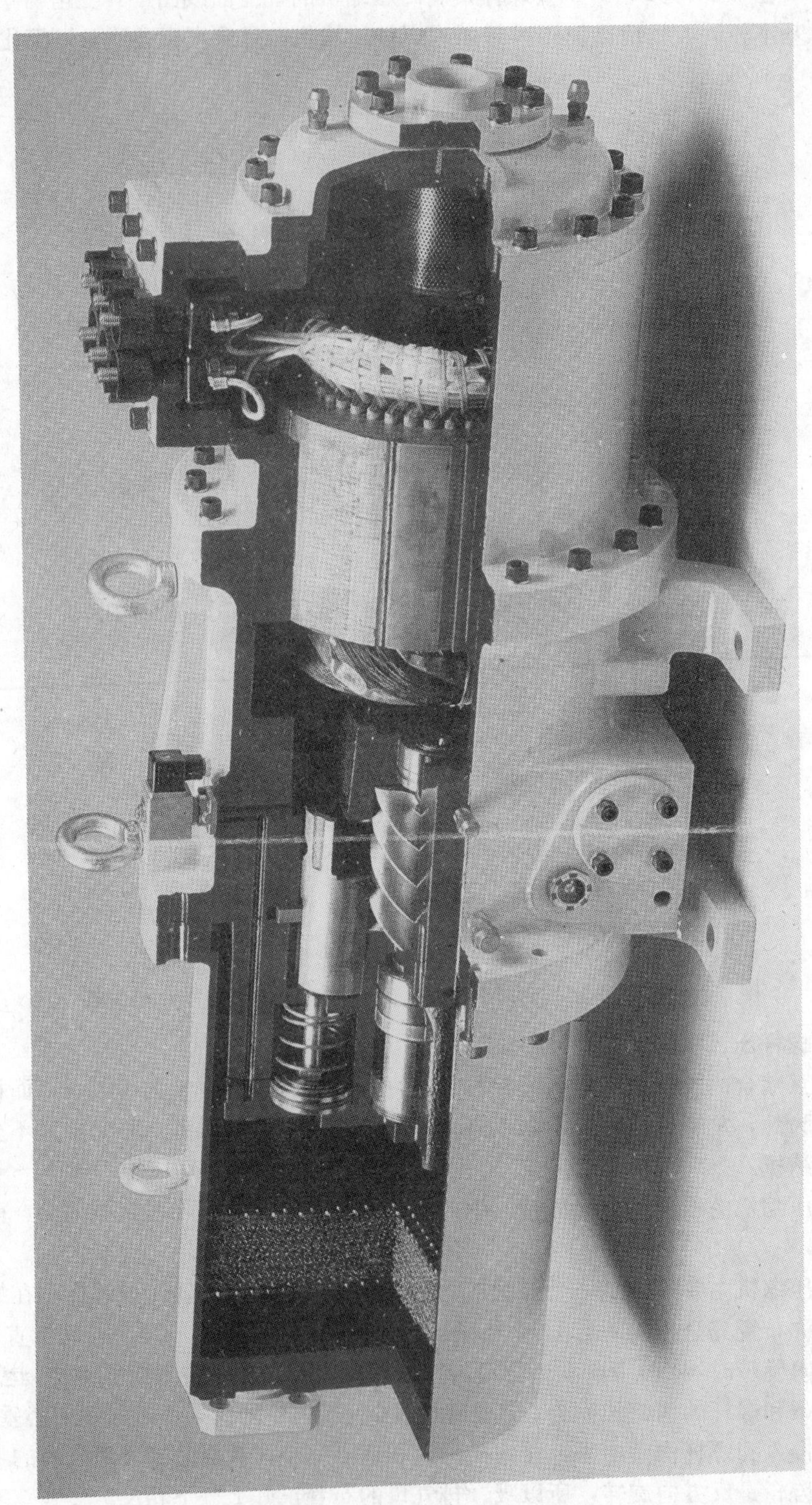

图 3-37 半封闭式螺杆制冷压缩机

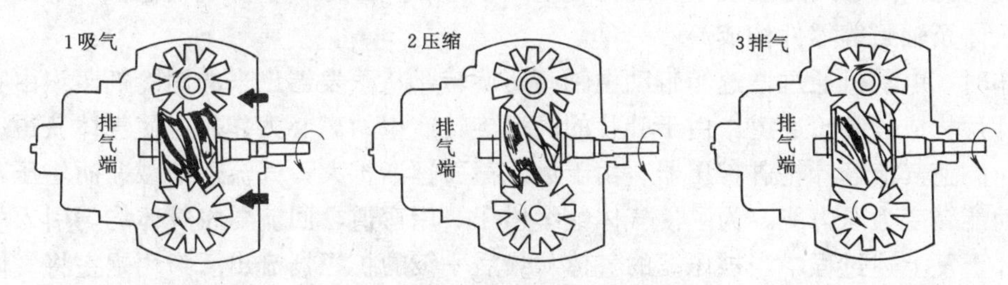

图 3-38　单螺杆压缩机工作原理

单螺杆压缩机也采用滑阀进行能量调节，容量可在10%～100%的范围内进行无级调节。用户应根据常年使用工况选择合适的内容积比，以达到节能效果。单螺杆用锻钢制成，2个行星齿轮采用工程塑料模压而成，因此运行时磨损较小且能收到消声作用。单螺杆压缩机常用来配置冷水机组。

第五节　离心式制冷压缩机

离心式制冷压缩机是一种速度型压缩机，通过高速旋转的叶轮对气体作功，使其流速增高，尔后通过扩压器使气体减速，将气体的动能转换为压力能，气体的压力就得到相应的提高。

离心式制冷压缩机具有制冷量大、型小体轻、运转平稳等特点，多应用于大型空气调节系统和石油化学工业。

一、结构简述

离心式制冷压缩机分单级和多级压缩两种类型，其结构示意图如图3-39和图3-40。

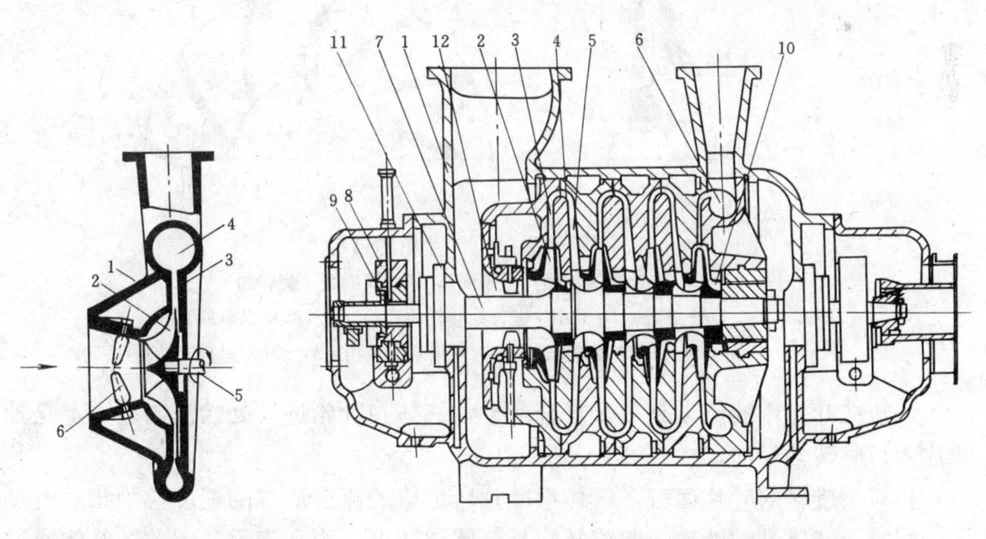

图 3-39　单级离心式压缩机简图

1—机体；2—叶轮；3—扩压器；4—蜗壳；5—主轴；6—导流叶片能量调节装置

图 3-40　多级离心式压缩机简图

1—机体；2—叶轮；3—扩压器；4—弯道；5—回流器；6—蜗壳；7—主轴；8—轴承；9—推力轴承；10—梳齿密封；11—轴封；12—进口导流装置

由图可见，离心式压缩机主要由吸气室、叶轮、扩压器、弯道、回流器、蜗壳、主轴、轴承、机体及轴封等零件构成。

工作时，电动机通过增速箱带动主轴高速旋转，从蒸发器出来的制冷剂蒸汽由吸气室进入由叶片构成的叶轮通道。由于叶片的高速旋转产生的离心力作用，使气体获得动能和压力能。高速气流经叶轮进扩压器，由于通流截面逐渐扩大，气流逐渐减速而增压，即将气体的动能转变为压力能。为了使气体继续增压，用弯道、回流器将气体均匀引入下一级叶轮，并重复上述过程。当被压缩的气体从最后一级的扩压器流出后，用蜗室将气体汇集起来，由排气管输送到冷凝器中去，完成压缩过程。

由上述工作过程可看出，离心式压缩机的工作原理与活塞式不同，它不是利用容积减小来提高气体的压力，而是利用旋转的叶轮对气体作功，使气体获得动能，尔后将动能转变为压力能来提高气体的压力。

空调用离心式压缩机中应用得最广泛的是 R11 和 R12、只有制冷量特别大的离心式压缩机才用 R114 或 R22 作为制冷剂。由于 R11、R12 对大气环境的影响，近期被禁止使用，目前空调用离心式压缩机应选用 R134a、R123 和 R22。

二、基本工作原理

离心式压缩机属透平机械，工作原理比较复杂，这里仅作一般定性介绍。

1. 叶轮的作用原理

叶轮是压缩机中最重要的部件。主轴通过叶轮将能量传给蒸汽。

叶轮的结构参见图 3-41，通常由轮盘、轮盖和叶片组成，轮盖通过多条叶片与固定在主轴上的轮盘联接，形成多条气流通道。

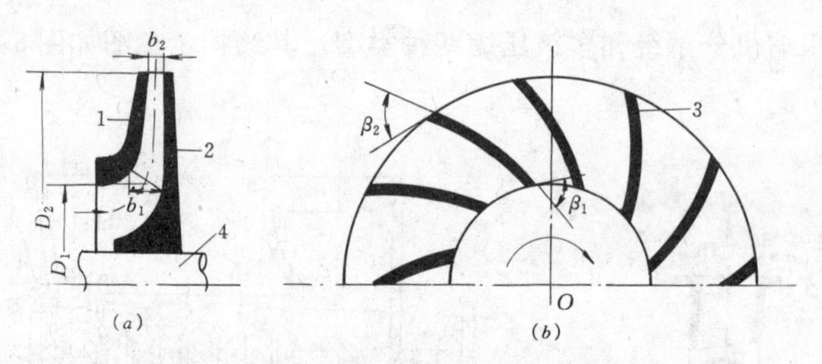

图 3-41 叶轮的结构

(a) 纵剖面（子午面）；(b) 横剖面（旋转面）

D_2—外径；D_1—叶片进口处叶轮的直径；b_2—叶片出口处宽度；

b_1—叶片进口处宽度；β_2—叶片出口安装角；β_1—叶片进口安装角

气流在叶轮中的流动是一个复合运动，气体在叶轮进口处的流向基本上是轴向，进入叶片入口时转为径向。

相对于旋转的叶片而言，气体沿叶片所形成的流道流过的速度称为相对速度，用 v 表示；同时，气体又随叶轮一起旋转而具有圆周速度，用 u 表示。因此，气体通过叶轮时的绝对速度（以静止地面为参照物）应为相对速度和圆周速度的矢量和，以符号 c 表示，亦可用图 3-42 中叶轮进出口速度三角形来表示。一般习惯用下脚码 1 表示进口、2 表示出口、并把出口绝对速度 c_2 分成圆周分速度 c_{2u}和径向分速度 c_{2r}。

假如通过叶轮的制冷剂质量流量为 M_R (kg/s)，叶轮角速度为 ω (rod/s)。若不考虑任何损失，叶轮对每 kg 气体所作的理论功 w_{cth}，或称理论能量头（压头），可用欧拉方程式求得

$$w_{c.th}=(c_{u2}\cdot u_2-c_{u1}\cdot u_1)\qquad (J/kg)\tag{3-14}$$

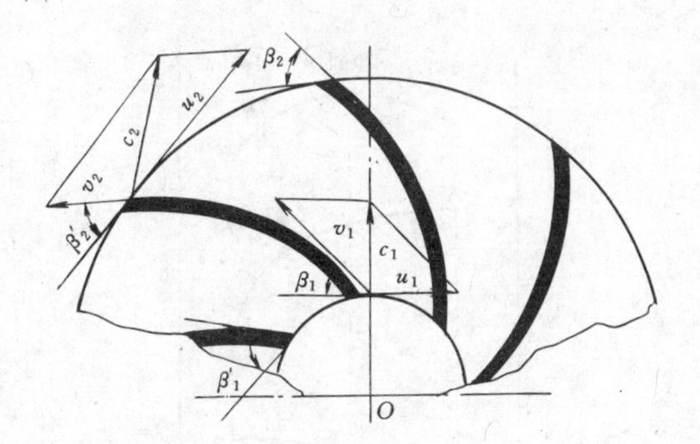

图 3-42　叶片进、出口处气流的速度图形

一般离心式压缩机气流都是轴向流入叶轮，即进口气流绝对速度的方向与圆周垂直，故 $c_{u1}=0$；于是叶轮产生的理论能量头为

$$w_{c.th}=u_2\cdot c_{u2}\qquad (J/kg)\tag{3-15}$$

可见，叶轮产生的能量头只与叶轮外缘圆周速度 u_2（即与转速和半径）及气流运动情况有关，而与制冷剂的状态及种类无关。为了获得高的外缘圆周速度 u_2，要求转速高，一般在 5000～15000r/min 范围内。另外，u_2 的大小还受到流动阻力和叶轮强度的限制。

2. 离心式制冷压缩机的特性

离心式压缩机的特性是指在一定的进口压力下，输气量、功率、效率和排出压力之间的关系，并指明了在这种压力下的稳定工作范围。下面借助一个级的特性曲线进行简单的分析。

图 3-43 为一个级的特性曲线。

图中 *S* 点为设计点，所对应的工况为设计工况。由流量—效率曲线可见，在设计工况附近，级的效率较高，偏离越远，效率越低越多。

图中的流量—排出压力曲线表达了级的出口压力与输气量之间的关系。

B 点为该进口压力下的最大流量点。当流量达到这一数值时，叶轮中叶片进口截面上的气流速度将接近或到达音速，流动损失都很大，气体所得的能量头用以克服这些阻力损失，流量不可能再增加，通常将此点称为滞止工况。

图中 *A* 点为喘振点，其对应的工况为喘振工况，此时的流量为进口压力下级的最小流量，当流量低于这一数值时，由于供气量减少，而制冷剂通过叶轮流道的损失增大到一定的程度，有效能量头将不断下降，使得叶轮不能正常排气致使排气压力陡然下降。这样，叶轮以后的高压部位的气体将倒流回来。当倒流的气体补充了叶轮中气量时，叶轮又开始工作，将气体排出。尔后供气量仍然不足，排压又会下降，又出现倒流，这样周期性地重复进行，使压缩机产生剧烈的振动和噪声而不能正常工作，这种现象称为喘振现象。因此，运转过程中应极力避免喘振的发生。喘振工况（*A*）和滞止工况（*B*）之间即为级的稳定工作范围。性能良好的压缩机级应有较宽的稳定工作范围。

离心式制冷压缩机的特性曲线一般用制冷量 Q_0 作横坐标，用冷凝温度（或冷凝压力）作纵坐标，也有用温差作纵坐标，图 3-44 为国产 1200kW 空调用离心式制冷压缩机特性曲线。

3. 影响离心式压缩机制冷量的因素

离心式制冷压缩机都是根据给定的工作条件（即蒸发温度、冷凝温度、制冷量等）选定制冷工质设计制造的。因此，当工况变化时，压缩机性能将发生变化。

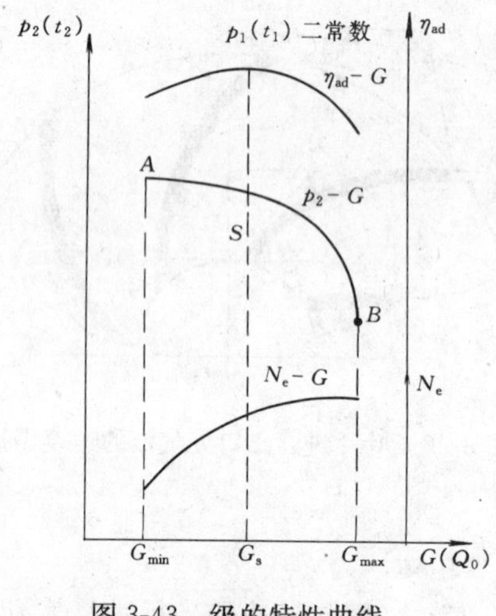

图 3-43　级的特性曲线

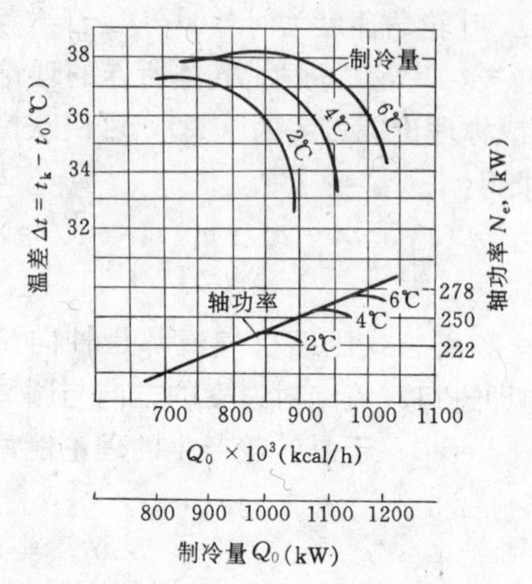

图 3-44　FLZ-1000 离心式制冷压缩机特性

（1）蒸发温度的影响

当制冷压缩机的转速和冷凝温度一定时，压缩机制冷量随蒸发温度变化的百分比如图 3-45 所示。从图中可见，离心式制冷压缩机的制冷量受蒸发温度变化的影响比活塞式压缩机明显。蒸发温度越低，制冷量下降得越剧烈。

（2）冷凝温度的影响

当制冷压缩机的转速和蒸发温度一定时，冷凝温度对压缩机制冷量的影响可见图3-46，由图可见，冷凝温度低于设计值时，由于流量增大制冷量略有增加；但当冷凝温度高于设计值时，影响十分明显，随着冷凝温度升高，制冷量将急剧下降，并可能出现喘振现象。这点，在实际运行时必须予以足够的注意。

（3）转速的影响

当运行工况一定，压缩机制冷量与转速的关系对于活塞式制冷压缩机而言是成正比关系，而对于离心式制冷压缩机则与转速的平方成正比，这是由于压缩机产生的能量头及叶轮外缘圆周速度与转速成正比关系。图 3-47 示出了转速变化对制冷量的影响。

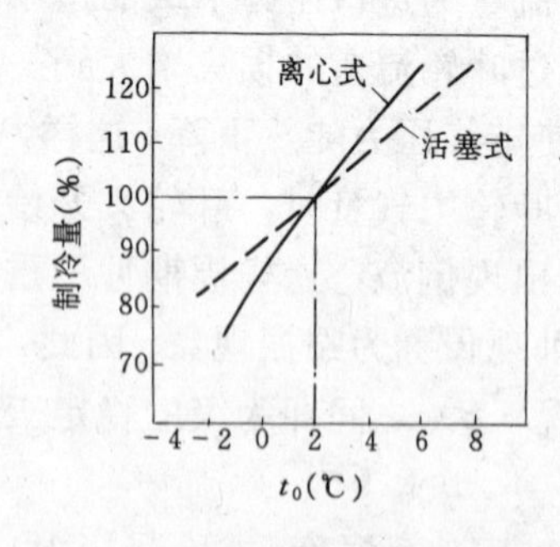

图 3-45　蒸发温度变化的影响

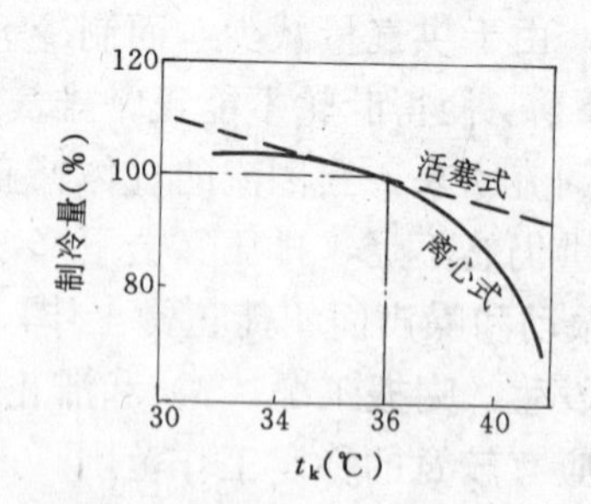

图 3-46　冷凝温度变化的影响

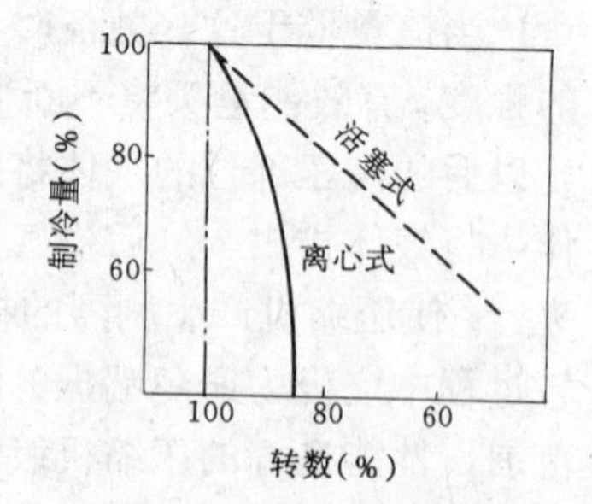

图 3-47　转数变化的影响

三、离心式制冷压缩机的调节

制冷机运行时，往往需要利用自动测量和调节仪表或用手动操作来维持各参数值及制冷量的恒定。离心式制冷机主要是根据冷负荷的变化调节制冷机的制冷量及反喘振调节。

1．制冷量的调节

离心式制冷量的调节主要是根据用户对冷负荷的需要来调节，通常用四种方法，即

（1）改变压缩机的转速

转速降低，制冷量相应减少。当转速从100％降低到80％时，制冷量减少了60％，轴功率也减少了60％以上，离心式制冷压缩机转速的改变可通过更换增速器中的齿轮来实现。

（2）压缩机吸入管道上节流

它是通过改变蒸发器到压缩机吸入口之间管道上节流阀的开启度予以实现。为了避免调节时影响压缩机的工作，降低压缩机的效率，因此，吸气节流阀通常采用蝶阀，使节流后的气体沿圆周方向均匀流动。由于节流产生能量损失，运转不经济，但装置简单，仍可采用。

（3）转动吸气口导流叶片调节

这种方法是旋转导流叶片，改变导流叶片的角度，从而改变吸气口气流的方向，以调节压缩机的制冷能力。这种调节方法经济性好，调节范围宽（40％～100％），可用手动或根据蒸发温度（或冷冻水温度）自动调节，广泛用于氟利昂离心式制冷压缩机。

（4）改变冷凝器冷却水量

冷却水量减小，冷凝温度增高，压缩机制冷量明显减小，但动力消耗却变化很小，因而经济性差，一般不宜单独作用，可与改变转速或导流叶片调节等方法结合使用。

2．反喘振调节

离心式制冷压缩机发生喘振的主要原因是冷凝压力过高或蒸发压力过低，维持正常的冷凝压力和蒸发压力可防止喘振的发生。但是，当调节压缩机制冷量，其负荷过小时，也会产生喘振现象。为此，必须进行保护性的反喘振调节，旁通调节法是反喘振调节的一种措施。当要求压缩机的制冷量减小到喘振点以下时，可从压缩机排出口引出一部分气态制冷剂不经过冷凝器而流入压缩机的吸入口。这样，即减少了流入蒸发器的制冷剂流量，相应减少制冷机的制冷量，又不致使压缩机吸入量过小，从而可以防止喘振发生。

第四章　冷凝器与蒸发器

第一节　冷凝器的种类、基本构造和工作原理

冷凝器是一种间壁式热交换设备。制冷压缩机排出的高温高压制冷剂过热蒸汽，通过传热间壁将热量传给冷却介质（水或空气），从而凝结为液态制冷剂。

对冷凝器进行热平衡分析可知，随制冷剂进入冷凝器的热量实际上包括三部分：

1. 液态制冷剂在蒸发器中气化时从被冷却介质中夺取的低温气化潜热；

2. 低温低压的制冷剂蒸汽在压缩机中受压缩时接受由外加机械功转化的热量；

3. 低温的制冷剂在管道和设备中流通时从外界传入的热量。

制冷剂在冷凝器中传给冷却介质的热量也包括三部分：

1. 过热蒸汽在等压下被冷却为饱和蒸汽而放出的显热；

2. 由饱和蒸汽凝结成饱和液体而放出的潜热，这部分潜热量占冷凝器中总传热量的绝大部分；

3. 由饱和液体被进一步冷却成过冷液体而放出的显热。

根据冷却介质种类的不同，冷凝器可归纳为四大类：

1. 水冷却式：在这类冷凝器中，制冷剂放出的热量被冷却水带走。冷却水可以是一次性使用，也可以循环使用。水冷却式冷凝器按其不同的结构型式又可分为立式壳管式、卧式壳管式和套管式等多种。

2. 空气冷却式（又叫风冷式）：在这类冷凝器中，制冷剂放出的热量被空气带走。空气可以是自然对流，也可以利用风机作强制流动。这类冷凝器系用于氟利昂制冷装置在供水不便或困难的场所。

3. 水-空气冷却式：在这类冷凝器中，制冷剂同时受到水和空气的冷却，但主要是依靠冷却水在传热管表面上的蒸发，从制冷剂一侧吸取大量的热量作为水的汽化潜热，空气的作用主要是为加快水的蒸发而带走水蒸气。所以这类冷凝器的耗水量很少，对于空气干燥、水质好、水温低而水量不充裕的地区乃是冷凝器的优选型式。这类冷凝器按其结构型式的不同又可分为蒸发式和淋激式两种。

4. 蒸发-冷凝式：在这类冷凝器中系依靠另一个制冷系统中制冷剂的蒸发所产生的冷效应去冷却传热间壁另一侧的制冷剂蒸汽，促使后者凝结液化。如复叠式制冷机中的蒸发—冷凝器即是。

在空气调节用制冷装置中仅使用前三类冷凝器。

一、水冷却式冷凝器

用水作冷却介质有许多优点：一是水比较容易取得，江河湖海的水、井水、自来水等均可作为水源；二是作为冷却介质，水温通常低于空气温度，所以采用水冷却可以获得较

低的冷凝温度，这对于提高制冷机的能力和减少能耗均有利。因此凡是有条件采用水冷却的场合，应优先选用此种冷却方式和相应的冷凝器。

1. 立式壳管式（简称立壳式）冷凝器

立壳式冷凝器因其处理能力大以及其他优点，是大型氨制冷装置中应用最为广泛的一种冷凝器，其结构如图4-1所示。它的壳体是由钢板卷成圆柱形筒体后焊接而成，垂直安置，筒体的上下两端各焊一块管板，两块管板之间贯穿相对应的管孔焊接或胀接有许多根无缝钢管，形成一个垂直的管簇。管内为水路，冷却水由顶部通过配水箱均匀地分配到各根钢管内，每根钢管的顶端装有一个导流管，冷却水经导流斜槽以螺旋线状沿管内壁向下流动，这样既可保证所有传热管表面被水膜覆盖，充分吸收制冷剂放出的热量，提高冷却效率，又可使冷却水的流量相对减少。吸热后的冷却水汇集于冷凝器下面的水池中。制冷剂蒸汽从壳体高度的大约三分之二处进入筒体内钢管之间的空间，与冷却水进行热交换后在传热管的外表面上呈膜状凝结，形成的凝液沿垂直管壁向下流动至筒体的底部，然后由出液管导至高压贮液器。

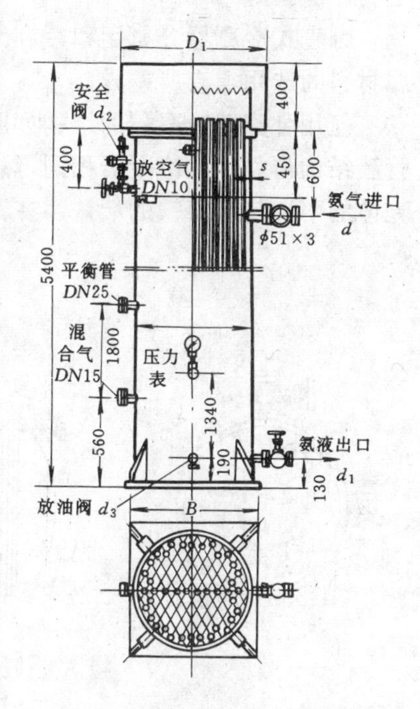

图4-1　立式壳管式冷凝器

立壳式冷凝器的外壳上还设有下列管接头，使之与系统中的其他设备连接起来：进气管与油分离器连接；出液管和均压管与高压贮液器连接；放油管与集油器连接；顶部和液面上方的两个排放不凝性气体的管接头均与放空气器连接；其他还有安全阀和压力表接头。

立壳式冷凝器中，垂直的管外壁面上形成的凝液由上而下流动，一则液膜逐渐加厚、二则从管壁上分离需要经过很长的距离（大约有3～4m），对传热是很不利的。针对这一弱点将进气口选择在壳体的中上部，借助垂直于管壁的高速气流冲刷钢管的外表面，使之不能形成较厚的液膜，并促使凝液加速分离，从而提高换热强度。另外，这种冷凝器中冷却水的流量大、流速高，也提高了传热效果。

立壳式冷凝器在大中型氨制冷装置中被广泛采用，其优点主要是：

（1）可以安装在室外，占地面积小，不占用建筑面积；

（2）清洗方便，且可以不中断制冷机的正常运行；

（3）对冷却水的水质要求不高，可以适应各种不同的水源。

它的缺点是冷却水用量大，水泵耗功率较高；制冷剂泄漏不易被发现，待到发现时损失量已经很大。

关于立壳式冷凝器传热过程的强化，至今还研究得不多。某制造厂曾经进行过氨在具有纵向肋片管的管外冷凝的试验，试验结果表明传热系数和氨侧放热系数均稍有提高。在国外曾进行过蒸汽在具有填料的立管内冷凝的试验，据报导其放热系数较光管高3～5倍，但还未见用于生产实际。

由于氟利昂的粘度较大等原因，立壳式冷凝器的结构难以适应，所以在氟利昂制冷装置中不能使用。

2. 卧式壳管式（简称卧壳式）冷凝器

卧壳式冷凝器普遍应用于中小型氨制冷系统和氟利昂制冷系统。由于它的空间高度低而有利于空间的立体利用，因此在空间有限的船舶中，及近期发展迅速的冷水机组中应用更为广泛。

卧壳式冷凝器分氨用和氟利昂用两种，它们在结构上大体相同，只是在局部细节和金属材料的选用上有所差异。

氨用卧壳式冷凝器的结构如图 4-2 所示。图中为一水平放置的设备，它的壳体及内部的管簇结构与立壳式冷凝器相同，然而区别在于卧壳式冷凝器的管内系水平方向流动的水路。壳体的两端装有铸铁的端盖，在其内侧面上有经过设计互相配合的分水筋，冷却水的进出

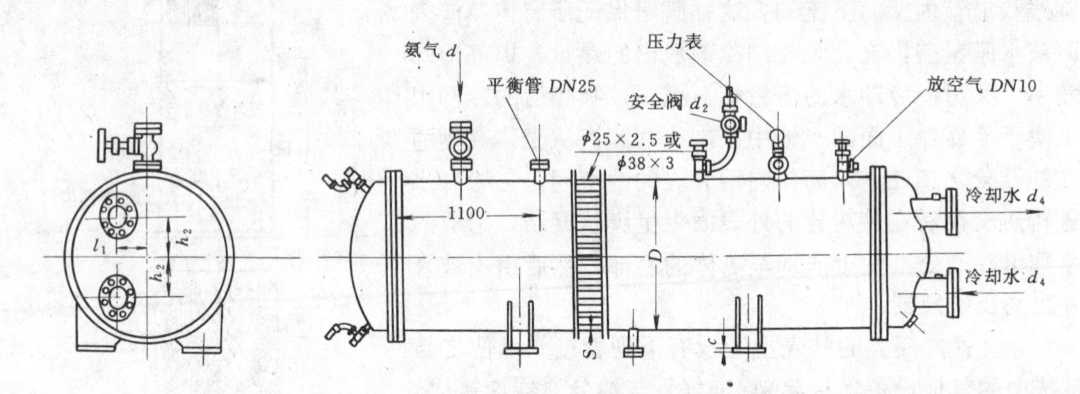

图 4-2　卧式壳管式氨用冷凝器

水管接头设在同一侧的端盖上，冷却水是从下面进入，上面流出，以保证运行时冷凝器中所有管子始终被冷却水充满，并不至于积存空气。由于有分水筋的配合，冷却水能在管簇中多次往返流动。冷却水每向一端流动一次称为一个"水程"，国内生产的卧壳式冷凝器的水程数为 4 至 10 个。这样的水路设计一则可以提高冷却水在管内的流速，有利于强化传热；二则延长了冷却水在冷凝器内的延续时间，增大了进出水的温差，可以减少用水量。在另一侧的端盖上，上部有一个放空气的旋塞，供开始运行时放掉水一侧的空气，以免影响冷却水的流通；下部也有一个旋塞，用以长期停止使用时放尽冷却水，以防止冬季冻裂水管。

卧壳式冷凝器的壳体上也设有若干和系统中其他设备连接的管接头、安全阀和压力表接头；放油口设在壳体的底部。

制冷剂过热蒸汽由壳体顶部的进气口进入冷凝器内管间的空间，与水平管的冷表面接触后即在其上凝结为液膜。由于管子的直径有限，凝液顺管壁下滑迅速与管壁分离，因此较之立壳式冷凝器在制冷剂一侧具有较高的凝结放热系数。但是由于上排管子跌落的凝液会滴到下排管子上而增加下排管子液膜的厚度，致使下排管子的传热效果较差。为了克服这一缺点，目前设计的卧壳式冷凝器其长径比（即长度 L 和筒径 D 之比）有所增大，以减少垂直方向管子的排数，使得整体的传热系数得到提高。

在大中型制冷装置中，冷凝器中的凝液由壳体下部的出液管导入贮液器中，但是对于小型装置，为了简化系统，有时不单设贮液器，而是将超过循环需要量的一部分液态制冷剂贮存在冷凝器的底部。

冷凝器作为制冷系统中的高压容器，在制造后都曾经过压力试验。对于壳体部分，先经过3.0MPa的水压试验以保证其强度，然后再经过2.0MPa的气压试验以保证其密封性；端盖部分（水系统）只做0.6MPa的水压试验。冷凝器在大检修后也需要做同样的试验，以确保安全。

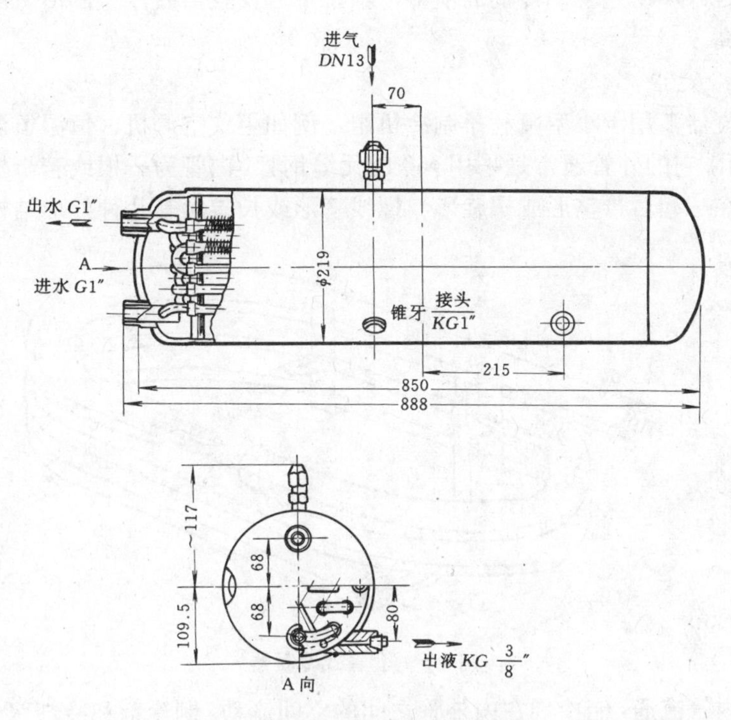

图4-3 LN-07型氟利昂用冷凝器

氟利昂用卧式壳管式冷凝器的传热管是采用低肋管，这是由于和氨比较起来氟利昂的粘度较大，其放热系数要比氨低得多，所以如果是和氨用卧壳式冷凝器完全相同的结构，则达不到相同的传热效果。

卧壳式氟利昂用冷凝器的结构如图4-3所示。其传热管通常是采用紫铜管或黄铜管，为了提高氟利昂一侧的凝结放热系数，经常应用滚压工艺将铜管的外表面压出径向的低肋片，肋片的形状很像螺纹，所以也称螺纹管。

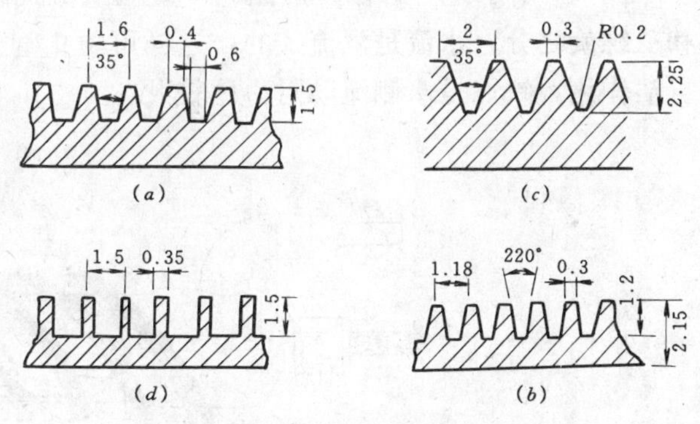

图4-4 滚压低肋片铜管及肋型剖面

图4-4显示了滚压低肋管的结构和几种肋型断面的尺寸。其中（*a*）和（*c*）是早期使用的厚壁低肋管的肋型剖面；（*b*）和（*d*）是改进后的薄壁低肋管的肋型剖面。实验证明，改用新的肋形之后，可使冷凝器的体积缩小、重量减轻、成本降低、水耗量及制冷剂的充灌量减少，传热系数提高。对于R-12，当水的流速为1.7～1.9m/s时，K＝930～1340 W/(m^2·℃)；对于R-22，当水的流速为1.6～2.8m/s时，K＝1360～1590W/（m^2·℃）。

卧壳式冷凝器的优点在于：

(1) 传热系数高；

(2) 占空间高度小，有利于空间的立体利用，特别适用于机组化和船用装置；

(3) 结构紧凑，运行可靠，操作简便。

它的缺点是：不易发现制冷剂的泄漏；清洗不方便且需要停止制冷机的运行，为此对水质的要求亦高。

3. 套管式冷凝器

套管式冷凝器多用于小型氟利昂制冷机组，例如柜式空调机、恒温恒湿机组等。其构造如图 4-5 所示。它的外管通常是采用 $\phi 50$ 的无缝钢管，内管为一根或若干根紫铜管或低肋管。内外管套在一起后再整形成螺旋形、螺线管形或长腰形等几种外形结构。

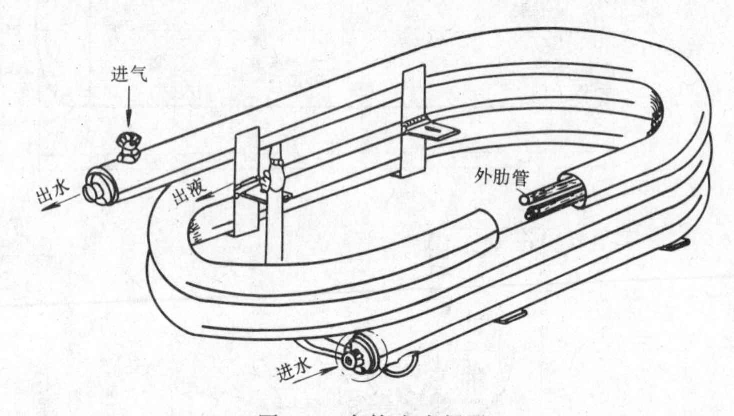

图 4-5　套管式冷凝器

冷却水经内管流通，制冷剂在内外管之间的空间流动。制冷剂和冷却水是逆向流动，可以取得较大的平均传热温差，传热性能好。这种套管式冷凝器常用于布置空间受限制的场合，为了充分利用空间，常见将封闭式压缩机设置在套管环的中央。

图 4-6 所示是一种国外产品——旋涡逆流式结构。内管采用螺旋管，有单螺旋、双螺旋和三螺旋之分。水流是涡流式的，这样可防止管子内壁面沉淀物的积垢，对于冷凝器具有自洁作用。缺点是水侧流动阻力比较大。

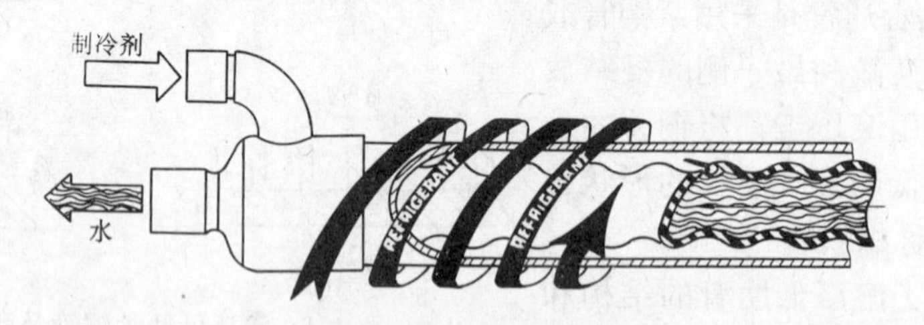

图 4-6　典型的逆流套管式水冷冷凝器

二、空气冷却式冷凝器

空气冷却式冷凝器也称为风冷式冷凝器，它以空气为冷却介质使制冷剂蒸汽冷凝液化。传热机理和过程与水冷式冷凝器相同。根据空气气流形成的原因不同，可分为自然对流式和强制对流式两种。前者一般仅适用于电冰箱一类的微型制冷装置；后者广泛用于中小型氟利昂制冷和空调装置。

图 4-7 所示为强制对流式风冷冷凝器，制冷剂蒸汽从进气口进入各列传热管中，空气以 2～3m/s 的迎面流速横向掠过管束，带走制冷剂的冷凝热，凝液由下部排出冷凝器。

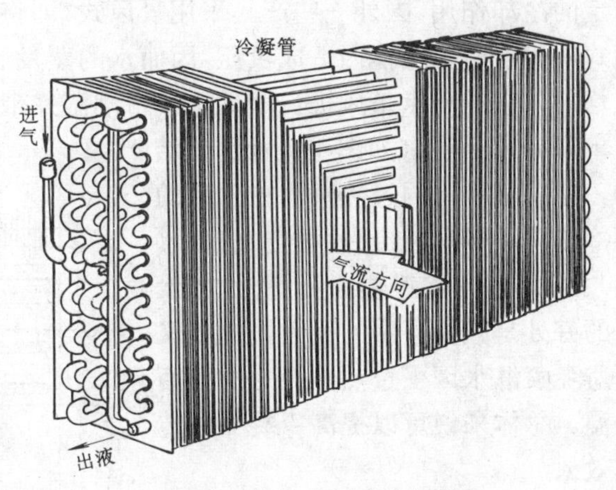

图 4-7　空气冷却式冷凝器

由于空气侧的放热系数极低，所以风冷式冷凝器的传热系数很小，(以外表面积为准)强制对流者约为 24～28W/(m^2·℃)，自然对流者约为 7～9W/(m^2·℃)。为了强化空气侧的传热，传热管均采用翅片管。翅片管还常为铜管铝片、铜管铜片或钢管铜片。

风冷式冷凝器和水冷式冷凝器相比较，唯一优点是可以不用水而使得冷却系统变得十分简单。但其初次投资和运行费均高于水冷式；在夏季室外气温比较高（30～35℃）时，冷凝温度将高达 50℃，因此风冷式冷凝器只能应用于氟利昂制冷系统，而且通常是应用于小型装置，用于供水不便或根本无法供水的场合（如飞机和车辆上）。不过目前国外由于水资源紧张、以及水处理费用的昂贵，已大量采用风冷式冷凝器，并用于大型制冷装置。

在全年运行的制冷装置中采用风冷式冷凝器，应注意冬季因气温过低而造成冷凝压力过低，由此造成膨胀阀前后压差不足而致使蒸发器缺液，可采用减少风量或停止风机运行等措施弥补。

三、蒸发式冷凝器

蒸发式冷凝器是冷凝器和冷却塔的组合体。它系由换热管组、供水喷淋系统和风机三部分组成。图 4-8 为蒸发式冷凝器的示意图。

换热管组部分是一个由光管或肋管组成的蛇形管组，每列蛇形管垂直布置，它们的上端与进气集管相接，下端与出液集管相连。整个管组是安装在一立式箱体内的上半部。制冷剂蒸汽由上部的进气集管分配给每一根蛇管，与冷却介质换热后形成的凝液经出液集管导至贮液器中。

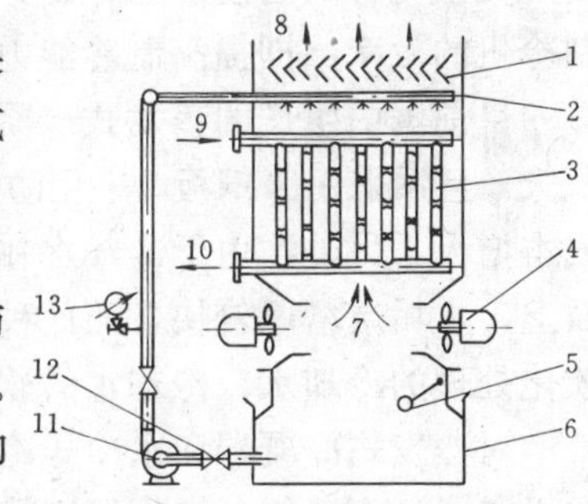

图 4-8　蒸发式冷凝系统示意图

1—挡水板；2—喷水器；3—换热管组；4—轴流风机；5—补充水浮球阀；6—水箱；7—进风口；8—出风口；9—进气集管；10—出液集管；11—循环水泵；12—水量调节阀；13—水压表

供水系统包括水箱、循环水泵、喷淋器和挡水板以及水管。水泵将水箱中的冷却水打到管组的上方，经喷嘴喷淋到管组的表面，使其形成均匀的水膜向下流动，最后落入箱体底部的水箱中，如此循环。挡水板的作用是降低冷却水随气流的飞散损耗。

蒸发式冷凝器的换热主要是依靠冷却水的蒸发吸收汽化潜热而进行。为了强化这种热湿交换同时进行的过程，必须把产生的水蒸气及时排出箱外，这项任务是由风机来完成。目前国内生产的蒸发式冷凝器都是采用轴流风机向箱内吹风的型式，气流自下而上，与水流方向相反，将水蒸发产生的蒸汽由箱体顶部排出。当空气的温度低于水温时，空气还对水起到一定的冷却作用。国外一些产品采用吸风式，即将风机装在箱体顶部，吸排空气和水蒸气。吸风式的优点是在箱体内造成负压，因而水的蒸发温度可以稍低一些，同时可使箱体内气流比较均匀。它的缺点是风机长期处于非常潮湿并带有水滴的环境中，使风机的寿命缩短。

现有产品还有如图 4-9 所示的结构。压缩机排出的过热蒸汽在顶部的预冷管中，同箱体排出的湿空气（含水滴）换热，以消除过热的热量。这样设计的好处是减少了水的飞散损耗，又可避免喷淋水因受过热蒸汽的加热而升温。总体来说可以提高冷凝器的传热效果。

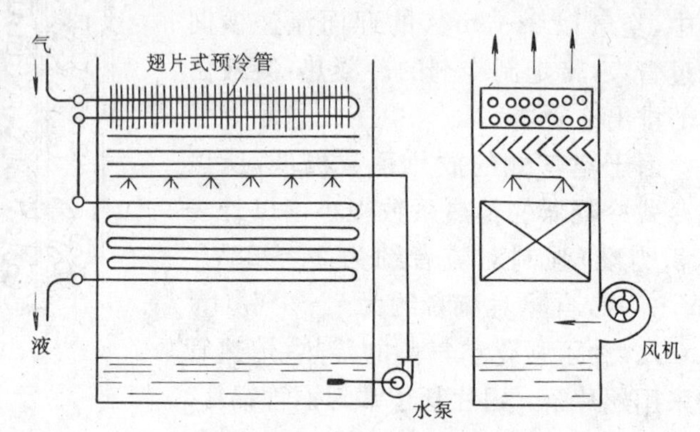

图 4-9　具有预冷的蒸发式冷凝器的结构示意图

蒸发式冷凝器有两个突出优点：

1. 循环水量和耗水量比水冷式冷凝器要少得多。水冷式冷凝器中由冷却水吸收热量，立壳式冷凝器中水的温升只有 2～3℃，即每千克冷却水只能带走 8～12kJ 的热量，卧壳式冷凝器中水的温升也只有 4～8℃，每千克冷却水也只能吸收 17～34kJ 的热量。蒸发式冷凝器基本上是利用水的汽化吸收气态制冷剂冷凝过程放出的凝结潜热，水的比潜热约为 2450kJ/kg，所以理论上蒸发式冷凝器的耗水量为水冷式的 1%左右。实际上，由于水的飞散损失以及排污溢流等原因，其耗水量约为水冷式的 5%～10%。此外，蒸发式冷凝器中循环水量以能够形成管外水膜为度，水量不需要很大，所以水泵的耗功率也很小。

2. 冷凝温度低。蒸发式冷凝器中制冷剂的冷凝温度直接与环境的气象参数相关，根据热湿交换完善的程度，冷凝温度一般比空气的湿球温度高 5～10℃。冷凝温度低，对于提高制冷机的效率，即提高制冷能力和降低耗功率均是有利的。

目前国内生产的蒸发式冷凝器尚待解决的问题是防腐蚀和水质处理。由于设备的表面积大，且系采用薄钢板，采用防锈漆防止锈蚀，使用寿命一般不超过 10 年，因此使得折旧成本增大。另外，由于冷却水在传热管的表面不断蒸发，水中的矿物质完全留在管子的表面上，水垢层增厚较快，而此种冷凝器的清垢工作是很麻烦的，因此应该使用软水或经过软化处理的冷却水。冷却水的软化处理如何经济而有效，尚是一个值得探讨的问题。

对蒸发式冷凝器和水冷式冷凝器（连带水冷却装置）进行综合分析，蒸发式冷凝器在初投资、运行费用、操作管理等诸方面，均优于水冷式冷凝器。但是又必须认真考虑使用的环境条件，气候比较干燥，常年平均相对湿度在 80%以下的地区使用蒸发式冷凝器比较有利。

第二节　冷凝器的选择计算

冷凝器的选择计算是要选择适用的冷凝器的型式、确定传热面积、计算冷却介质（水或空气）的流量、以及冷却介质通过冷凝器时的流动阻力。

一、冷凝器型式的选择

冷凝器的型式各异，它们的性能也各不相同，在前面已分别介绍。这里介绍在型式选择时需要考虑的一些问题。

1. 水源条件

水冷却式冷凝器是目前应用最为广泛的。它不受气象条件变化的影响，冷凝温度较低。因此凡是水源条件较好的场所应首先考虑选用。对于水冷式冷凝器来说，水源的水量、水温和水质是影响冷凝器传热效率的重要因素，对于水量充裕而水质稍差的情况，应优先选择立式壳管式；而水温较低、水质较好的情况，可优先选用卧壳式，小型装置则可选用套管式冷凝器。

2. 气象条件

空气相对湿度较低、水量不丰富但水质很好、年平均气温较低的地区，可优先考虑选择蒸发式冷凝器。如果厂区周围较空旷、自然风力较大，也可考虑采用淋激式冷凝器，将它设置在屋顶平台上，效果接近蒸发式冷凝器，而且可以节省动力消耗。

3. 制冷剂的种类

氟利昂制冷装置在供水不便或无法供水的场所，可选用风冷式冷凝器，但必须具备通风良好的条件。氨制冷装置则切不可采用风冷式冷凝器。

二、确定冷凝器传热面积的计算

根据传热基本方程式

$$Q = KF\overline{\Delta t} \tag{4-1}$$

式中 Q——热流量；此处应为冷凝器中的传热量（热负荷），以 Q_k 表示（kW）；

K——冷凝器的传热系数〔W/（$m^2 \cdot ℃$）〕；

F——冷凝器的传热面积（m^2）；

$\overline{\Delta t}$——传热平均温差（℃）。

因此传热面积

$$F = \frac{Q_k}{K \cdot \overline{\Delta t}} = \frac{Q_k}{q_F} \quad (m^2) \tag{4-2}$$

式中 q_F——冷凝器的单位面积热负荷，即热流密度（W/m^2）。

下面分别讨论 Q_k、K、和$\overline{\Delta t}$等参数的确定方法。

（一）冷凝器的热负荷 Q_k

前面已经讲过高压气态制冷剂在冷凝器中放出的热量系等于制冷剂在蒸发器中吸收的热量（即制冷量），和低压气态制冷剂在压缩机中被压缩时所获得的外功转化成的热量，以及低温制冷剂和外界环境发生热交换所吸收的热量之总和。因为第三部分管道吸热量很有限，可以忽略不计，因此，冷凝器的热负荷 Q_k 为

$$Q_k = Q_0 + P_i \quad (kW) \tag{4-3}$$

这里再介绍一种概算的方法。计算 Q_k 的表达式为：

$$Q_k = \varphi Q_0 \quad (kW) \tag{4-4}$$

式中φ=（Q_k/Q_0）=（q_k/q_0），称为冷凝负荷系数。其值随制冷机运行的工况温度的变化而变化，蒸发温度愈低、冷凝温度愈高，φ值就愈大。φ值可由图 4-10、4-11 和 4-12 查得；也可由制冷工程设计手册中的表格查取。对于冷库制冷工况，φ值约为 1.3；空调制冷工况，φ值约为 1.2。这种计算方法所得的结果不很精确，但在工程实践中作为概算方法还是很实用的。

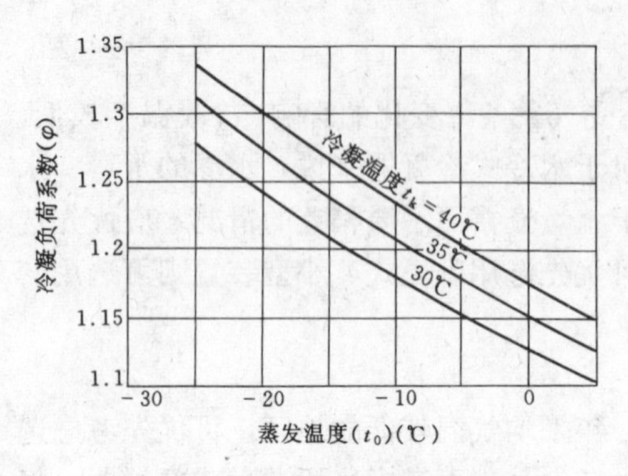

图 4-10 NH_3 制冷机冷凝负荷系数

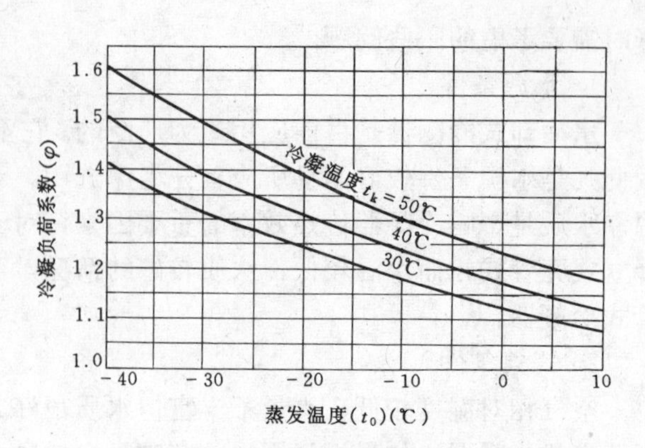

图 4-11 R-12 制冷机冷凝负荷系数

（二）冷凝器的传热系数 K

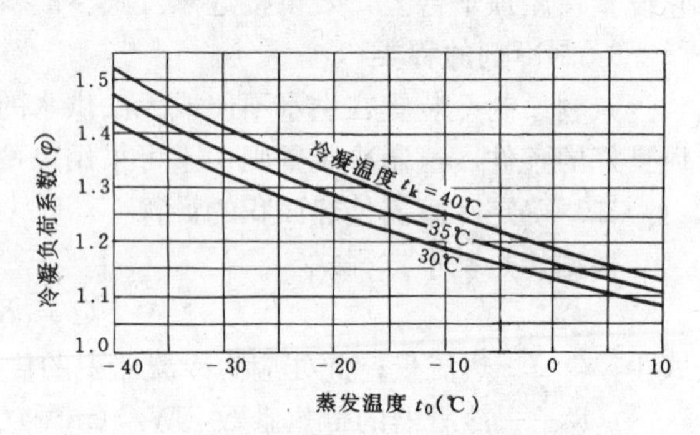

图 4-12 R22 制冷机冷凝负荷系数

冷凝器通常选用小口径的光管或肋管，内外两侧的传热面积差异较大，计算传热系数时应以放热系数较低一侧的表面积为基准，而国产各种冷凝器的传热面积均以传热管的外表面面积为基准，因此在计算传热系数时，应以外表面面积来进行各项热阻的计算。

（1）制冷剂一侧的凝结放热系数

1）制冷剂在管外侧凝结的放热系数，可按努谢尔特公式计算。

对于垂直面，如立式壳管式冷凝器中

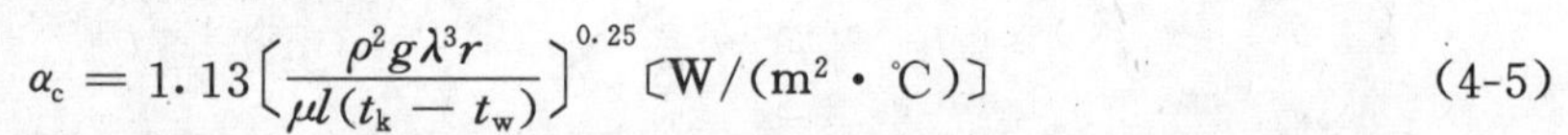

$$\alpha_c = 1.13\left[\frac{\rho^2 g \lambda^3 r}{\mu l (t_k - t_w)}\right]^{0.25} \quad [\mathrm{W/(m^2 \cdot ℃)}] \tag{4-5}$$

对于水平管簇，如卧式壳管式冷凝管中

$$\alpha_c = 0.725\left[\frac{\rho^2 g \lambda^3 r}{Z \mu l (t_k - t_w)}\right]^{0.25} \quad [\mathrm{W/(m^2 \cdot ℃)}] \tag{4-6}$$

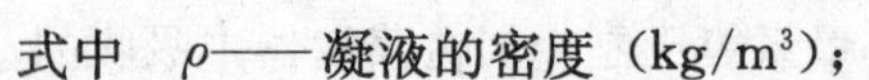

式中 ρ——凝液的密度（kg/m^3）；

g——重力加速度（m/s^2）；

λ——凝液的导热系数〔W/（m·℃）〕；

r——制冷剂的比潜热（J/kg）；

μ——凝液的动力粘度（Ns/m^2）；

l——定性尺寸，对于垂直面取其高度 H，对于水平管则取管外径 d_0（m）；

t_k——冷凝温度（℃）；

t_w——壁面温度（℃）；

Z——平均管数，$Z=N/m$；

N——管子总数；

m——管子的垂直排数。

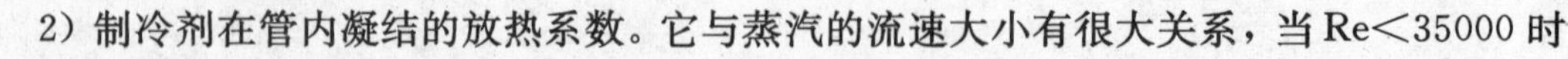

2）制冷剂在管内凝结的放热系数。它与蒸汽的流速大小有很大关系，当 Re＜35000 时

可按下式估算平均放热系数。

$$\alpha_c = 0.555\left[\frac{\rho^2 g\lambda^3 r}{\mu d_i(t_k - t_w)}\right]^{0.25} \quad [W/(m^2 \cdot ℃)] \tag{4-7}$$

式中 d_i——管内径（m）。

（2）冷却水一侧的放热系数

传热管内冷却水的流速，对于传热和阻力都有很大的影响，水的流速可按下式计算：

$$v_w = \frac{V_w}{3600 \times \frac{\pi}{4}d_i^2 Z} = \frac{V_w Z}{2830 d_i^2 N} \quad (m/s)$$

式中 V_w——冷却水的体积流量（m^3/h）；

d_i——管子内径（m）；

$z=N/Z$——每一水程中并行的管数；

N——冷凝器中水管总数；

Z——水程数。

当 $Re \geqslant 10^4$，水温为0～50℃时，管内冷却水的受迫对流放热系数 α_w 按下式计算。

$$\alpha_w = (1430 + 22\bar{t})\frac{v_w^{0.8}}{d_i^{0.2}}[W/(m^2 \cdot ℃)] \tag{4-8}$$

式中 v_w——冷却水流速（m/s）；

$\bar{t}$——水的平均温度（℃）；

d_i——管内径（m）。

（3）其他热阻

1）油膜热阻 R_1

在氨用冷凝器中，一般可取油膜厚度为0.05～0.08mm，油膜热阻为 $0.35 \sim 0.6 \times 10^{-3}$ $m^2 \cdot ℃/W$。在氟利昂制冷系统中，因为润滑油溶于氟利昂中，所以冷凝器管壁上不会有油膜形成。

2）水垢热阻 R_2

水垢、铁锈、及其他污垢构成附加热阻，其值的大小与水质、水流速、以及管子的材质等因素有关。一般对于水质较好的可取 0.2×10^{-3}，水质较差（清洁度、硬度）的取 $0.5 \times 10^{-3} m^2 \cdot ℃/W$。

3）管壁热阻，因其值远远小于其他热阻，常忽略不计。

（4）传热系数的计算公式

1）对于水冷式（立壳式和卧壳式）冷凝器，按外表面计算：

$$K = \left[\frac{1}{\alpha_c} + R_1 + \frac{d_0}{d_i}\left(R_2 + \frac{1}{\alpha_w}\right)\right]^{-1} \quad [W/(m^2 \cdot ℃)] \tag{4-9}$$

式中 α_c、α_w——分别为制冷剂的凝结放热系数和水侧的放热系数〔W/（$m^2 \cdot ℃$）〕；

R_1、R_2——分别为油膜热阻和水垢热阻（$m^2 \cdot ℃/W$）；

d_0、d_i——传热管的外径和内径（m）。

2）采用翅片铜管的壳管式冷凝器，按外表面（包括翅片的面积）计算：

$$K = \left[\frac{1}{\eta\alpha_c} + \tau\left(R_2 + \frac{1}{\alpha_w}\right)\right]^{-1} \quad [W/(m^2 \cdot ℃)] \tag{4-10}$$

式中　η——翅干管总效率，对于低肋管 $\eta=1$；

τ——外表面与内表面的面积比。

其他符号同（4-9）式。

（三）传热平均温差$\overline{\Delta t}$

制冷剂和冷却介质分别通过冷凝器时都是变温过程。制冷剂一侧由高温的过热温度先降温到饱和温度（即冷凝温度），然后再降温到过冷状态的温度；冷却水一侧则由进水温度升高到出水温度，空气也一样。这样计算两者之间的传热平均温差就很复杂。考虑到制冷剂的放热主要是在中间的冷凝段，由饱和蒸汽凝结成饱和液体，而此时的温度是一定的，为了简化计算，把制冷剂的温度认定为冷凝温度，因此在计算传热平均温差时应用下面的公式。

$$\overline{\Delta t}=\frac{\Delta t_{max}-\Delta t_{min}}{\ln\dfrac{\Delta t_{max}}{\Delta t_{min}}}\quad〔℃〕\qquad(4\text{-}11)$$

式中　Δt_{max}——冷凝器中冷却介质进口处的最大端面温差（℃）；

Δt_{min}——冷却介质出口处的最小端面温差（℃）。

当（$\Delta t_{max}/\Delta t_{min}$）＜2 时，用算术平均值，即$\overline{\Delta t}$=（$\Delta t_{max}+\Delta t_{min}$）/2 代替对数平均温差，也足够准确。

求取对数平均温差也可利用线图（图 4-13），是较为方便的图解法。

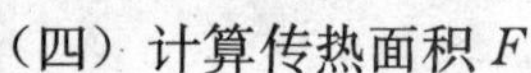

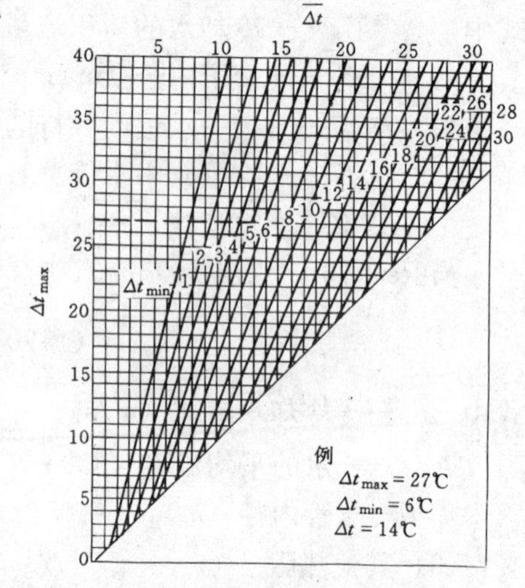

图 4-13　由 Δt_{max}和 Δt_{min}查 Δt_m 线图

（四）计算传热面积 F

知道了 Q_k、K、和$\overline{\Delta t}$之后，即可利用公式（4-2）计算传热面积 F。

计算过程中，K 值的求解还比较繁琐，实际上对于水冷式冷凝器，水的流速有一定的要求，传热平均温差大致在 4～6℃的范围内，所以冷凝器的单位面积热负荷（热流密度）q_F 也就大体在一定的范围内，并为试验所证实。这样也就可以利用 $F=Q_k/q_F$ 的关系求得传热面积。空气冷却式和蒸发式冷凝器的计算也是如此。各种冷凝器的 K 和 q_F 参考值列于表 4-1。

各种冷凝器的 K 和 q_F 及使用条件　　**表 4-1**

型　式	传热系数 K〔W/（m^2·℃）〕	热流密度 q_F（W/m^2）	使用条件
立式壳管式	700～800	3500～4000	
卧式壳管式	（氨）700～900 （R_{12}）900～1300 （R_{22}）1300～1600	3500～4500	水流速0.8～1.2m/s 1.7～1.9m/s 1.6～2.8m/s
蒸发式		1800～2500	
空气冷却式	24～28	230～290	风速 2～3m/s
套管式	900～1100		水流速 1～2m/s
螺旋板式	950～1020		
淋激式	230～290		

三、冷却介质流量的计算

冷却介质（水或空气）流量的计算是基于热量衡算原理，即冷凝器中制冷剂放出的热量等于冷却介质所带走的热量。

$$Q_k = Gc_p(t_2 - t_1)(\text{kW}) \tag{4-12}$$

$$G = \frac{Q_k}{c_p(t_2 - t_1)} \quad (\text{kg/s}) \tag{4-13}$$

式中 Q_k——冷凝热负荷（kW）；

G——冷却介质的质量流量（kg/s）；

t_1，t_2——冷却介质进口和出口温度（℃）；

c_p——冷却介质的比热〔kJ/（kg·℃）〕。海水的 $c_p=4.312$，空气的 $c_p=1.005$，淡水的比热 $c_p=4.186$。

这里，如何确定冷却介质的进出口温差，即（t_2-t_1）应作技术经济分析。

1. 提高冷却介质进出口温差，可以提高传热平均温差，对于一定的冷凝负荷，可减少传热面积，显然可节省设备的初投资；同时，提高冷却介质进出口温差，又可减少冷却介质的流量，又可减少运行费用（即泵或风机的动力消耗）；从这两方面看均是有利的一面；

2. 由于冷却介质的进口温度基本上由自然条件决定，提高进出口温差只能是提高出口温度，其结果必然会使得冷凝温度相应升高（一般来说冷凝温度要比冷却介质的出口温度高 3～5℃）。而冷凝温度的提高会使压缩机的耗功率增多（冷凝温度升高 1℃，单位制冷量的耗功率约增加 3%～4%，这是很可观的）；同时还会使压缩机的容积效率下降、排气温度升高，这些又都是不利的一面。

所以冷却介质的进出口温差的选择必须综合考虑，合理地选择。立壳式冷凝器的进出水温差为 2～3℃；卧壳式冷凝器，若水源水温较低，进出水温差取 6～8℃（全水程流通），若进水温度较高可采用半水程流通，进出水温差为 3～4℃。对于风冷式冷凝器，因其传热系数很低，所以一般取最大温差（$\Delta t_{max}=t_k-t_1$）15℃左右，但进出口温差不宜超过 8℃。

【例 4-1】 有一台 8AS-12.5 制冷压缩机在工况温度条件为：$t_0=5$℃，$t_k=40$℃时运行，其制冷量为 558kW。试利用负荷系数法确定其配用冷凝器的热负荷；并计算采用立壳式冷凝器、卧壳式冷凝器和蒸发式冷凝器所需要的传热面积；然后用估算法确定对于三种冷凝器所需的冷却水量。将计算结果列表进行比较。

【解】 氨制冷压缩机的冷凝负荷系数可由图 4-10 查得，当 $t_0=5$℃，$t_k=40$℃时，冷凝负荷系数 $\psi=1.15$

冷凝器的热负荷为：

$$Q_k = \psi Q_0 = 1.15 \times 558 = 641.7(\text{kW})$$

冷凝器的传热面积：

（1）立壳式冷凝器为 （$q_F=3500\text{W/m}^2$）

$$F = \frac{Q_k}{K \cdot \Delta t} = \frac{Q_k}{q_F} = \frac{641.7}{3500} \times 1000 = 183\text{m}^2$$

（2）卧壳式冷凝器为 （$q_F=4000\text{W/m}^2$）

$$A = \frac{Q_k}{q_F} = \frac{641.7}{4000} \times 1000 = 160\text{m}^2$$

（3）蒸发式冷凝器为：($q_F=1800W/m^2$)

$$F=\frac{Q_k}{q_F}=\frac{641.7}{1800}\times1000=356.5m^2$$

冷却水循环量：

（1）立壳式冷凝器为（单位面积用水量取 1～1.7m³/（m²·h））

$$V_w=183\times(1\sim1.7)=183\sim311m^3/h$$

（2）卧壳式冷凝器为（单位面积用水量取 0.5～0.9m³/（m²·h））

$$V_w=160\times(0.5\sim0.9)=80\sim144m^3/h$$

（3）蒸发式冷凝器为（单位面积循环水量取 0.12～0.16m³/（m²·h））

$$V_w=356.5\times(0.12\sim0.16)=42.8\sim57m^3/h$$

列表比较：

计算项目 / 冷凝器型式	传热面积 (m^2)	冷却水用量 (m^3/h)
立壳式冷凝器	183	183～311
卧壳式冷凝器	160	80～144
蒸发式冷凝器	356.5	42.8～57

请对上表所列的计算结果进行比较，总结出一个概念。

第三节　强化冷凝器中传热的途径

强化冷凝器中的传热以提高它的换热效率，是许许多多学者和工程技术人员的研究课题和努力方向。这个问题包括两个方面，一方面是设备制造的优化设计，使得设备在结构上具备有利于提高换热效率的条件；另一方面是设备的使用者在运行管理中应当排除各种不利因素，使得设备总是处于高效的换热状态。这两方面的目标是一致的，又必须密切配合才能使得共同的目标得以实现。

强化冷凝器中传热的关键是如何减小凝液液膜的厚度，以及加速凝液从传热面上脱离。主要措施有以下几方面：

1. 改变传热表面的几何特征。例如在垂直管的外表面上开槽构成纵向肋片管，某厂曾经进行过氨在纵向肋片管的管外冷凝试验，证明氨侧放热系数和传热系数都有所提高，国外曾进行过蒸汽在具有填料（金属丝）的立管内的冷凝试验，结果证明其放热系数较空管高 3～5 倍；对于横管应用滚压低螺纹管（即低肋管）在氟利昂冷凝器中已被广泛采用，使传热效果大大提高。采取这些措施不仅增大传热面积，更重要的是凝液由于表面张力的作用向槽底积聚，顺槽向下流动脱离，使肋片的脊背和侧面上只有极薄的液膜，从而大大降低了热阻。

2. 利用高速气流冲散凝液液膜。这种措施已在立壳式冷凝器中采用，从而克服了垂直管外液膜厚度愈到底愈厚的弱点，同时也加快了凝液从传热面脱离。在一些大型风冷式冷凝器和套管式冷凝器采用中部分段排液的结构也是属于强化传热所采取的措施。

3. 及时排除制冷系统中的不凝性气体。在系统中总会有一些空气和制冷剂及润滑油在高温下分解出来的氮气、氢气等。它们在冷凝器中附着在凝结液膜上，使得液膜表面上制冷剂蒸汽的分压力降低，相应的饱和温度也减小，这就会影响蒸汽的凝结。实验证明，在热流密度为11600W/m^2时，当氨气中含有2.5%空气，放热系数由8140W/（m^2·℃）降低到4070W/（m^2·℃），即降低了一半，可见影响之大。

4. 经常注意油分离器的工作情况。在氨制冷系统中，压缩机中的润滑油雾化后随排气进入高压系统，为避免进入冷凝器而将排气通过油分离器将油分离出去。但是油分离器的分油效率也不可能达到百分之百，而且其分油效率与管理的好坏有关，例如常用的洗涤式油分离器，它利用液氨对排气进行洗涤，达到冷却和分油的目的，如果油分离器中缺液或底部存油过多，就会使其分油效果大大降低，这就会引起冷凝器中油膜热阻的增大。所以必须及时解决压缩机奔油严重、油分离器缺液和存油过多等问题。

5. 冷却水的影响。水垢是构成冷凝器中导热热阻的一大成分，在运行管理中要注意水质的变化，水垢层达到一定程度时应及时清洗冷凝器。水的流速对传热的影响很大，从增强传热的角度来说，希望水在管内的流速尽量高为好，在卧壳式冷凝器中要注意端盖内侧的分水筋处是否有短路情况。水流速采用0.5～2.0m/s为宜，实验证明，高流速超过一定的极限流速后，冷却水对管壁具有侵蚀作用。

第四节　蒸发器的种类、基本构造和工作原理

蒸发器也是一种间壁式热交换设备。低温低压的液态制冷剂在传热壁的一侧气化吸热，从而使传热壁另一侧的介质被冷却。被冷却的介质通常是水或空气，为此蒸发器可分为两大类，即

1. 冷却液体（水或盐水）的蒸发器；

2. 冷却空气的蒸发器。

此外，还有冷却固体物料的接触式蒸发器，如冻结食品的平板冻结器，在这里不予介绍。

一、冷却液体的蒸发器

常用于冷却液体的蒸发器有两种型式，即卧式壳管式蒸发器（制冷剂在管外蒸发的为满液式，制冷剂在管内蒸发的称干式），和立管式冷水箱。分别阐述于下。

（一）满液式壳管蒸发器

这种蒸发器常用于空调用制冷装置中，用来冷却水或盐水。它的结构和卧式壳管式冷凝器相似，如图4-14所示。由于其传热效果较好，结构紧凑，占地面积小且易于安装等优点而被广泛采用，尤其是在空调用的冷水机组中最为适宜。氟利昂用的壳管式蒸发器如图4-15所示。

壳管式蒸发器均为卧式。长期以来沿用的流程都是制冷剂液体在管外与壳体间蒸发吸热，而被冷却介质在管内流动放热。

经过膨胀阀降压以后的低温低压液体，从筒体的下部进入，充满管外空间。由于存液量很大，故属满液式蒸发器。制冷剂气化形成的蒸汽不断上升至液面，经过顶部的分液包分离掉蒸汽中可能挟带的液滴，干蒸汽被压缩机吸回。

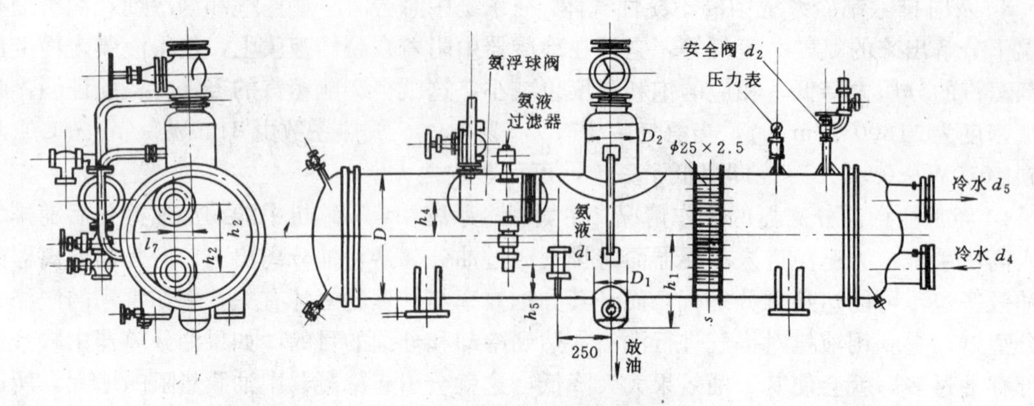

图 4-14　DWZ 型卧式氨蒸发器

水程也和卧壳式冷凝器一样作成多程式，即在传热管簇内经端盖往返流动多次，与制冷剂进行热交换。水的进出口一般也是做在同一侧的端盖上，下进上出。

壳体上留有若干与制冷系统中其他设备连接的管接头，如图 4-15 所示。

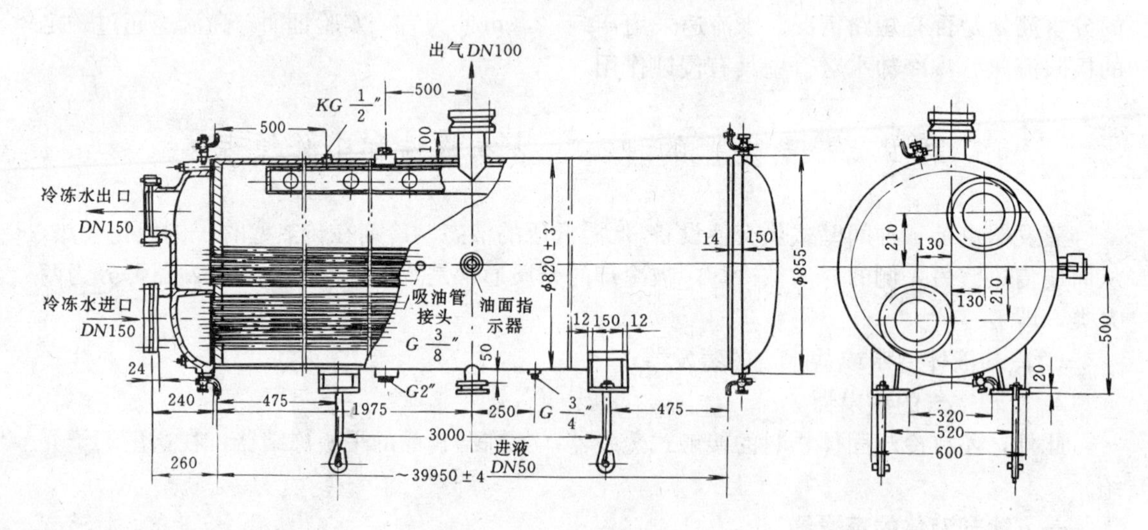

图 4-15　Z-240/4 型氟利昂蒸发器

氨用蒸发器的传热管一般为 $\phi25\times2.5$ 或 $\phi32\times2.5$ 的无缝钢管，氟利昂蒸发器一般多用紫铜管或黄铜管，直径在 $\phi20$ 以下的，为了增强传热效果，多采用低肋管。

总的来说，卧壳式蒸发器的传热系数要略低于卧壳式冷凝器，这是因为传热温差较小，热流密度也较小的缘故。

应该注意，在此种满液式蒸发器中，由于制冷剂气化时会产生大量气泡，使液面较不工作时升高，为了避免压缩机吸回未蒸发完的液体，充注制冷剂时应在筒内上部留有空间，对于氨制冷剂，充液高度应控制在不超过筒径的 70%～80%，氟利昂起泡现象更为严重，其充液量应在 55%～65%左右。液面上裸露的传热管，在蒸发器投入运行后被制冷剂泡沫润湿，同样能起到很好的换热作用。

此外还应注意，当用来冷却淡水时，其蒸发温度不宜低于 0℃，以避免冻结的危险致使传热管被胀裂。

满液式壳管蒸发器从其结构和工作情况可以看出它有以下这些缺点：

1. 制冷剂的充注量较大，对于价格昂贵的氟利昂制冷剂比氨更为不宜；

2. 当蒸发器的直径较大时，由于液体静压的影响而使得下部制冷剂的蒸发温度升高。这样无形中减小了传热温差，而且蒸发温度愈低这种影响愈大，对于氟利昂，因为其液体的比重大这种影响就更为显著；

3. 对于氟利昂制冷剂，由于它们能和润滑油互相溶解而将油带入蒸发器，在蒸发器中氟利昂不断汽化后被压缩机吸回，而润滑油则很难从蒸发器中返回压缩机，因此在长期运行后蒸发器中会积存较多的含油浓度很高的氟利昂—油溶液，影响蒸发器的传热性能；

4. 在船用制冷装置中，由于船体的摇晃此种蒸发器有可能使液体被压缩机吸回。

鉴于此，这种蒸发器大多用于陆用氨制冷装置中，氟利昂系统已大都采用干式壳管蒸发器。

（二）干式氟利昂壳管蒸发器

图 4-16 所示为用来冷却淡水的干式氟利昂壳管式蒸发器。在这种蒸发器中，制冷剂液体系在管内蒸发，此时液态制冷剂的充注量与满液式相比可减少 80%～85%。它在结构上和管外蒸发的满液式蒸发器很相似，但工作过程却完全不一样。这里，氟利昂液体是从前端盖的下部分两路进入传热管簇，往返四个流程，蒸发产生的蒸汽由同一端盖的上部引出。显然端盖对制冷剂的流动是起着导向作用。被冷却的水是在管外流动，由壳体上方的一端进入，从另一端流出。为了提高水流速度以强化传热，在蒸发器的壳体内装有若干块圆缺形的折流板。全部折流板用三根拉杆固定，在相邻两块折流板之间的拉杆上装有等长度的套管，以保持折流板的间距。

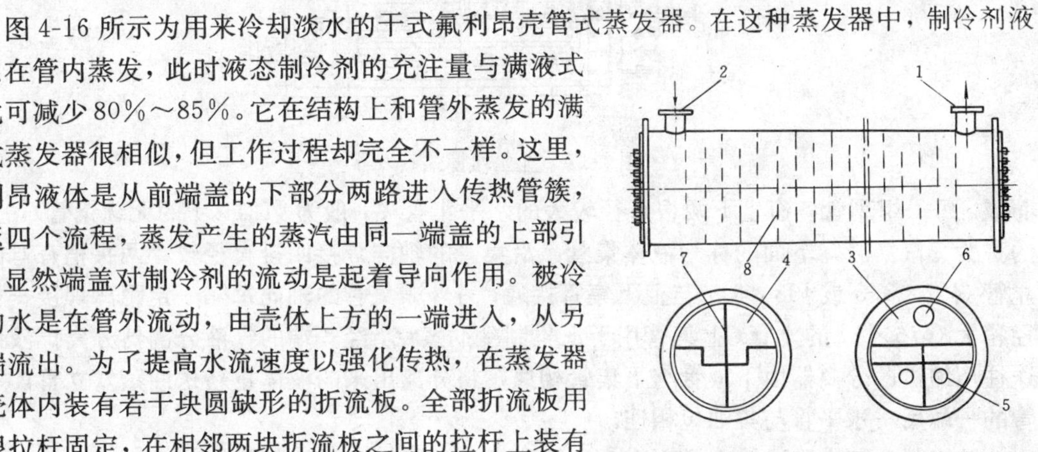

图 4-16　$20m^2$ 干式氟利昂蒸发的示意图
1—冷水进口；2—冷水出口；3—前端盖；4—后端盖；5—氟利昂液体进口；6—氟利昂蒸汽出口；7—分液筋板；8—折流板

干式蒸发器确实是克服了前述满液式蒸发器的缺点，主要的优点有以下几方面。

1. 制冷剂的充注量很少，使用成本大为降低；且不需设贮液器，使机组的重量和体积大为缩小；

2. 被冷却水是在管外流动，即使因蒸发温度过低而在管外结冰，也只是影响传热效果，且无胀裂传热管的危害；

3. 由于氟利昂蒸汽在管内具有较大的流速，可将润滑油带回压缩机中；

4. 与满液式壳管蒸发器相比，干式蒸发器的传热系数也有所提高。

（三）立管式冷水箱

冷水箱系大型空调用制冷站中，用于开式冷冻水系统常用的蒸发器。整体的蒸发器管组沉浸于盛满载冷剂（水或盐水）的箱体（或池、槽）内。制冷剂在管内蒸发，载冷剂在搅拌器的推动下在箱内流动，以增强传热。应用这种蒸发器可以将水冷却到接近 0℃ 的温度；当用盐水作为载冷剂时，可冷却到 −10～−20℃，适用于制冰或食品冷加工。

冷水箱中的蒸发器管组有立管式和螺旋管式两种。见图 4-17、图 4-19。

立管式蒸发器的列管以组为单位，按照不同的容量要求，蒸发器可由若干组列管组合

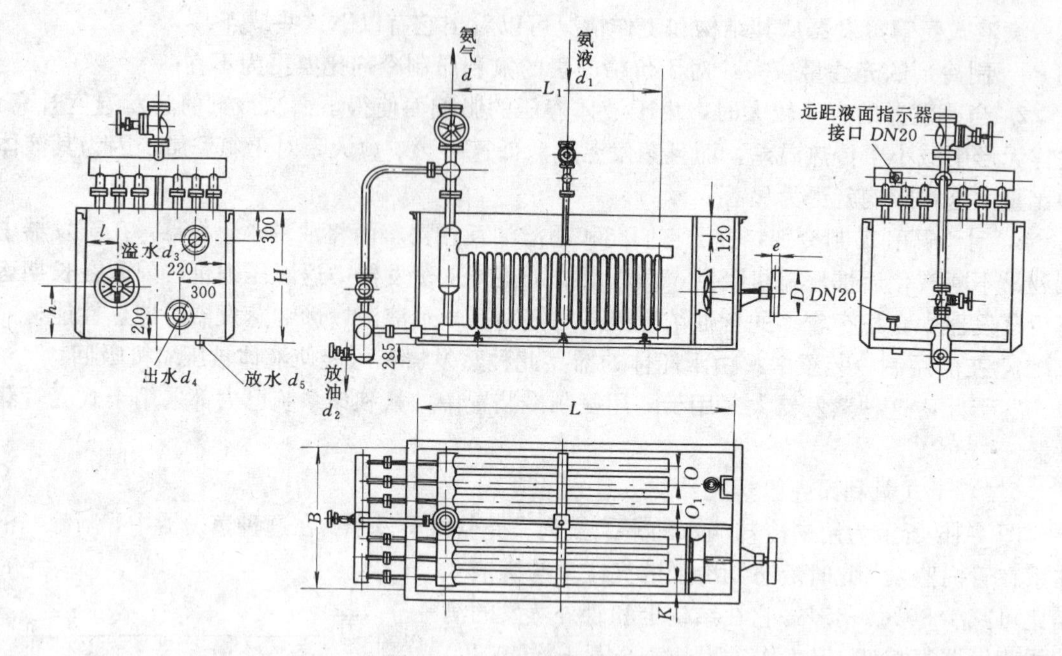

图 4-17　直立列管式蒸发器

而成。每一组列管各有上下两根直径较大的水平集管（一般为 ϕ121×4 的无缝钢管），上面的称为蒸汽集管，下面的称为液体集管。沿集管的轴向焊接四排直径较小两头稍有弯曲的立管（ϕ57×3.5 或 ϕ38×3），与上下集管接通；另外顺集管的轴向每隔一定距离焊接一根直径稍大（ϕ76×4）的立管。上集管用于汇集制冷剂蒸汽，经一端的气液分离器分离掉液体后送往压缩机；分离器由下液管与下集管相通，将分离出来的液体重新送回蒸发立管；下集管的一端用一水平管与集油包相连。

液态制冷剂由进液管直插到 ϕ76 立管的下部，经下集管迅速进入每根立管，并可利用液体流进时的冲力增强氨液在蒸发管中的循环。立管式蒸发器在工作过程中，细立管中的蒸发强度很大，产生的蒸汽迅速脱离传热面，向上浮动进入上集管，没有蒸发完的液体由中间的粗立管下降，如此形成上下的循环对流。如图 4-18 所示。

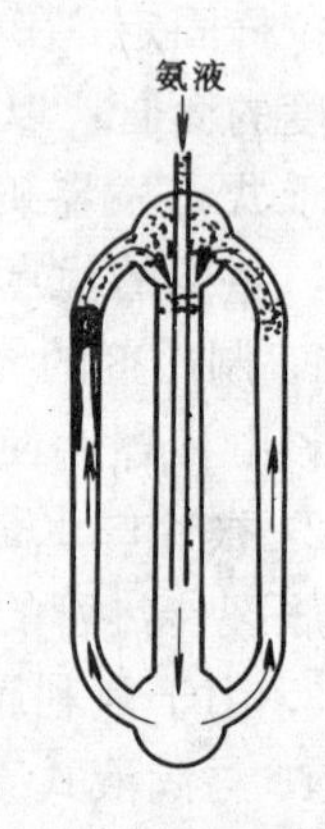

图 4-18　立管中制冷剂的循环流动

这种蒸发器的传热性能良好，与卧壳式蒸发器相仿。由于水箱中水量大、热稳定性优于壳管式，因此大凡采用开式冷冻水系统处理空气的空调装置，均优先采用水箱式蒸发器，还可以不再另设水箱，其缺点是占地面积大，而且只能适用于氨作为制冷剂，因而在工厂中用得较多。

螺旋管式蒸发器系立管式的一种变型产品。其构造如图 4-19 所示。

此种蒸发器的总体结构和两种流体的流动情况与立管式相似，其不同之处只是以两排螺旋管代替了立管。这种蒸发器也只能用于氨制冷系统。与立管式相比，螺旋管式有许多优点，主要是：

1. 使得结构紧凑，若蒸发面积相同，螺旋管式的体积要小得多；

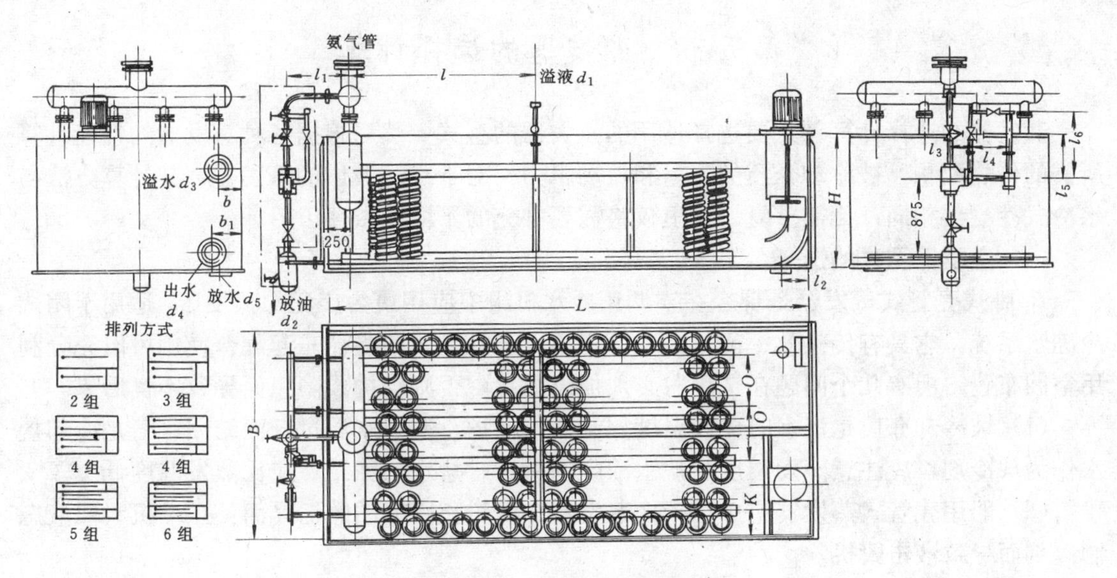

图 4-19 螺旋管式蒸发器

2. 上下集管上的焊口大大减少，减少了泄漏的可能，制造工时减少，修理也较方便；

3. 传热系数较立管式有所提高。

在此基础上，国内已生产双头螺旋管式蒸发器，它是在一个螺旋管的位置上套装两个直径不同的大小螺旋管，这样使得结构更为紧凑。

二、直接蒸发式空气冷却器

用于冷却空气的蒸发器可分为两大类，一类是空气作自然对流的蒸发排管，如广泛使用于冷库的墙排管、顶排管，一般是做成立管式、单排蛇管、双排蛇管式、双排U形管或四排U形管式等型式；另一类是空气被强制流动的冷风机，冷库中使用的冷风机系做成箱体型式，空调中使用的通常系做成带肋片的管簇。

在直接蒸发式空气冷却器中，制冷剂靠压差($\Delta p = p_k - p_0$)、液体的重力或液泵产生的压头在管内流动。

这种蒸发器中，因为被冷却介质是空气，空气侧的放热系数很低，所以蒸发器的传热系数也很低。为了提高传热性能，往往是采取增大传热温差、传热管加肋片或增大空气流速等措施来达到目的。

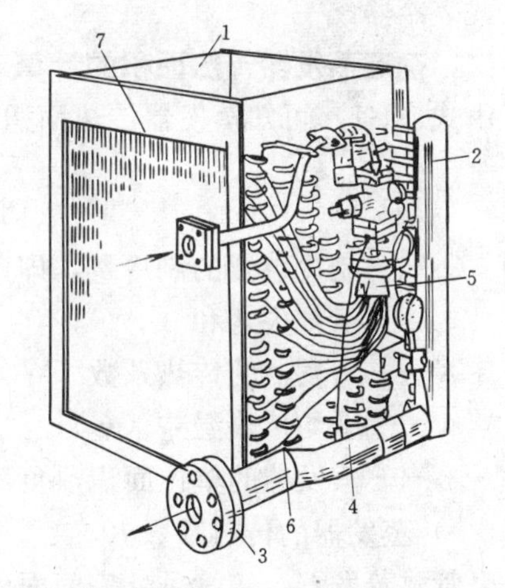

图 4-20 具有肋片管的空气冷却器结构图

1—框架；2—回气集管；3—回气法兰；4—盘管弯头；5—制冷剂分配器；6—制冷剂分配管；7—盘管、肋片

图 4-20 所示系空调装置中使用的具有肋片管的空气冷却器结构图。它的工作过程是在制冷剂的液体进口处设一个分配器（俗称莲蓬头），以便将经过膨胀阀降压后的汽液两相流体均匀地分配到各路传热管中去，蒸发后产生的蒸汽由集管汇集后回到压缩机。空气在风机的作用下横向掠过肋片管簇而被冷却。

第五节　蒸发器的选择计算

蒸发器的选择计算首先要选择适用的蒸发器的型式，然后根据各种蒸发器的性能计算所需的传热面积、被冷却介质的流量和流动阻力。对于冷却液体的蒸发器，其计算方法与水冷式冷凝器相同，无需重复。这里仅将需要补充的不同点叙述于后。

一、蒸发器型式的选择

1. 卧式壳管式蒸发器是现今在空调用冷水机组中应用最为广泛的蒸发器，适用于闭式冷冻水系统。它具有传热效率高，占地面积小，与卧壳式冷凝器一起配合使用可以充分利用空间布置。但有几个问题在选用时必须加以注意，否则会构成隐患而导致不良后果。

(1) 被冷却介质是淡水时应设温度控制器作保护，避免水温过低而结冰；若是冷却盐水作为载冷剂，应注意蒸发温度与盐水浓度的关系，盐水的冻结点应比蒸发温度低10℃。

(2) 船用壳管式蒸发器应选用干式蒸发器，以防止因船舶的摇晃而使压缩机吸回液态制冷剂而导致液击毁机。

(3) 和卧壳式冷凝器一样，在设计机房时，应给它们留有足够的清洗距离（空间）。

2. 立式（含螺旋管式）冷水箱适用于大型空调装置作为冷源，在开式冷冻水系统中一般优先考虑此种冷水箱。它具有传热系数高、水量大、蓄冷能力强、制冷工况稳定等突出的优点，而且不需要另设水池和便于水泵启动的高位水箱，既可减少投资又使系统简化。

3. 直接蒸发式空气冷却器主要是应用于冷库；在空调系统用来冷却空气，根据设计规范规定，只能适用于以氟利昂作为工质的制冷系统，以防由于泄漏使得空气受到污染。因此在空调装置中，这种空气冷却器已限于在小型空调器（柜）中使用，大中型装置已采用冷水式表冷器。

二、确定蒸发器传热面积的计算

由式（4-1）可知蒸发器传热面积的计算式为

$$F=\frac{Q_0}{K\cdot\overline{\Delta t}}=\frac{Q_0}{q_F}\quad(m^2)\tag{4-14}$$

式中　Q_0——制冷装置的制冷量，即蒸发器的负荷。它等于用户的耗冷量与制冷装置的冷量损失之和（kW）；

K——蒸发器的传热系数〔W/（m^2·℃）〕；

$\overline{\Delta t}$——平均传热温差（℃）；

q_F——蒸发器的单位面积热负荷，即热流密度（W/m^2）。

（一）蒸发器的传热系数 K

壳管式蒸发器，按管子外表面面积计算：

(1) 氨用壳管式（传热管为无缝钢管）

$$K=\left(\frac{1}{\alpha_0}+\Sigma R+\frac{d_0}{d_i}\cdot\frac{1}{\alpha_w}\right)^{-1}〔W/(m^2\cdot ℃)〕\tag{4-15}$$

式中　α_0——制冷剂的沸腾放热系数〔W/（m^2·℃）〕；

ΣR——管壁总热阻，推荐采用1.16×10^{-3}（m^2·℃/W）；

d_0、d_i——传热管的外径、内径（m）；

α_w——水侧放热系数〔W/（m^2·℃)〕。

（2）氟利昂用壳管式（低肋管）

$$K=\left[\frac{1}{\eta\alpha_0}+\tau(R_2+\frac{1}{\alpha_w})\right]^{-1} \quad 〔W/(m^2\cdot ℃)〕 \tag{4-16}$$

式中 τ——管子外表面（含肋片）与内表面积之比，即肋化系数；

η——肋片效率，对于 $\tau<4.0$ 的低肋管可取 $\eta=1.0$；

R_2——水垢热阻，对于铜管可取 $R_2=0.116\times10^{-3}$（m^2·℃/W）。

（3）氟利昂用干式壳管蒸发器，传热管为轴向内肋铜管，传热面积和 K 仍按外表面面积计算

$$K=\left(\frac{1}{\alpha_0}+R_2+\frac{\tau}{\eta\alpha_0}\right)^{-1}〔W/(m^2\cdot ℃)〕 \tag{4-17}$$

（4）立管式水箱蒸发器（氨用，钢管）

$$K=\left(\frac{1}{\alpha_w}+\Sigma R+\frac{d_0}{d_i}\cdot\frac{1}{\alpha_0}\right)^{-1}〔W/(m^2\cdot ℃)〕 \tag{4-18}$$

（二）放热系数和附加热阻

1. 制冷剂的沸腾放热系数 α_0

（1）在壳管式蒸发器中，制冷剂在管外沸腾，由于温差较小，沸腾属于自然对流的泡沫沸腾过程，放热系数可视为单位面积热负荷 q_F 的函数。可采用以下一些试验公式计算。

当 $q_F<2100W/m^2$ 时：

$$\left.\begin{aligned}&\text{氨：} && \alpha_0=103q_F^{0.25}\\&\text{氟利昂 12：} && \alpha_0=39.5q_F^{0.25}\\&\text{氟利昂 22：} && \alpha_0=33.8q_F^{0.25}\end{aligned}\right\} \tag{4-19}$$

当 $q_F>2100W/m^2$ 时：

$$\left.\begin{aligned}&\text{氨：} && \alpha_0=4.4(1+0.007t_0)q_F^{0.7}\\&\text{氟利昂 12：} && \alpha_0=5.32q_F^{0.6}\\&\text{氟利昂 22：} && \alpha_0=3.95q_F^{0.6}\end{aligned}\right\} \tag{4-20}$$

（2）在干式和立管式蒸发器中，制冷剂在管内沸腾

对于在干式蒸发器中，氟利昂在水平管内沸腾放热系数，当液体在 0.1～0.5m/s 时

当 $q_F<4000W/m^2$ 时：

$$\left.\begin{aligned}&\text{氟利昂 12：} && \alpha_0=1600w_0^{0.42}\\&\text{氟利昂 22：} && \alpha_0=2470w_0^{0.47}\end{aligned}\right\} \tag{4-21}$$

当 $q_F>4000W/m^2$ 时：

$$\alpha_0=11.8C\frac{q_F^{0.6}\cdot w_m^{0.2}}{d_i^{0.6}} \tag{4-22}$$

式中 w_0——液体的流速（m/s）；

w_m——液体的质量流速〔kg/（m^2·s)〕；

C——系数。$t_0=+10$℃时：R_{12} 为 2.12，R_{22} 为 2.54；$t_0=-10$℃时：R_{12} 为 1.80，R_{22} 为 2.02；

t_0——蒸发温度（℃）。

2. 水一侧的放热系数 α_w

(1) 在壳管式蒸发器中，水在管内流动，当 $R_e \geqslant 10^4$ 时：

$$\alpha_w = B \cdot \frac{w^{0.8}}{d_i^{0.2}} \text{〔W/(m}^2 \cdot ℃)〕 \quad (4\text{-}23)$$

式中 w——水的流速 (m/s)；

d_i——管内径 (m)；

B——物性系数。对于 0～50℃的水来说，$B \approx 1430 + 22\bar{t}$；

$\bar{t}$——水的平均温度 (℃)。

(2) 在立管式冷水箱中，水是在管外流动，当淡水温度在 10℃时：

$$\alpha_w = 524 \frac{w^{0.6}}{d_0^{0.44}} \quad \text{〔W/(m}^2 \cdot ℃)〕 \quad (4\text{-}24)$$

式中 d_0——管外径 (m)。

3. 管壁热阻的确定

(1) 油膜热阻 R_1，在氨蒸发器中管壁上会附有油层，其厚度约 0.5～0.8mm，R_1 值可取 $0.35 \sim 0.6 \times 10^{-3}$ (m²·℃/W)。在氟利昂蒸发器中可不考虑油膜热阻。

(2) 水垢热阻 R_2，一般淡水和盐水的水垢热阻可取 0.18×10^{-3} (m²·℃/W)。铜管可以减半采用。

(三) 蒸发器的传热温差

蒸发器中制冷剂和被冷却介质之间的传热温差 $\overline{\Delta t}$ 也是按照式 (4-11) 计算。通过技术经济分析，对于冷却水或其他液体的蒸发器，蒸发温度一般比被冷却水的出口温度低 3～5℃，被冷却水的进出口温差取 5℃左右，这样，平均传热温差为 5～6℃。对于冷却空气的蒸发器，由于空气侧的放热系数很低而使传热系数很低，为了减少设备的初投资，选取较大的平均传热温差，一般蒸发温度比空气的出口温度低 10℃左右，平均传热温差为 15℃左右。

需要注意的问题是，这里讨论制冷剂和被冷却介质之间的平均传热温差，是把制冷剂的蒸发温度同先前讨论冷凝器时的冷凝温度一样，当作是恒定的，实际上冷凝温度也不是绝对恒定的，只是其变化较小，产生的影响也不大，而蒸发温度受到液柱静压的影响(与液柱高度有关)，以及受蒸发器流动阻力的影响，在蒸发器中不同深度的地方、以及制冷剂进出口之间，蒸发温度都不是一致的。图 4-21 表示三种常用的制冷剂，1m 液柱的相应温升。由图中曲线可以看出蒸发温度愈低这种影响愈大，以相同的蒸发温度相比，对 R12 的影响为最大，蒸发器压力降的影响，是通过限制管内制冷剂的质量流速和一组传热管的总长度，使蒸发温度的变化控制在 2～4℃的范围内。对于空调用制冷系统，R12 蒸发器的总压力降不应超过 0.04MPa；R22 蒸发器则不应大于 0.06MPa。

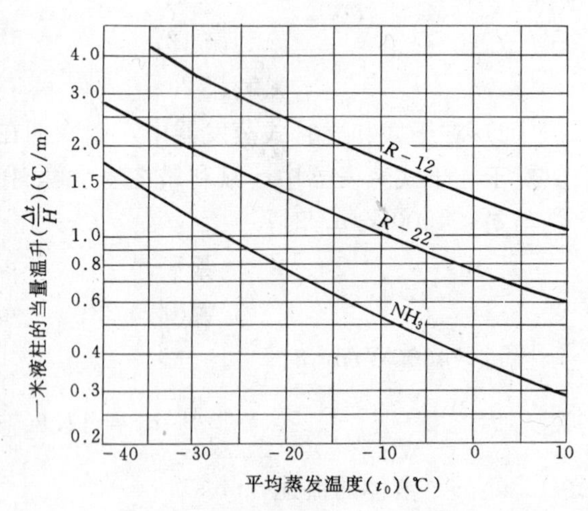

图 4-21 制冷剂液柱的当量温升

三、被冷却介质（水或空气）流量的计算

与冷凝器中冷却介质流量的计算方法相同，不再重复。

四、壳管式蒸发器（冷凝器也同）管内水流阻力的计算

壳管式蒸发器（卧壳式冷凝器）管内水流阻力可按下式计算：

$$\Delta H_w = ZLH_m + (Z-1)H_\zeta \quad (\text{kPa}) \tag{4-25}$$

式中 Z——水程数；

L——管板之间传热管的长度（m）；

H_m——直管内每米管长的摩擦阻力（kPa/m）；

H_ζ——端盖内每流程局部阻力（kPa）。

H_m 和 H_ζ 可从图 4-22 中直接查得。冷凝器的流阻计算采用图中污管的阻力较为可靠，蒸发器的流阻计算中，无腐蚀性的清洁淡水可按图 4-22（a）中的新管选用。

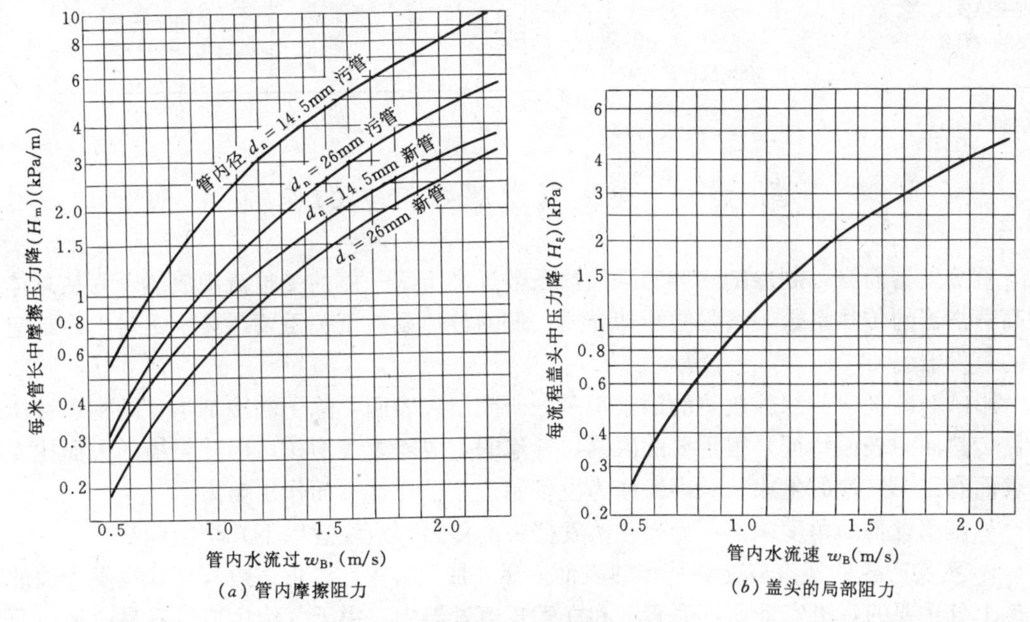

（a）管内摩擦阻力　（b）盖头的局部阻力

图 4-22　管壳卧式冷凝器中水流阻力

五、蒸发器传热计算的概算方法

蒸发器中液体的沸腾放热是一个非常复杂的过程，影响的因素很多，许多科技工作者不断地在这方面从事研究工作，前面所述制冷剂沸腾放热系数计算式是实验公式。在要求不十分精确的工程计算中也可利用表 4-2 中所列的参考值进行概算。

【例 4-2】为例 4-1 所举的制冷压缩机选配一台卧式壳管式蒸发器或水箱式蒸发器，试计算它们分别需要多少传热面积。

【解】确定蒸发器的传热面积可用下式进行计算

$$F = \frac{Q_0}{K \cdot \Delta t} = \frac{Q_0}{q_F} \quad (\text{m}^2)$$

1. 卧壳蒸发器为：（$q_F = 2900\text{W/m}^2$）

$$F = \frac{558}{2900} \times 1000 = 192.4\text{m}^2$$

2. SR 型水箱式蒸发器为：($q_F=3260W/m^2$)

$$F=\frac{558}{3260}\times 1000=171m^2$$

各种蒸发器的 K 和 q_F 及使用条件 **表 4-2**

型　式	传热系数 K 〔W/（$m^2\cdot$℃）〕	热流密度 q_F （W/m^2）	使用条件
满液壳管式	（氨）450～500	2500～3000	$\overline{\Delta t}=5\sim6$℃
	（氟）350～450	1800～2500	水流速 1.0～1.5m/s
干式壳管式（氟利昂）	500～550	2500～3000	$\overline{\Delta t}=5\sim6$℃
立管冷水箱	500～600	2500～3500	水流速 0.5～0.7m/s
直接蒸发式 空气冷却器	排管： 光管　8～14 肋管　5～10 冷风机：30～40		空气自然对流 风速 2～3m/s

第六节　强化蒸发器中传热的途径

就蒸发器而言，制冷剂一侧沸腾放热系数远高于水一侧的受迫流动放热。为从总体上提高蒸发器的传热系数，增强被冷却介质一侧的放热系数至关重要，特别是对于冷却空气用的蒸发器。

影响制冷剂一侧沸腾放热的因素很多。研究结果表明，除了制冷剂本身的物理性质之外，传热面的表面特征是很重要的因素，气泡的生成需要气泡核，因此粗糙的表面比光滑的表面有利于气泡的生成和跃离。作为设备制造业已在这方面作出努力。

从使用设备的角度来说，为强化蒸发器中的传热，应注意以下几个问题。

1. 蒸发产生的蒸汽应能够从传热表面上迅速脱离，并且尽量缩短其离开蒸发表面的距离是十分重要的。事实证明，壳管式和立管式蒸发器中，由于气泡生成后容易脱离，而且只有很短的路程即可排出蒸发器，同时，下层脱离上浮的气泡对上层的传热表面又有扰动作用，所以它们的换热性能都比较好。而蛇形管式的蒸发器则相反，其换热性能低下，在设计蛇形管式的蒸发器时必须限制其长度不能太长。

2. 在氨蒸发器中，传热面上的油膜热阻不可忽视，因此需要定期放油，还要从整体上改善制冷系统中的分油能力。

3. 适当提高被冷却介质的流速是提高被冷却介质一侧放热系数有效途径。另外需注意水或空气的流通短路、搅拌器或风机的出力不够而使得流速下降。

4. 被冷却介质一侧传热面的清洁工作（除垢、除灰尘）也应予重视。还应避免蒸发温度过低，致使传热面上结冰，或结霜过厚，以免增加传热热阻。

第五章　节流机构、辅助设备、控制仪表和阀门

第一节　节　流　阀

节流机构系构成制冷系统不可缺少的四大部件之一。它的作用是使冷凝器出来的高压液体节流降压，使液态制冷剂在低压（低温）下气化吸热。所以它是维持冷凝器中为高压、蒸发器中为低压的重要部件。同时节流机构又具有手动或自动调节供入蒸发器的制冷剂流量的功能，以适应制冷系统制冷量变化的需要。

电冰箱中装在冷凝器和蒸发器之间的毛细管即是节流机构的一种，它一般只适用于小型的制冷装置或空调器中。在大、中型装置中应用的节流机构为节流阀，常用的节流阀有三种，即手动膨胀阀、浮球调节阀和热力膨胀阀，后两种为自动调节的节流阀，现分别介绍。

一、手动膨胀阀

膨胀阀又称调节阀或节流阀，它具有对高压液态制冷剂进行节流降压和调节流量两方面的作用。膨胀阀的型式有多种，结构也不一样，但其工作原理是相同的，均是使液态制冷剂在压力差的作用下，“被迫”通过一个适应系统中流量需要的“小孔”，由于流体在通过此小孔时必须克服很大的流动阻力，从而使其压力发生骤降，由冷凝压力降至蒸发压力。液态制冷剂在通过膨胀阀的过程中，随着压力的降低，其对应的饱和温度也相应降低，一部分液体气化为蒸汽，并从其本身吸取气化潜热，从而使膨胀后的气液混合流体变成低温低压状态。

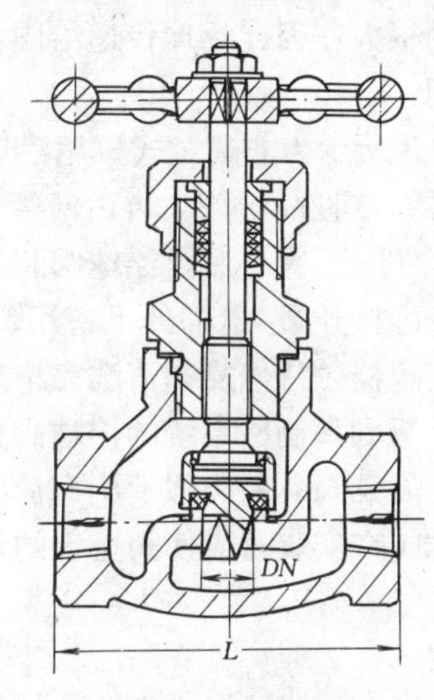

图 5-1　手动氨膨胀阀

膨胀阀的阀芯为倒立的圆锥体或带缺口的圆柱体，阀杆的螺纹为细牙螺纹，当手轮转动时，阀芯的上下移动量不大，可调节的液体流通面积也很小，这样就可以造成很大的局部阻力。

图 5-1 所示为直通式氨用手动膨胀阀，其阀芯为一带缺口的圆柱体。膨胀阀也有直角型式的结构。

膨胀阀开启度大小是根据蒸发器热负荷的变化而调定。通常其开启度为手轮开启的$\frac{1}{8}$～$\frac{1}{4}$周，不能超过一周，否则因开启度过大而失去膨胀作用。

手动膨胀阀的缺点是不能随蒸发器负荷的变化而自动适应，全凭经验依据制冷系统中的反应进行手工操作。目前已逐渐成为备用设备，设在旁通管路上，或者和电磁阀配合实

现自动控制。

二、浮球调节阀

浮球调节阀系一种受液位控制，能自动调节阀口开启度的膨胀阀。图5-2所示为一种氨用的非通过式浮球调节阀，它的浮球室以液相和气相两根均压管和受液设备（如蒸发器、液体分离器、中间冷却器等）相连通，因此浮球室内的液面与设备内的液面是位于同一水平。当设备中的液面低于规定液位时，浮球室中的液位也处于低位，浮球的下落使针状阀芯离开阀座，高压液体即可通过阀口节流降压后进入受液设备，使设备中的液位回复上升，当回升到规定液位时，阀口关闭。

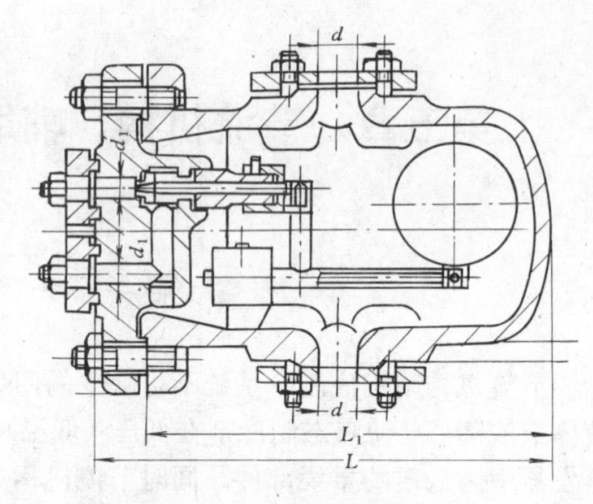

图5-2　非通过式氨浮球阀

浮球调节阀按液体流通途径的不同，可分为通过式和非通过式两种。非通过式浮球阀中经过节流后的低压液体系由管路流入受液设备，不经过浮球室。通过式浮球阀中，节流后的液体通过浮球室，经过液体均压管流入受液设备，这种浮球阀在工作时，浮球室中的液面波动很大，因此浮球传递给阀芯的冲击力也很大，容易损坏，故通过式浮球阀现在已很少采用。

图5-3所示为非通过式氨用浮球调节阀的安装接管示意图。正常工作时，高压液体经阀1、过滤器、阀口、阀2，再由液管流入设备。当浮球阀失灵或过滤器需要清洗时，关闭阀1、阀2、阀4、阀5后，浮球阀和过滤器即脱离制冷系统，可拆下检修或清洗，为了不影响工作，可打开阀3（即处于备用位置上的手动膨胀阀），高压液体经过阀3的节流降压后进入受液容器，待修复和清洗完毕后再恢复正常工作状态。

用于氟利昂制冷系统的浮球阀如图5-4所示。它的动作原理和氨用浮球阀相同，在结构上不同之处是阀芯系类似于旋塞截门中的阀芯，依靠浮球控制其旋转而调节阀口的开启度。此种浮球阀在安装时应使阀盖上的箭头垂直向上。

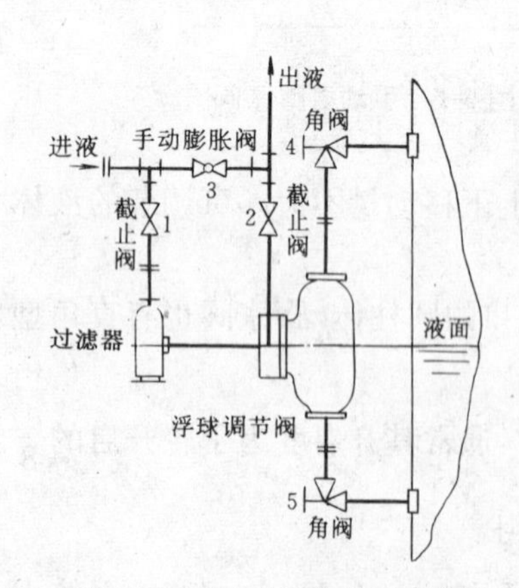

图5-3　氨浮球阀接管示意图

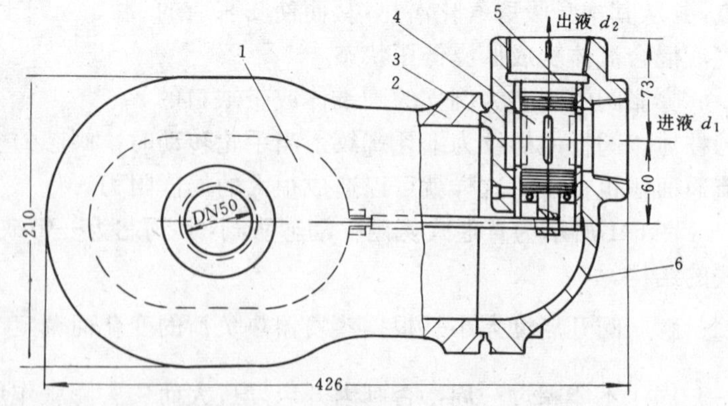

图5-4　ZF-680氟利昂浮球调节阀

1—浮球；2—阀壳；3—垫片；4—阀芯；5—调节螺丝；6—阀盖

ZF-680 型氟利昂浮球阀系用于控制低压液体的流量用的，其阀芯不具膨胀降压作用。

三、热力膨胀阀

热力膨胀阀系一种根据蒸发器回气过热度的变化，而自动调节阀口开启度的膨胀阀。热力膨胀阀的种类很多，结构太致相同，按传力零件的结构可分为薄膜式和波纹管式两种；按使用条件又可分为内平衡式和外平衡式两种。图 5-5 所示为国内常用于小型氟利昂系统的内平衡薄膜式热力膨胀阀的结构图。

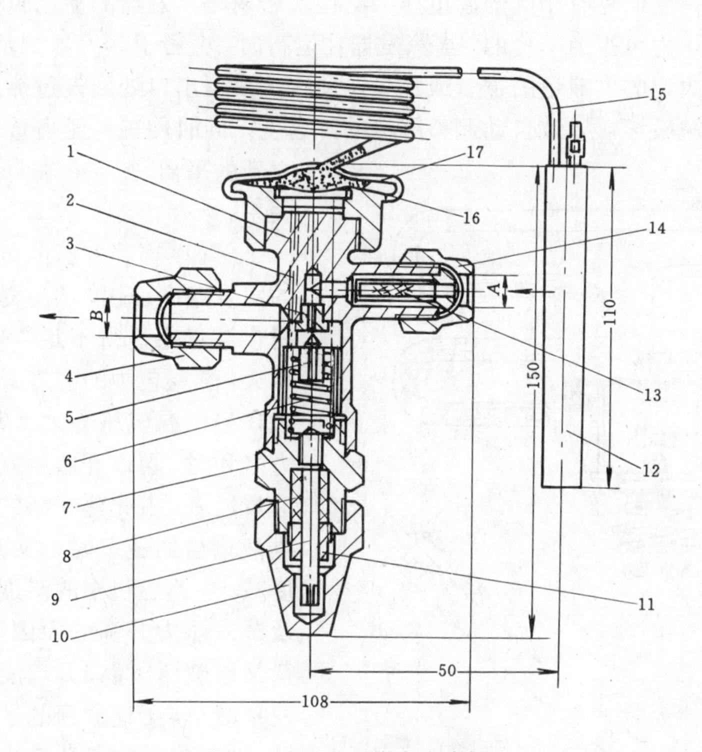

图 5-5　FPF 型热力膨胀阀

1—阀体；2—传动杆；3—阀座；4—锁母；5—阀针；6—弹簧；7—调节杆座；8—填料；9—调节杆；10—帽罩；11—填料压盖；12—感温包；13—过滤网；14—锁母；15—毛细管；16—波纹薄膜；17—气箱盖

膨胀阀的顶部为感应动力机构，由气箱、波纹薄膜、毛细管和感温包组成。感温包里充注的是氟利昂或其他低沸点液体，安装时将感温包紧固在蒸发器出口的回气管上，用以反应回气的温度变化。毛细管的作用是将感温包内由温度的变化而产生的压力变化传导到阀顶气箱中的波纹薄膜上方。波纹薄膜的断面呈波浪形，和罐头的底盖类似，随所受压力的变化能作上下 2～3mm 的位移变形。波纹薄膜的位移推动其下方的传动块，再经过传动杆的传递作用于阀针座。这样，当波纹薄膜向下移动时阀针座也向下移动，阀口开启度增大；反之，则阀口开启度减小。阀针座的下部为调节部分，由弹簧、弹簧座和调节杆组成。这部分的作用是用以调整弹簧的弹力以调整膨胀阀的开启过热度。

热力膨胀阀的工作原理是基于波纹薄膜在受到外力作用后所发生的动作。作用于薄膜上的力主要有三个。

1. 感温包内的压力。它随回气过热度的变化而变化，作用于膜片的上方，其趋势是使阀口开大。

2. 蒸发压力。它由工艺要求的蒸发温度决定，作用于膜片的下方，其趋势是使阀口关小。

3. 弹簧力。它系根据膨胀阀控制回气过热度的范围而调定，作用于膜片的下方，帮助关闭阀口。

热力膨胀阀在安装后调试时，根据预定的回气过热度要求（一般定为5℃）调定弹簧的压紧度，使得感温压力等于蒸发压力和弹簧力的合力。当感温包中充注的介质与制冷系统的制冷剂相同时，它们具有相同的温度压力特性。若忽略蒸发器的流动阻力，那么蒸发器中制冷剂的蒸发压力可视为不变的。当蒸发器在运行时，会由于蒸发器的负荷增大或减小、以及阀口开启度决定的供液量的过多或过少，使得蒸发器出口处回气过热度发生变化，从而使上述的平衡被破坏，导致自动调整阀口的开启度，同时使三种压力重新调整，直至建立新的平衡。图 5-6 表明了三个力的作用关系。

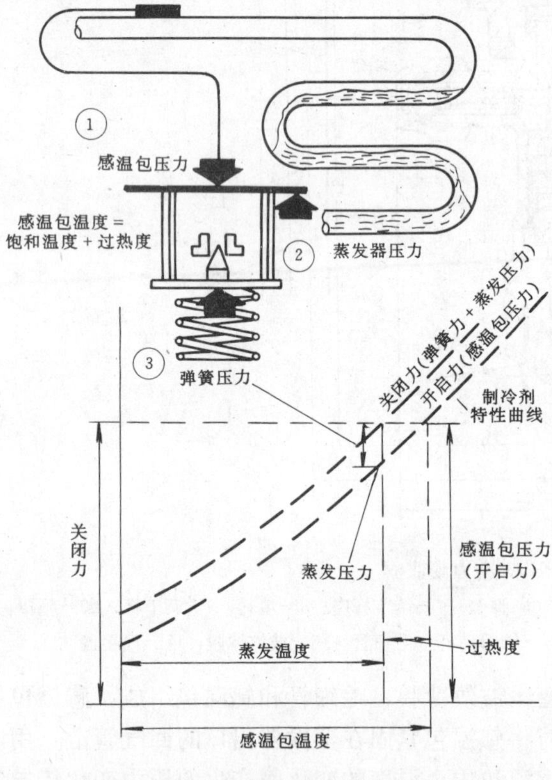

图 5-6 热力膨胀阀的基本动作

例如：当蒸发器的负荷增大，制冷剂的蒸发速度加快，从而提高蒸发压力，同时供液量会显得不足，使得回气过热度增大，感温包中的温度升高、压力也就增大，当感温包压力大于蒸发压力与弹簧力之和时，阀口开启度就会增大，使得供液量增多，由此建立新的暂时的平衡。当供液量增加过多时，又会使得回气过热度减小，感温包中的温度和压力下降，以及蒸发压力升高的原因，使上述新的平衡又被破坏，阀口开启度会被减小，使供液量减小，再建立新的平衡，如此反复不已。当蒸发器的负荷减小时，也将出现与上述分析反向的自动调节。在阀口开大和关小的时候，弹簧力也在起着相应的增大和减小的变化，对于旧的平衡被破坏和新的平衡的建立均起着一定作用。

由于感温包接受回气过热度变化与蒸发器负荷的变化之间，存在着热惰性的影响，以及阀体的机械性动作的灵敏度的影响，使得阀口开启度的调节在时间上要有滞后，所以供液量的变化，不能和蒸发器的负荷变化吻合，会在一定程度上显得供液过多和供液过少，蒸发器负荷变化为光滑曲线，供液量变化呈折线状，但是总的趋向则是一致的，这是热力膨胀阀的工作特性。

内平衡式热力膨胀阀只能适用于蒸发器内阻较小的场合，广泛应用于小型制冷机和空调机。对于大型装置及蒸发器内阻较大的场合，由于蒸发器出口处的压力比进口处下降较大，若使用内平衡式热力膨胀阀，将增加阀门的静装配过热度，相应减小了阀门的工作过热度，导致热力膨胀阀供液不足或根本不能开启，影响蒸发器的工作。对于蒸发器管路很长，或是多组蒸发器装有分液器的情况，就需要采用外平衡式热力膨胀阀。

外平衡式热力膨胀阀的结构与内平衡式基本相同，其不同之处在于作用在波纹膜片下方的不是蒸发器入口处的制冷剂压力，而是经由平衡管连通的蒸发器出口处的制冷剂压力。这样就避开了蒸发器的内阻问题，不论内阻是大是小，作用于膜片上方和下方的压力可以根据要求的过热度进行调节。以图 5-7 所示的情况为例：蒸发器入口处 A 点的压力 $P_A=0.3629$MPa，温度为+5℃；当蒸发器的内阻为 $\Delta P=0.054$MPa 时，蒸发器末端 B 点的压力 $P_B=0.3089$MPa，相应的饱和温度为 0℃；B—C 段为制冷剂蒸汽的过热段，到达蒸发器出口处 C 点设定过热 5℃，忽略 B—C 段的压力降，则 C 点的压力 $P_c=0.3089$MPa，过热温度为 5℃；感温包感受到的温度也是 5℃，通过导压管传递到膜片上方的压力 $P_3=P_5=0.3629$MPs；通过平衡管 6 传递到膜片下方的压力 $P_1=P_c=0.3089$MPa；此时只需调节弹簧的张紧度，使其产生相当于 5℃工作过热度的作用力 $P_2=0.054$MPa，就可以使阀门的关闭压力为 $P_1+P_2=0.3089+0.054=0.3629$MPa；当感温包传至膜片上方的阀门开启压力 $P_3=0.3629$MPa 时，膜片即处于平衡位置，此时蒸发器出口处气态制冷剂的过热度为 5℃。当蒸发器的负荷变化致使出口处过热度发生变化时，平衡被破坏，膨胀阀将调整开启度（供液量）再建立新的平衡。外平衡式热力膨胀阀即如此工作，从而消除蒸发器内阻的影响。

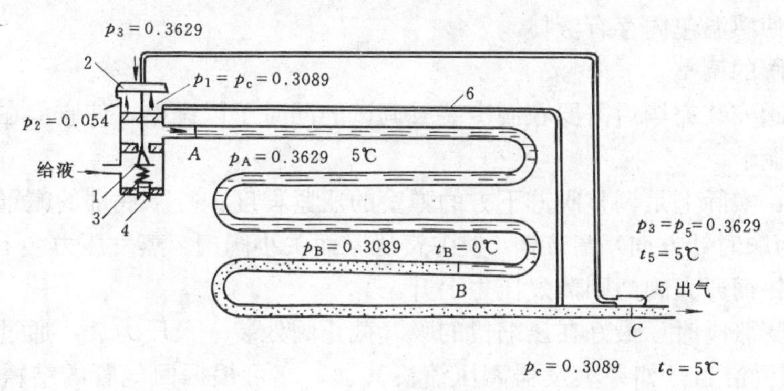

图 5-7　外平衡式热力膨胀阀

1—阀芯；2—弹性金属膜片；3—弹簧；4—调整螺丝；5—感温包；6—平衡管

外平衡式热力膨胀阀可以改善蒸发器的工作条件，但其结构比较复杂，安装和调试麻烦，因此只有当蒸发器的压力损失较大时才采用此种膨胀阀。

热力膨胀阀的安装

热力膨胀阀的阀体系安装在蒸发器入口处的供液管上，阀体应该垂直，不能倾斜更不可颠倒安装。蒸发器配有分液器者，分液器应直接装在膨胀阀的出口侧，这样使用效果较好。当蒸发器和膨胀阀系安装在贮液器上方时，将由于静压的影响而减少液体的过冷度，若提升高度超过一定限度，会由于管内压力低于其温度相对应的饱和压力而使得产生闪发蒸汽，因而降低热力膨胀阀的工作稳定性。如果必须提升相当的高度，应保证高压液体具有足够的过冷度。

热力膨胀阀的感温包系安置在蒸发器出口处的回气管上，其包扎方法见图 5-8。在包扎前应刮去回气管和感温包表面的氧化层，使新的金属表面贴合一起并使之紧固，避免由于接触不良而降低传感的灵敏度。包扎固定后可用软质泡沫塑料再包扎，使之免受外界气温的影响。

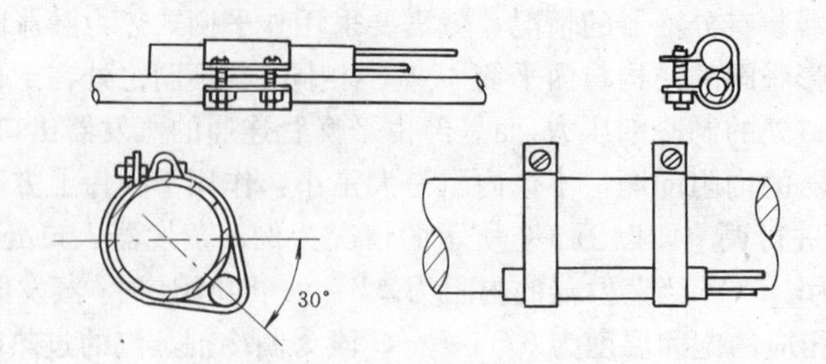

图 5-8　感温包的安装方法

感温包的安装位置很重要，需要注意以下几点：

1. 无论在何种情况下，感温包均不能设在回气管中有可能积液或积油的地方，以避免传感误差。

2. 感温包固定在水平管段上较好。如果条件所限只能垂直安装，应当使它的毛细管一端向上。

3. 多台蒸发器并联安装时，管路的布置应使得各路的回气不影响别路的感温包。

4. 充注液体的感温包，其安装位置应低于膨胀阀的阀体。倘若条件不允许，应将毛细管向上引起，使感温包内存有液体。

热力膨胀阀的调整

热力膨胀阀安装完毕后需要在制冷装置调试的同时予以调整，使它能在规定的工况条件下执行自动调节。

所谓调整，实际上是调整阀芯下方的弹簧的压紧程度。拧下底部的帽罩，用扳手顺旋（由下往上看为顺时针方向）调节杆，使弹簧压紧而关小阀门，蒸发压力会下降。反旋调节杆，使弹簧放松而开大阀门则蒸发压力上升。

调整热力膨胀阀时，最好在压缩机的吸气截止阀处装一只压力表，通过观察压力表来判定调节量是否恰当。如果蒸发器离压缩机甚远，亦可根据回气管的结霜（中、低温制冷）或结露（空调用制冷）情况进行判别。在空调用的制冷装置中，蒸发温度一般在0℃以上，回气管应当结露滴水。但若结露直至压缩机邻近，则说明阀口过大，应调小一些，如果在装有回热热交换器的系统中，回热器的回气管出口处不应结露。相反，如果蒸发器的出口处不结露，则说明阀口过小，供液不足，应调大一些。调试工作必须要细致耐心，一般分粗调和细调两段进行。粗调时每次可旋转调节杆一周左右，当接近需要的调整状态时再进行细调。细调时每次旋转1/4周，调整一次后应观察20min左右，直到符合需要为止。

第二节　辅助设备

制冷装置中除了必不可少的压缩机、冷凝器、膨胀阀和蒸发器等四大设备之外，还需要设置许多辅助设备，它们虽不是完成制冷循环所必需的设备，在小型装置中可能被省略，但在大中型设备中对于提高运行的经济性，以及保障设备的安全是很重要的。现分别予以讨论。

一、润滑油的分离和收集设备

润滑油是高速运转的压缩机中必需的润滑剂。气缸中的一部分润滑油在高温下雾化，并随高速的排气气流离开压缩机，这些油雾在被冷却后即会集聚，如果进入冷凝器和蒸发器等换热设备，就会在传热面上形成油膜，使得传热性能恶化。氟利昂系统中虽无此种弊病，但也需要及时将油收回压缩机，以免对蒸发器的性能产生不良影响。为此在系统中需要设置油分离器。在氨系统中还必须设集油器，将分离出来的润滑油集中，回收油中夹带的制冷剂后排出制冷系统。

（一）油分离器

油分离器设置在冷凝器前压缩机的排气管路中，它可以将压缩机排出的大部分润滑油予以分离并截留。

油分离器的基本工作原理是利用油滴和制冷剂蒸汽的比重有很大的差别，借助于降低流速，使之沉降分离；改变流向，借惯性分离，以及离心、过滤、洗涤等辅助手段达到分油的目的。

压缩机排气管中的流速约为12～25m/s，一般油分离器的直径比排气管的管径大3～5.5倍，这样进入油分离器后的蒸汽流速可降低至0.8～1.0m/s左右。

根据实验证明，单是依靠降低流速和改变流向的油分离器，只能分离直径50～100μm以上的油滴，因此其分离效率在65%以下。老式的干式油分离器即是属于这种类型，现已淘汰不用。

现今国内常用的油分离器型式，氨用的有洗涤式（图5-9）和离心式（图5-11）等两种；用于氟利昂系统的主要是过滤式（图5-12）油分离器。

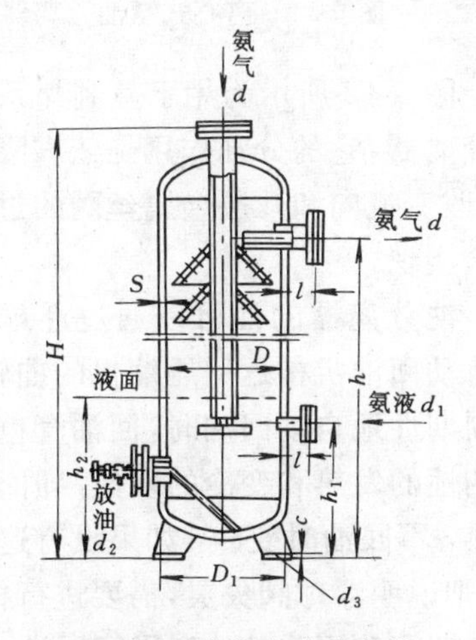

图5-9　洗涤式油分离器

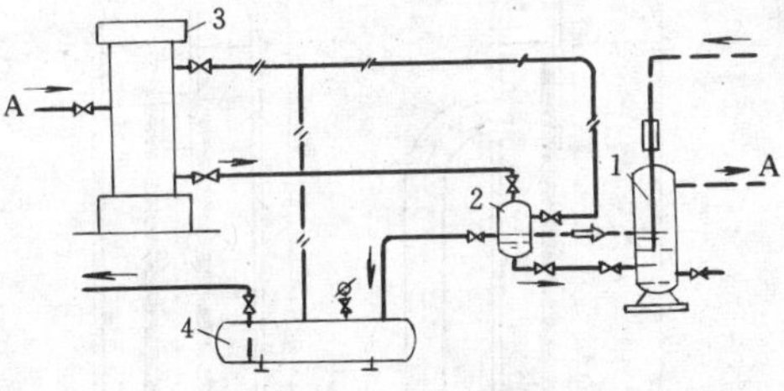

图5-10　洗涤式油分离器的安装位置

1—氨油分离器；2—液包分流器；3—冷凝器；4—高压贮液器

洗涤式氨油分离器

这种油分离器通常与立壳式冷凝器配套使用。含油的氨过热蒸汽从上封头的中心进入筒内，经过氨液（由冷凝器的出液管直接供给）的冷却和洗涤后上升，多孔的伞形隔板分离掉蒸汽挟带的液滴，由筒体侧上部的出气管通往冷凝器。这种油分离器在工作时必须保持一定高度的氨液，其液面应高出进气管底端120～250mm，并需保持稳定。为了克服进液管路的阻力，使所需液量不断得到补充，在安装时应使筒内所需液面（由外壳上的液面标记——焊上的凸脐表示）比由冷凝器来的供液管低150～200mm。并且应当使油分离器尽可能靠近冷凝器，以减小进液管路的阻力。对此，翁斯鑑教授于40多年前提出图5-10所示的装置，在进液管上装一个液包分流器，使冷凝器的出液首先满足油分离器的液位要求，然后再进入高压贮液器，经过长期的生产实践证明，它是一种效果良好的措施。

洗涤式油分离器至今仍是大型氨制冷装置中应用较多的型式。筒体内的气流速度一般选定在 0.8m/s 以下。

洗涤式油分离器的进气管上应装设止回阀，以防止压缩机发生事故时高压侧的制冷剂液体冲回机房。

实践证明洗涤式油分离器的分油效果不够理想，大约在 85%左右。

2. 离心式氨油分离器

它是一种干式油分离器，其结构特点是筒体内设有一个螺旋形的隔板。含油的蒸汽进入筒体后，先是减速，尔后随螺旋板作旋转流动，借助于产生的离心力将比重较大的油滴甩到筒体的内壁上而分离出来，分离出来的润滑油顺筒壁流到筒底积存，用手动阀定期排放，或由筒内的浮球阀控制自动放油。某冷冻机厂生产的 125 系列压缩机组中，将这种油分离器配置在压缩机旁作旁挎式油分离器，只需用短管和压缩机、冷凝器连接，并可自动回油至压缩机的曲轴箱（注意：回油管上需设减压阀），使得系统大大简化。

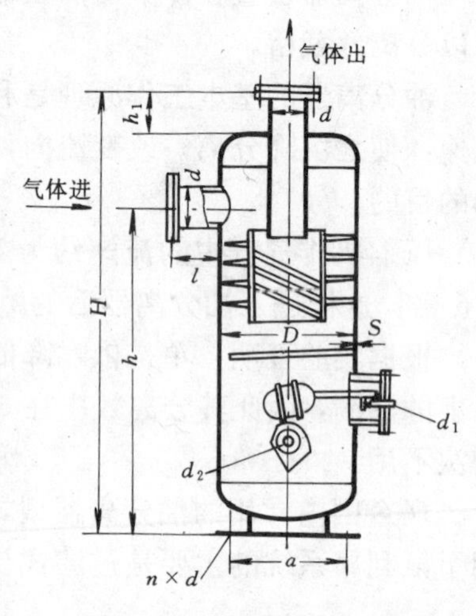

图 5-11 离心式氨油分离器

3. 过滤式油分离器

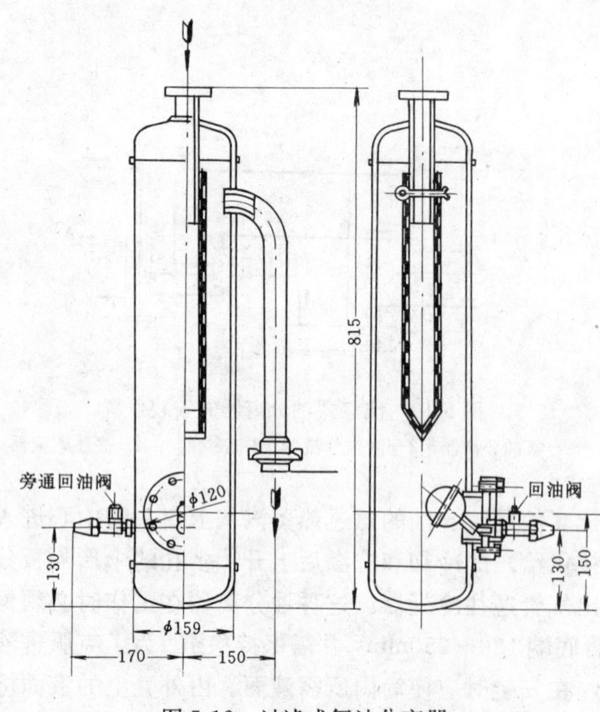

图 5-12 过滤式氟油分离器

图 5-12 所示为用于氟利昂系统的油分离器。它的分油作用是依靠降低流速、改变流向和几层金属丝网的过滤作用来实现。

油分离器的油可以通过浮球控制的自动回油机构返回压缩机的曲轴箱。当周期性地自动回油时，回油管也应有周期性的发热和变冷的现象，即回油时发热，不回油时变冷，如果没有这种变化，则说明浮球阀失灵，需要进行检修。检修期间改用手动的旁通阀回油。

4. 油分离器的选用

油分离器的选用首先是根据限定流速的要求确定它应具有的筒身直径，然后按筒径选用具体的型号。油分离器的筒径按下式计算。

$$D_{YF}=\sqrt{\frac{4V_h\lambda v_2}{\pi w 3600 v_1}} \quad (m) \quad (5\text{-}1)$$

式中 V_h——压缩机的理论输气量，(m^3/h)；

λ——压缩机的输气系数；

v_1——压缩机吸入蒸汽的比容（m^3/kg）；

v_2——压缩机排出气体的比容，(m^3/kg)；

w——油分离器中气体的限定流速（m/s），洗涤式油分离器 $w=0.8$m/s；干式油分离器 $w=0.5$m/s。

（二）集油器

集油器的功用是收存从油分离器、或冷凝器、或贮液器、或蒸发器等设备中分离出来的润滑油，按照一定的放油操作规程，回收油中混入的制冷剂并降低压力后放出制冷系统。由于氟利昂和润滑油在温度较高时呈互溶状态，油分离器中的油直接放回压缩机曲轴箱，不需要设集油器。所以这种集油器只用于氨系统，其构造如图 5-13 所示。国内生产的集油器有三种规格，小型的筒径为 159mm，中型的筒径为 219mm，大型的筒径为 325mm。其选用原则是根据制冷装置的总制冷量，标准制冷量在 200kW 以下的，采用小型的一个；在 200～1000kW 时，采用中型一个和大型一个；在 1000kW 以上，可选用大型的两个。

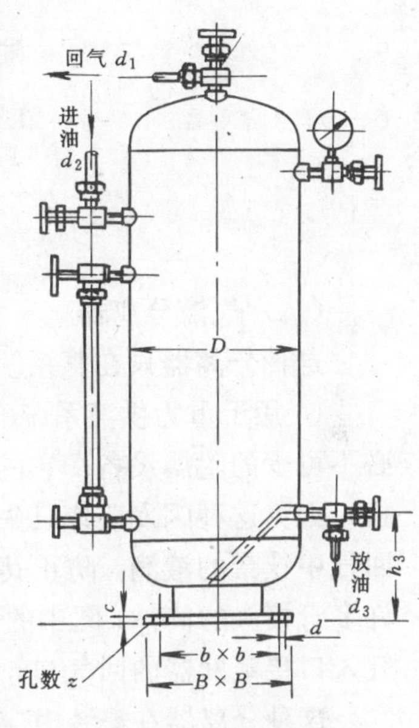

图 5-13　集油器

二、制冷剂的贮存和分离设备

（一）高压贮液器

制冷系统中的高压贮液器（也称贮液筒）是装在冷凝器和高压液体分配调节站之间（在简单的系统中不设调节站则直接接膨胀阀），它的功能可归纳为四个方面。即：

1. 贮存冷凝器的凝液。避免凝液在冷凝器中积存过多而使传热面积减少。在小型氟利昂制冷系统中为了简化系统而不设贮液器，通常是选用卧壳式冷凝器，冷凝器的底部不设传热管充当贮液容积；

2. 适应蒸发器的负荷变动对供液量的需求。蒸发负荷增大时，供液量也增大，由贮液器的存液给以补充；蒸发负荷变小时，需要液量也变小，多余的液体可贮存在贮液器中；

3. 作为系统中高低压侧之间的液封。因为出液管是插在液面下，故可防止高压侧的蒸汽和不凝性气体进入低压侧；

4. 对于氨制冷系统，高压贮液器可以截留一部分润滑油，以减少润滑油进入低压侧。

高压贮液器的结构很简单，如图 5-14 所示。它的壳体系由钢钣卷成圆筒形加上两端封头焊接而成，壳体的上方设有若干管接头与系统中的其他设备相连接。

高位贮液器的容量可按下式计算确定：

$$V=(1/3\sim1/2)\frac{\Sigma M_R\ v'}{0.8\times1000}\quad(m^3)\tag{5-2}$$

式中 ΣM_R——各台压缩机一小时制冷剂循环量的总和（kg）；

v'——冷凝温度下液体的比容（L/kg）；

0.8——贮液器的最大允许充满度。

氟利昂系统用的贮液器也作成圆筒状，壳体只有进液和出液两个管接头。

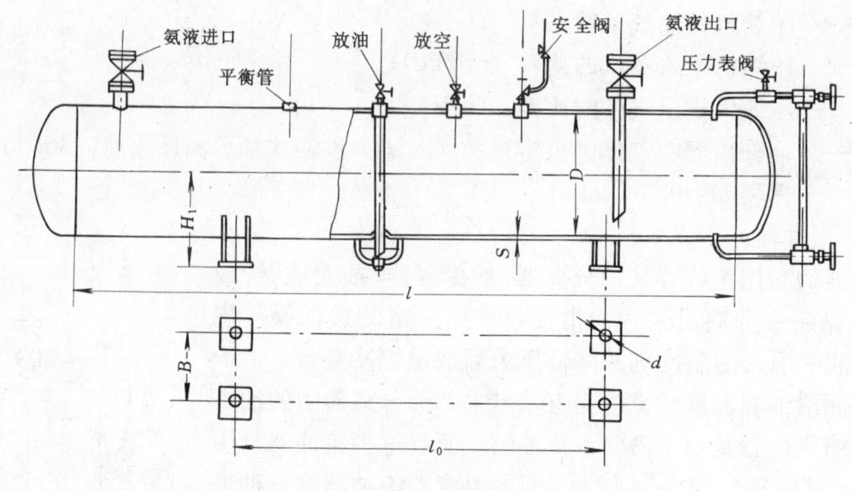

图 5-14　高压贮液器

（二）气液分离器

这种分离器只在氨系统中使用。按其用途可分为两种。

1. 用于重力供液系统的气液分离器。安装在蒸发器的附近，是重力供液系统中蒸发器必不可少的附属设备。它的功用是：(1) 分离掉膨胀阀后的闪发蒸汽，让它直接返回压缩机，因为这种闪发蒸汽已失去制冷能力，进入蒸发器后反而影响传热；(2) 分离掉蒸发器回气中挟带的液滴，防止其返回压缩机而造成液击。其构造如图 5-15 所示。它是一个装有许多管接头的筒体，图中的管接头：氨液入口接膨胀阀出口，氨液出口接蒸发器的入口，氨气入口接蒸发器的回气口，氨气出口接压缩机的吸气总管。

这种分离器在安装时应使其正常液面比蒸发器中的正常液面高 0.5～2.0m（视分离器与蒸发器之间管路阻力的大小而定），以保证借助于液体的静压对蒸发器正常供液。

为了减少冷量损失，气液分离器的外壳应作保温层。

2. 装在压缩机房的气液分离器（也称扩散器）。安装在压缩机的总回气管上，它的作用是再一次对回气进行液体分离，以确保压缩机的安全。这种分离器一般只在特大型制冷机房中设计安装。它的构造和图 5-15 所示相同，只是把氨液入口封死不用。

气液分离器的工作原理与油分离器类似，同样是利用了降低流速和改变流向的原理，利用液体和蒸汽的密度有很大的差距，借惯性力和重力的作用使得气液分离。

对于气液分离器的选择计算可采用下式确定其应有的筒径。

$$D=\sqrt{\frac{4V_{\mathrm{h}}\lambda}{\pi w\ 3600}}\quad(\mathrm{m})$$

式中　w——气液分离器中的限定流速（m/s），取 0.5～0.8。

三、制冷剂的净化设备

（一）空气分离器（又名不凝性气体分离器）

空气分离器的功用是将制冷系统中不能在冷凝器中液化的气体分离掉。这些气体包括装置在安装完毕或检修抽空后残留的空气或氮气、以及润滑油在高温下少量分解产生的其他气体。它们集聚在冷凝器和贮液器中，同制冷剂蒸汽混合在一起，在冷凝器中不仅影响

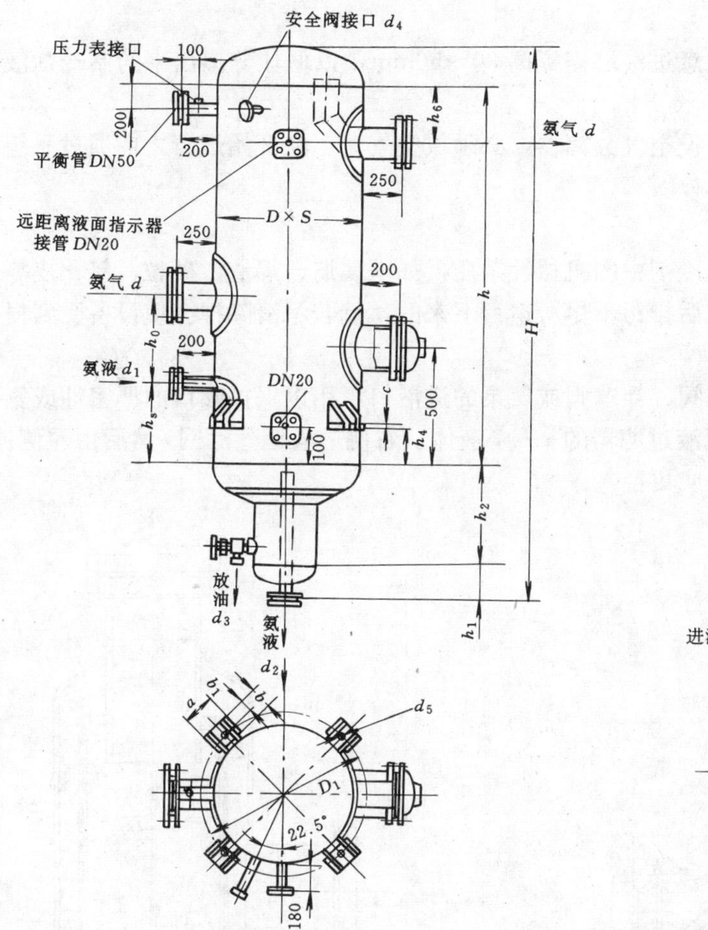

图 5-15　立式氨液分离器

图 5-16　立式空气分离器

传热，而且会使得压缩机的排气压力升高，从而使得耗电量增大，因此必须将它们排出系统。为了减少制冷剂的损失，在排放前通过空气分离器将制冷剂回收。

空气分离器的型式有立式和卧式两种。

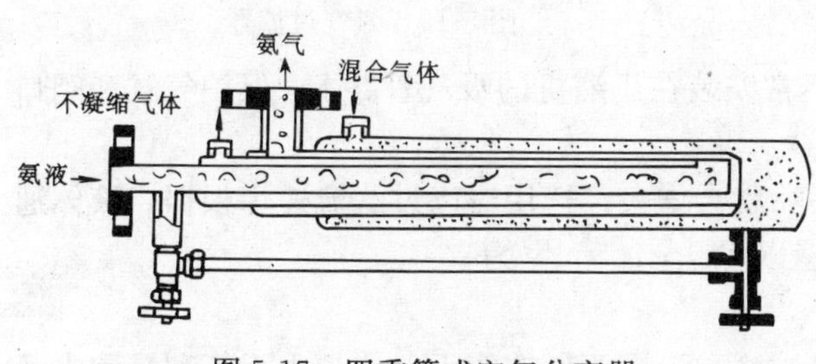

图 5-17　四重管式空气分离器

图 5-16 所示为立式空气分离器。其外壳为 ϕ108×4 无缝钢管，两端焊有封盖，内装蒸发管。混合气体进入壳体后被蒸发管冷却，其中的制冷剂蒸汽凝结成液体留在壳体的底部，不凝性气体经放空气口排出系统。积存在底部的高压液通过膨胀阀降压后进入蒸发管，蒸发管中产生的蒸汽返回压缩机。

图 5-17 为卧式四重套管式空气分离器。它由管径不同的四种管子套装而成，形成三个管间夹层。第一和第三夹层相通为混合气体所占，第二夹层和中心管相通，为制冷剂气化吸热的场所。它的工作原理和立式空气分离器相同，回收的制冷剂经过节流降压后从下部的回流管返回第二夹层加以利用，蒸发

后产生的蒸汽返回压缩机。

这种分离器安装时需注意进液端需提高 30～50mm，以便让分离出来的制冷剂液体进入回流管。

氟利昂制冷系统通常不设空气分离器，必须放空气时，在开始运行之前通过系统中的放气口适量排放。

（二）过滤器

过滤器的作用是清除制冷剂中的机械性杂质，如全属屑、焊渣、砂粒、氧化皮等，这些杂质大都是由于系统安装后排污不尽所遗留下来的，倘若不清除掉会使设备受到损伤。

氨过滤器分液用和气用两类。

氨液过滤器装设在电磁阀、浮球阀或氨泵的进液口，用以保护阀口的严密性或氨泵的运转部件。图 5-18 所示为氨液过滤器的一种，液体从右侧进入钢丝滤网，然后由左侧流出。滤网在拆下底盖后取出清洗或更换。

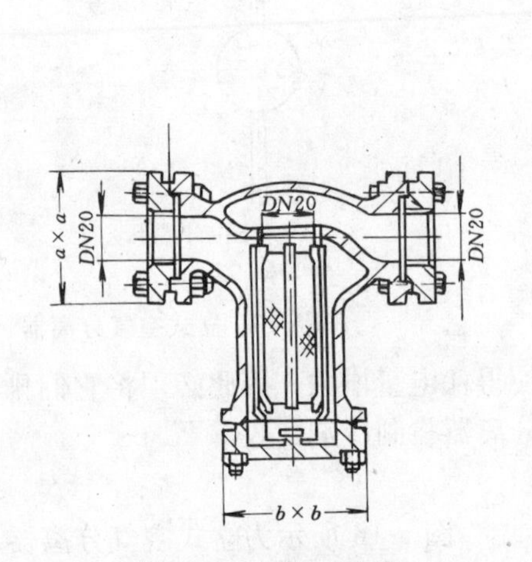

图 5-18　氨液过滤器

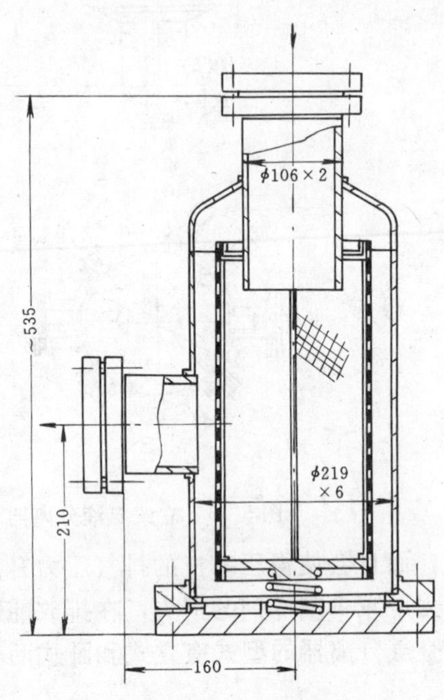

图 5-19　氨气过滤器

图 5-19 所示为氨气过滤器的一种，通常安装在压缩机的吸气管路上，保护气缸和阀口的精度。

过滤器的阻力一般都不大，但有了污垢就会增大。选用时以过滤流速为根据，液体通过滤网的流速以 0.07～0.1m/s、气体流速以 1.0～1.5m/s 为宜。

（三）氟利昂用干燥过滤器

氟利昂系统中使用的干燥过滤器，集过滤和干燥两种功能于一体。由于氟利昂和水几乎互不相溶而容易形成冰塞，因此水成为氟利昂系统中的头号大敌，必须予以清除。在膨胀阀前设置干燥过滤器，利用干燥剂吸收水分。

干燥过滤器的构造如图 5-20 所示，制冷剂先通过过滤器，截留机械性杂质，然后通过干燥段吸收水分。干燥段的两端还设有滤网，防止干燥剂随液体进入系统。

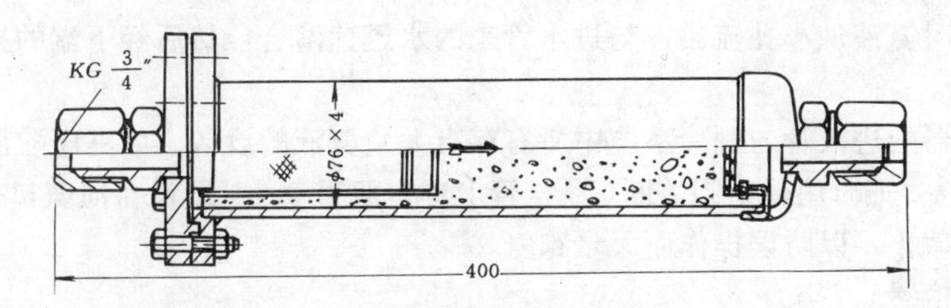

图 5-20　氟利昂干燥过滤器

目前常用的干燥剂为硅胶，其颗粒大小约为 3～5mm。选用干燥器时应注意液体在其中的流速以 0.013～0.033m/s 为宜，过大的流速会使硅胶颗粒破碎而增大阻力。

利用分子筛的吸附作用也可达到干燥剂的脱水作用。

在装设干燥过滤器的部位还需要装有旁通管路（加阀），因为脱水的过程只需 12～15h 即可完成，时间过久会增大流动阻力，装设旁通是便于将干燥过滤器拆下，更换干燥剂或清洗过滤器。

小型氟利昂装置可不设干燥器，只需在添加制冷剂时使其通过临时的干燥器即可。

四、安全设备

制冷装置中的安全设备包括安全阀和制冷剂应急泄放设备。

（一）安全阀

安全阀属于一种定压阀。根据其使用的场所通过调整弹簧的压紧程度调定其定压值。高压部分设备的安全阀，定压值：氨系统和 R22 系统为 1.6MPa，R12 系统为 1.2MPa；低压部分设备的安全阀，定压值：氨系统和氟利昂系统均为 0.6MPa。当压力超高即自动起跳。

安全阀在系统试压时应关闭其下方的截止阀，防止在试压过程中起跳，试压后注意把截止阀打开。由于运行过程中压力超高而使安全阀起跳后，应将其卸下清洗并重新调定压力，因为安全阀起跳过后有可能复位不正而造成制冷剂的泄漏。

安全阀通常是随设备配套供货，所以无需选型。

（二）易熔塞

易熔塞可替代安全阀的功能，它是氟利昂制冷装置中的应急泄放设备。制冷剂 R12 在高温（400℃）时遇明火则会分解产生光气——一种毒性极强的气体，所以当遇到火灾时应及时将系统中的制冷剂排放掉。易熔塞中低熔点合金的熔化温度一般在 75℃以下，火灾发生时即受热熔化，它的作用与家用炊具压力锅上的安全塞类似。

易熔塞一般只在避险有困难的船舶制冷装置上使用。

（三）紧急泄氨器

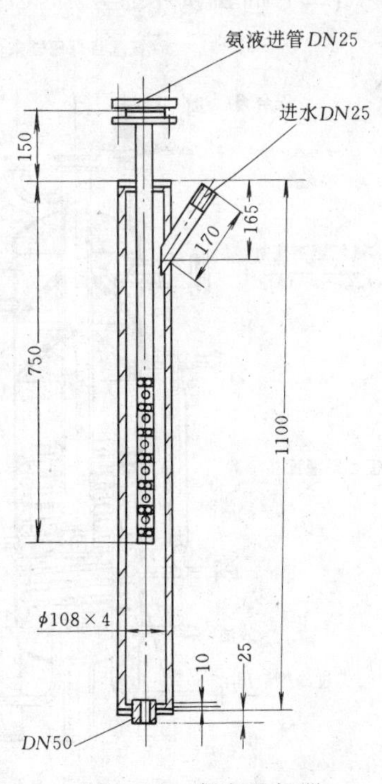

图 5-21　紧急泄氨器

紧急泄氨器为氨制冷装置在遇火险时的应急泄放设备，其构造如图 5-21 所示。对于大型制冷装置，因为其中充氨量很大，都应安装这种安全设备，以保证设备和人身的安全。它的构造很简单，外壳为管径较粗（多数采用 φ108）的无缝钢管，进氨液管为 *DN*25 或 *DN*32，液管的下端管壁上有许多小孔，泄氨时氨液从小孔流出，与进水管来的水迅速溶合，然后经下端的排液口排入下水道。

紧急泄氨器的进液管与制冷系统中所有存有大量氨液的设备（如高压贮液器、满液式蒸发器等）连接，平时用截止阀关断。泄氨管上应有双重截止，即设备泄氨口一道截止，泄氨器入口一道截止，以防误操作而大量跑氨。

五、热交换器

作为辅助设备的热交换器包括回热热交换器和双级压缩系统中用的中间冷却器。

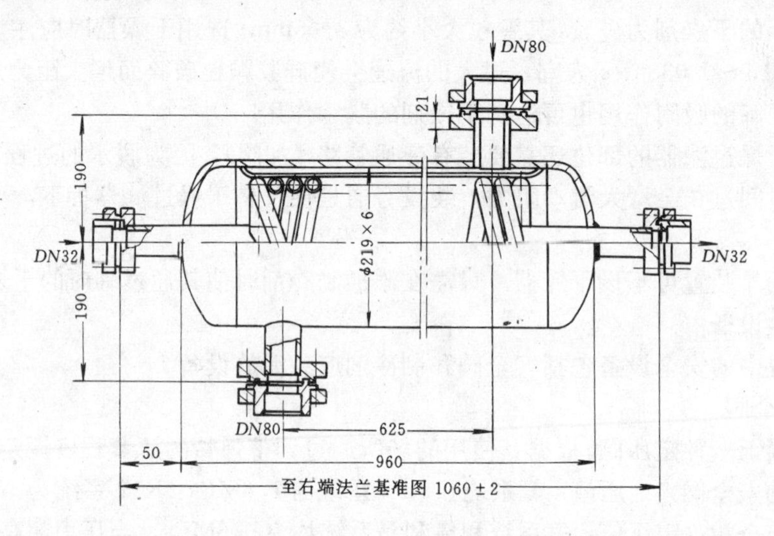

图 5-22　0.75m² 卧式热交换器

（一）回热热交换器

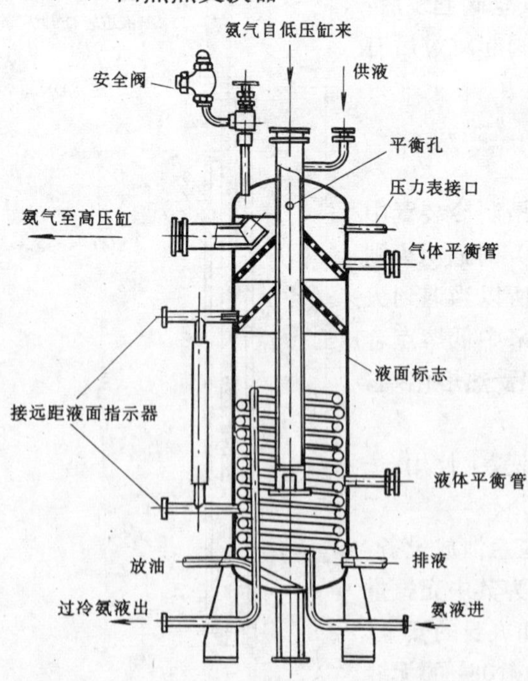

图 5-23　氨用中间冷却器（XQA 型）

回热热交换器是回热式制冷系统中使用的换热器。其构造如图 5-22 所示。常温的制冷剂液体在管内流动，低温的制冷剂蒸汽在壳体内管外流动，两者呈逆流换热状态。液体获得过冷，蒸汽发生过热。

这种换热器的选择计算是根据回热负荷（等于制冷剂的质量流量乘以液体进口与出口状态的焓差或蒸汽出口与进口状态的焓差）确定所需的传热面积，传热系数可取 240～300W/（m²·℃），传热平均温差按实际的温度计算。

回热热交换器只用于氟利昂系统，考虑回油问题，在安装时应特别注意将蒸汽的出口向下，而且必须水平安装，否则回气中的润滑油将会在壳体内积聚而不能排出。

（二）中间冷却器

中间冷却器是双级压缩制冷系统中使

用的热交换器，装在低压级排气管和高压级吸气管之间。其功用是冷却低压级的排气，使其降低过热度（不完全中间冷却）或成为饱和蒸汽（完全中间冷却），从而减少循环的过热损失。同时它还具有冷却高压液体使其获得过冷的功能。

图 5-23 所示为氨用完全冷却式中间冷却器的构造。图中下部的螺旋形管是高压液体的再冷却器。其传热系数约为 600～700W/（m^2·℃）。

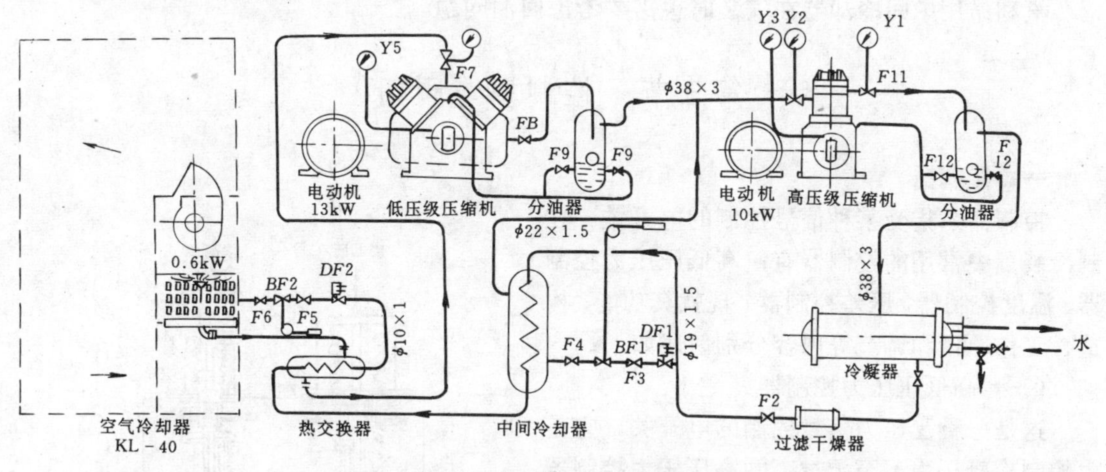

图 5-24　DS-3（R-22）低温制冷系统图

选用中间冷却器的规格是以低压级的排气为依据，以限定筒内蒸汽的流速不超过 0.5m/s 为原则确定其筒径。必要时也需核算螺旋管的传热面积能否满足要求。

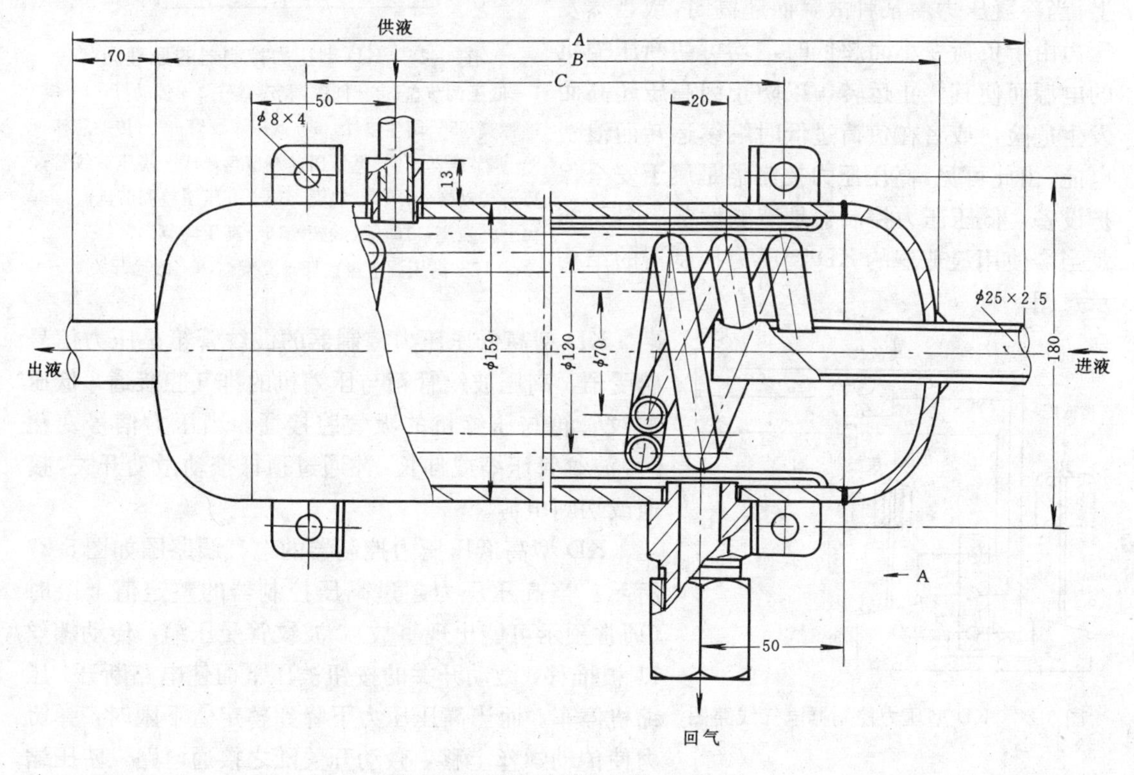

图 5-25　氟用中间冷却器（0.5m^2）

氟利昂双级压缩制冷系统中大都采用不完全中间冷却，它是利用冷却高压液体（使之过冷）所产生的制冷剂低温蒸汽同低压级的排气相混合，从而降低后者的过热度。中间冷却器的连接位置如图 5-24 所示。

它的结构较氨用的简单，图 5-25 所示为氟利昂系统用的中间冷却器。其传热系数约为 350～400W/（m^2·℃）。

氟利昂用中间冷却器在安装时也需要考虑回油问题。

第三节　控制器与阀门

一、控制器

控制器系指受某种信号控制的电开关。在制冷装置中常用的控制器有：高低压压力控制器、温度控制器、压差控制器。现就其功能、构造、工作原理和调节等内容分别叙述如下：

（一）高低压压力控制器

这是一种受压力信号控制的电开关。它是由控制冷凝压力不至于过高的高压压力控制器和控制蒸发压力不至于过低的低压压力控制器组合而成（也可分别单独设置）。安装在压缩机上，当冷凝压力由某种故障而超高时，或当蒸发压力由于负荷变小而超低时，均可切断压缩机的电源而使其停止运转，以防止因高压超高而发生危险，或者在负荷过低时继续运转而浪费电能。由此可见，高压压力控制器是属于安全保护设备，低压压力控制器是节能设备。图 5-26 是当今使用最普遍的 KD 型压力控制器的结构示意图。

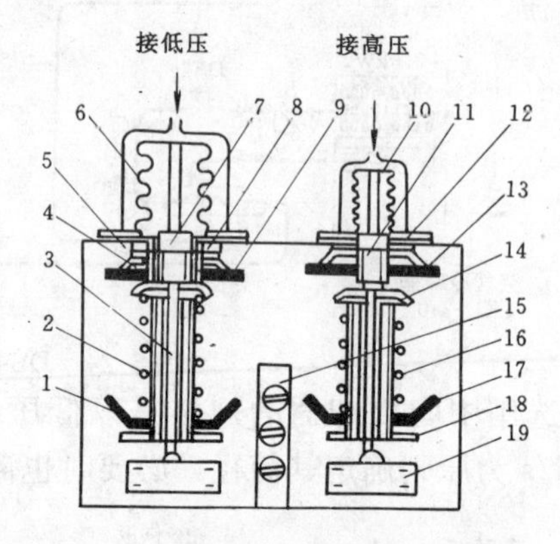

图 5-26　KD 型压力控制器的原理图

1—低压调节盘；2—低压调节弹簧；3—传动杆；4—蝶形弹簧；5—调整垫片；6—低压波纹管；7—传动芯棒；8—调节螺丝；9—低压压差调节盘；10—高压波纹管；11—传动螺丝；12—垫圈；13—高压压差调节盘；14—弹簧座；15—接线架；16—高压调节弹簧；17—高压调节盘；18—支架；19—微动开关

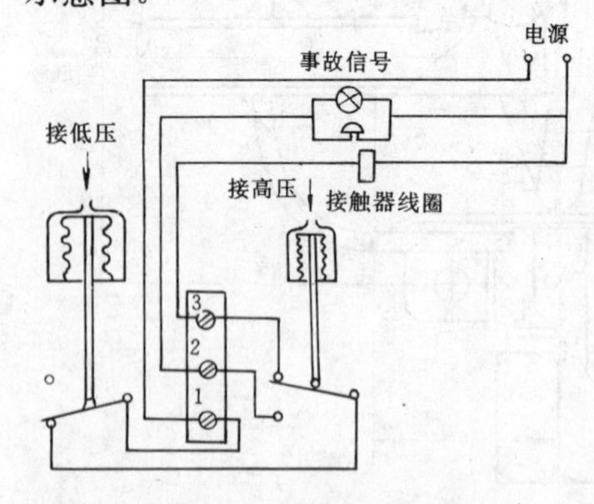

图 5-27　KD 型压力控制器电气线路图

KD 型高低压压力控制器的波纹管箱是压力信号感受器，高压波纹管箱与压缩机的排气腔接通，低压波纹管箱与压缩机的吸气腔接通。当压力信号变化时，波纹管压缩或伸长，并通过顶杆推动微动开关，接通或切断电源。

KD 型高低压压力控制器的电气线路图如图 5-27 所示。当高压压力超过高压控制器的整定值上限时（通常预示可能出现事故），波纹管受压缩，传动螺丝 11 被推移，微动开关的按钮被压下而使电路断开，压缩机停车。而当高压压力下降到整定值下限时，弹簧力使传动螺丝上移，微动开关随之接通电路，使压缩机恢复正常运行。

低压部分，当传递到波纹管箱的压力高于整定值的上限时，微动开关接通电路，压缩机正常运行。而当低压压力低于整定值下限时（通常说明蒸发器负荷过低），波纹管伸长，微动开关使电路断开，压缩机停车，以避免浪费电能。

KD 型压力控制器的型号后带有S 的品种，表示装有手动复位机构。它的用途是当高压压力超高时，断电的同时被自锁，只有在查明原因并消除隐患后，拨动手动复位机构才能使触头闭合，这样可避免因压力的暂时回降而频繁地开、停车。

（二）温度控制器

温度控制器是用来控制温度参数及其波动范围的电开关。常用的温度控制器均为压力式，像热力膨胀阀的感应系统一样，由感温包将温度的变化转换成压力的变化，然后借助于波纹管的伸长或缩短产生机械力使得电开关动作。图 5-28 所示即为现今应用较广的 WT—1226 型温度控制器。杠杆 4 置于支点 5 上，支点的右侧作用着波纹管内推杆的推力，对于支点产生一个逆时针方向的力矩；支点的左侧作用着可以调节的弹簧拉力，对于支点产生一个顺时针方向的力矩。当弹簧拉力形成的力矩大于推杆形成的力矩时，动触头即与断路的静触头闭合，使得电源断开（注意：弹簧拉力的大小决定了控制器动作的断开值）；当被测点的温度升高超过控温下限时，推杆产生的力矩即大于弹簧拉力产生的力矩，此时支点左侧的另一着力点（图中的螺栓）压在幅差弹簧 10 上，幅差弹簧的弹力产生另一个顺时针方向的力矩，与推杆力矩抗衡。当推杆力矩大于两个反向力矩之和时，动触点即向左摆动，与接通电源的静触点 7 闭合，从而接通控制电路（注意：幅差弹簧弹力的大小决定了控制器控温的幅差大小）。

温度控制器的调节方法很简单。调节螺丝 8 可以改变定值弹簧的拉力大小；幅差旋钮 11 可以调节幅差弹簧的压紧程度。例如：控温要求为 20±2℃，即控温基数为 20℃，控温精度（允许波动范围）为 4℃。调节时先用螺丝刀拧转调节螺丝 8，使指针定在 18℃，即温度下降到 18℃时使电路断开；然后拧转幅差旋钮 11，使之定在 4℃，即温度上升到（18＋4）22℃时使电路接通。

（三）压差控制器

压差控制器在制冷装置中是一种保护装置。它的用途大致有两方面，一是装在压缩机上监控润滑系统的油压差，当油压差低于整定值时令压缩机断电停车；另一种是装在氨泵系统监控氨泵进液管和出液管之间的压差，当压差值低于整定值时令氨泵断电停转。用来保护压缩机和氨泵的安全运转。

制冷压缩机是依靠油泵输出压力油在润滑系统中强制循环，若油泵产生的油压不足，则不能保证将油输送各个需要润滑的部位。压缩机上油压表所显示的压力，实质上并非真正的油压，它是等于曲轴箱压力（即吸气压力）与油泵产生的压力之和（可以观察到油压表的读数随低压表读数的波动而变化），因此真正的油压应是油压表读数与低压表读数之差值。所以作为监控油压的控制器必须是一个压差式控制器。

图 5-29 所示为 JC—3.5 型压差控制器的原理和电气接线图。

高压波纹管的导压管与油泵的压出管路接通，低压波纹管的导压管与曲轴箱接通。高、低压波纹管箱位于同一轴线上，由传动杆 5 传递上下压力差，传动杆上套着弹簧 3，可由调节轮 6 调整弹簧的张力，使高低压之间所需要的压差由弹簧张力平衡。当高低压之间的压差发生变化时，原先设定的平衡即被破坏，传动杆即会发生上下移动（压差增大时向上移

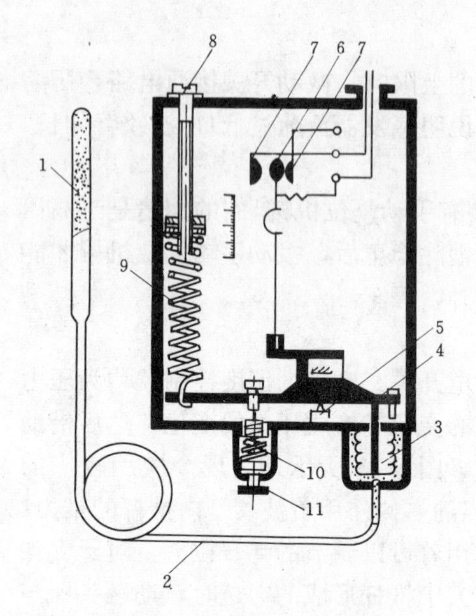

图 5-28　温度继电器示意图

1—感温包；2—毛细管；3—波纹管；4—杠杆；5—刀口支点；6—动触头；7—静触头；8—调节螺丝；9—定值弹簧；10—幅差弹簧；11—幅差旋钮

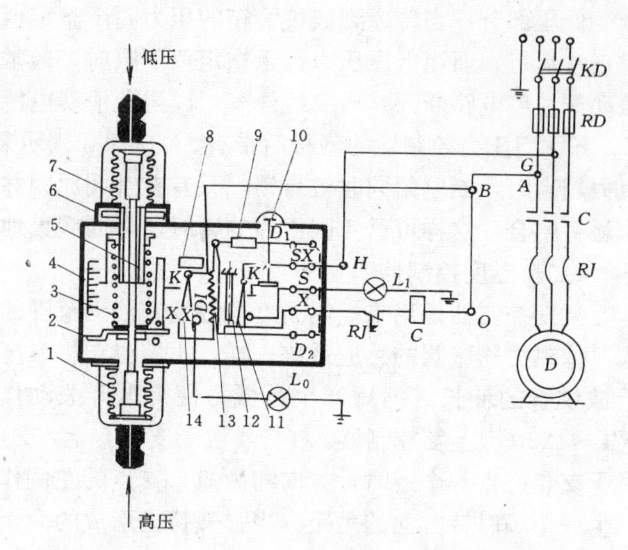

图 5-29　JC-3.5 压差控制器的动作原理及电气接线图

1—高压波纹管；2—直角杠 杆；3—弹簧；4—标尺；5—传动杆；6—调节轮；7—低压波纹管；8—试验按钮；9—降压电阻（电源 380V 用 2KΩ—15W）；10—复位按钮；11—延时开关；12—双金属片；13—加热器；14—压差开关；L_1—事故信号灯；L_0—正常信号灯

当控制电源为 380V 时，$X \sim D_2$ 之间的虚线不接；当控制电源为 220V 时，D_1—X 之间的虚线不接

动，压差减小时向下移动），夹在传动杆上的直角杠杆 2 的一臂，在传动杆的推动下绕支点 O 转动一个角度，其另一臂即推动压差开关 K 的触点，使触头与静触头 DZ 闭合或分离，以达到控制电动机电源的通断。

控制器中部的双金属片 12、加热器 13 和延时开关 K' 组合成欠压时的延时机构。

当润滑系统因故障而使油压差小于整定值时，压差开关 K 即与触头 DZ 脱离，并与触头 YJ 闭合，正常工作信号灯熄灭，加热器通电，开始对双金属片加热；但此时回路 A-O-X-F-K'-H-G 仍有电，故压缩机仍能继续运转，当经过 60s 后，如果油压差仍然不足，双金属片即向右弯曲，以致推动延时开关动触头 K' 与触头 F 分离并与触头 E 闭合，此时事故信号灯亮，压缩机因断电而停车。此时延时开关被自锁机构锁住，只有在故障排除后按下复位按钮，方能使压缩机再行启动。

压差控制器为什么必须设置延时机构呢？其原因有两点。

1. 压缩机的油泵是由曲轴驱动，压缩机启动后到建立正常的油压差需要一段时间，如果压差控制器不具有延时动作的功能，则压缩机无法启动。

2. 压缩机在运转过程中油压有可能出现波动，如果没有延时机构，当油压发生短时间的忽高忽低，就会令压缩机频繁地停车和启动，当然这是不能允许的。

试验按钮 8 是为检验延时机构的可靠性而设置的。如将试验按钮向左推动，经 60s 后电动机能被切断电源，则说明延时机构能够正常动作。压缩机在试运转时应进行这项试验。

二、阀门

制冷装置中需用大量的阀门，它们的作用是用来控制和调节管道和设备中流体的流向和流量。按其动作可分为手动阀门和自动阀门两大类。按照它们的用途又可分为截止阀和膨胀阀两部分。膨胀阀类已在节流机构中阐述，这里仅对常用的阀门作简单的介绍。

（一）截止阀

截止阀也称平头阀，它装在设备上或管路中根据需要开启或关闭管路，并在一定程度上起到控制流量的作用，但在一般情况下采用全开或全闭的控制。

制冷装置中用的阀门是一种专用阀门。和一般的水阀有以下几种差别。其一是具有反封作用。当阀门全开时，将阀杆升到最高位置，阀芯的背面能借助于胶圈或合金与填料函的底座密切接触，可防止制冷剂从填料函逸出。这样既可减少损失，又可方便地修理或更换填料而不影响设备的运行。其二是氟利昂用的阀门通常不用手轮，用手调节适度后用阀帽加封，以有效地达到防漏的效果。其三是氨用阀门不使用铜材，因为氨能腐蚀铜。

图 5-30 所示为氨用直通式截止阀，法兰连接。图 5-31 所示为氨用直角式截止阀。锁母连接。

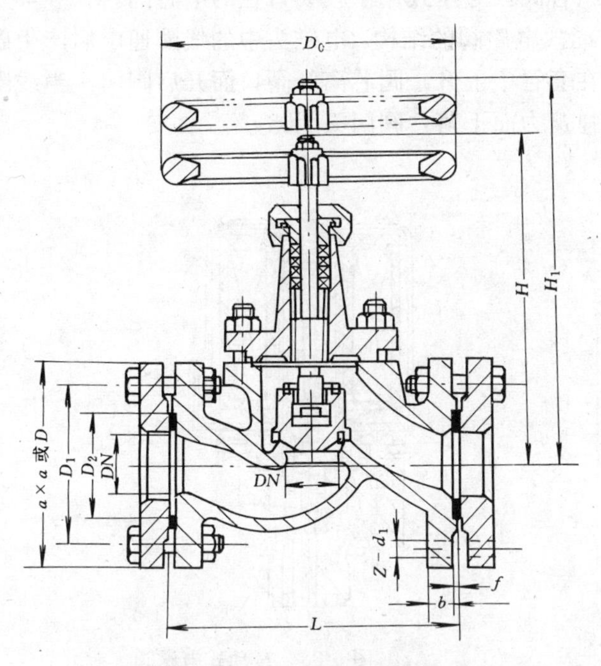

图 5-30　氨用直通截止阀

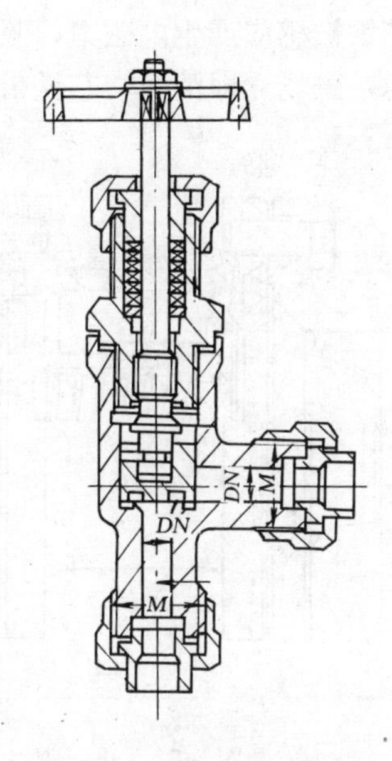

图 5-31　氨用直角式截止阀

阀门在安装时应注意的问题是：

1. 阀门应有合格证方可采用。

2. 需经过试漏检查，以免安装后返工。

3. 必须注意流向，应该是使流体从阀口的下方进入阀腔，从阀口的上方流出。这样流动阻力较小，而且填料部分无论阀门是处于开启还是关闭状态，它总是处于流体压力较低的一侧，可减少泄漏的可能。再则，一旦阀杆折断或阀芯脱落时，流体可依压差自动顶开阀芯后流通，避免管路堵塞。但系统的充剂阀应该反装，这样可有效地阻断制冷剂外泄。其他场合，尤其是压缩机排气管路上的阀门切不可以反装。

（二）止回阀

止回阀又称单向阀、止逆阀，这是一种借助于阀前阀后压力差而启闭的自动阀门。它的作用是只允许流体作单方向的流通，阻止逆向流动。

在系统中作并联的多台压缩机、液泵或水泵，均应在各自的排出管上设止回阀。目的在于防止运转的设备对停车的设备产生影响，例如压缩机排气中夹带的油和冬季可能产生的凝液会流向停车压缩机的排气管；液泵和水泵排出的液体会经过停机的排出管回流。

图 5-32 所示为国产 ZZRN（NF）系列止回阀的一种结构型式。这种系列的止回阀适用于氨、R-12 和 R-22 等制冷剂为工质的制冷系统中，可用于液体、气体管路。

安装止回阀时必须认真检查管路中的流体流向必须和阀体上所标的流向相符，而安装方位（水平、朝上、朝下、倾斜）不限。

（三）电磁阀

电磁阀是以电磁力为动力的自动阀门，装在制冷系统中，根据压力、温度、液位等控制器或手动开关所发出的电信号动作。

电磁阀按其动作方式可分为直动式和导压式两类。直动式电磁阀用于小口径的电磁阀，或作为导阀与各种主阀配合成多途作的组合阀。导压式用于较大口径的电磁阀。

图 5-33 所示为 ZCL-3（DF-3）型直动式电磁阀的结构。电磁头中的线圈通电后产生磁场，挡铁被感应产生电磁力，吸引芯铁在套管中上升，阀芯离开阀口而开启阀门。当线圈断电时，磁场立即消失，芯铁借自重和弹簧力而下落，阀门关闭。

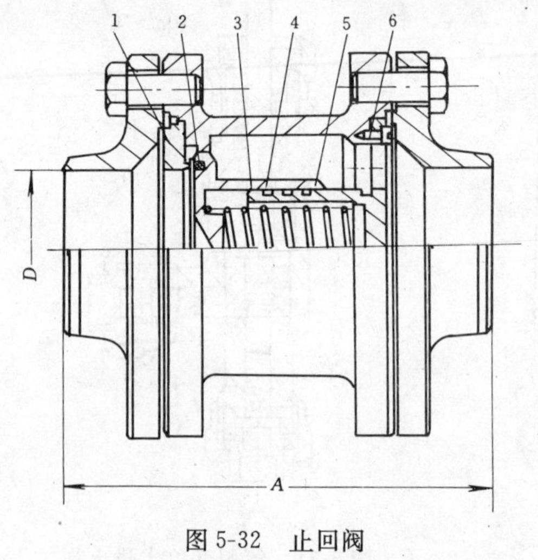

图 5-32　止回阀

1—阀座；2—阀芯；3—阀芯座；4—弹簧；5—支承座；6—阀体

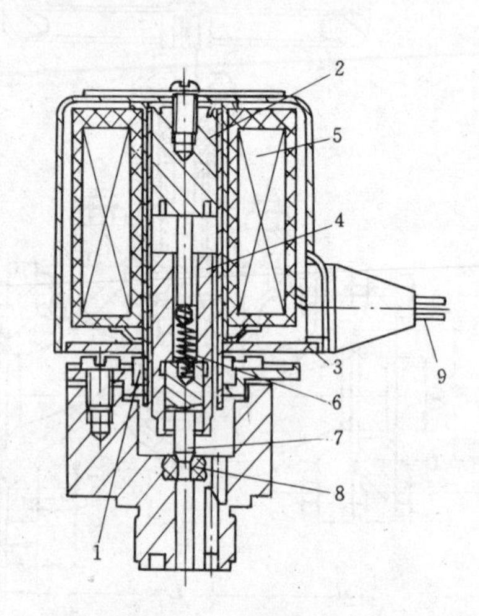

图 5-33　直动式电磁阀

1—套管；2—挡铁；3—短路圈；4—芯铁；5—线圈；6—弹簧；7—阀芯；8—阀座；9—导线皮管

直动式电磁阀是属于一次开启式电磁阀，结构简单，动作灵活。但是电磁头能产生的电磁力有限，所以只能用于小口径的阀。当阀的口径加大时，所需电磁力也应加大，如果对各种不同口径的阀配用不同大小的电磁头，非但规格繁多，而且很不经济，为此出现了导压控制启闭式的产品，即为导压式电磁阀。图 5-34 所示即为其结构。

导压式电磁阀系运用小阀启大阀的原理，属于二次开启式电磁阀。它的工作过程是，当电磁头根据信号被接通电源后，小阀即被开启，大阀的活塞的上腔与阀体出口端之间的导压管被接通，活塞借助于主管道在阀体前后的压力差向上升起，因此大阀的阀口得以开启，主管道被打通。当电磁头断电，小阀口关闭，导压管被截止，活塞下腔内较高压力的流体经平衡孔进入活塞上腔，使活塞上、下腔之间的压差消失，于是活塞受自重和复位弹簧的作用而下落将大阀口关闭，使主管道被截止。

这种电磁阀的优点在于，不论是何种口径的规格，其电磁头和小阀可以统一规格（DF_3），有利于产品的标准化，并可节省铜材的消耗。

不论何种电磁阀，必须垂直安装于水平管道上，这样才能保障阀芯动作的灵敏度和可靠性。而且还需注意管道中流体的流向必须与阀体上所标的箭头方向一致。阀体应装在振动较小管道上。注意电源电压应与铭牌上所标的额定电压相符。

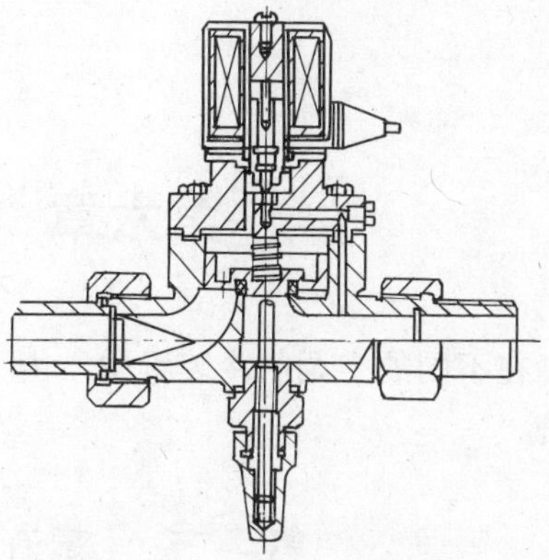

图 5-34　导压式电磁阀

电磁阀的主要故障是铁芯吸不起或阀口关闭不严（正常情况可听到阀芯关闭时的接触声音），一般由以下几方面的原因造成：

电源方面：电压过低或电源断路，尤其在自控系统的电路中，需用万能表测试并调整。

线圈方面：线圈断路、烧毁或短路，可用万能表测其电阻值检查。

安装方面：安装不垂直，致使铁芯起落不灵敏，或关不严。

使用方面：阀芯组件被油污粘住而动作困难，需拆开清洗。此外，在电磁阀前应安装过滤器，可以减少故障。

第六章　蒸汽压缩式制冷系统

在不同的空调制冷装置中，由于制冷量的大小及使用场所的区别，常采用不同的制冷系统。

第一节　蒸汽压缩式制冷系统的典型流程

一、氨制冷系统

图 6-1 为采用活塞式压缩机，卧式壳管式冷凝器与蒸发器的大型氨制冷系统的工艺流程图。按管系可分为氨（制冷剂）、润滑油、冷冻水和冷却水四个系统。

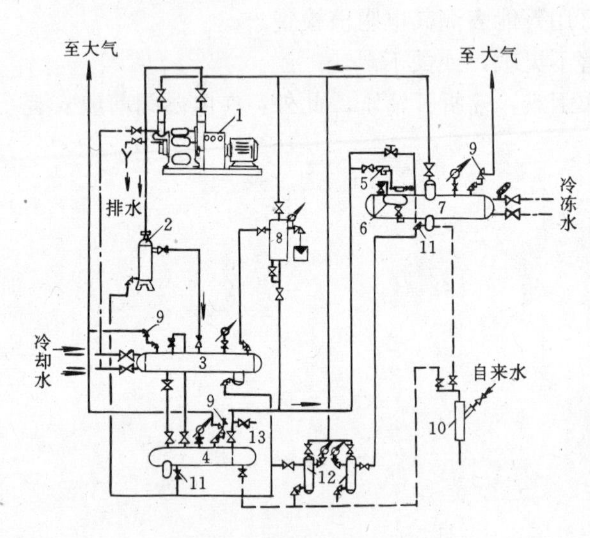

图 6-1　氨制冷系统流程图

1—压缩机；2—油分离器；3—冷凝器；4—贮液器；5—过滤器；6—膨胀阀；7—蒸发器；8—不凝性气体分离器；9—安全阀；10—紧急泄氨器；11—放油阀；12—集油器；13—充液阀

1. 氨循环系统

压缩机 1 排出的高压过热蒸汽，沿高压管路经油分离器 2，将润滑油分离后，再进入冷凝器 3。在冷凝器中凝结的氨液经下部的氨液管流入贮液器 4 内。冷凝器与贮液器之间，装有均压管，使两者的蒸汽空间联通而具有相同的压力，以利液体下流。在冷凝器和贮液器上均装有压力表和安全阀 9，以便随时观察其压力。当系统内的压力超过允许值时，安全阀 9 自动开启，将氨气直接向室外排出。由贮液器流出的氨液经过滤器 5 后，进入节流阀 6，经减压后进入蒸发器 7。蒸发器中产生的低压蒸汽沿低压蒸汽管被压缩机吸入。压缩机吸气管和排气管上，都必须装设压力表和温度计，以便观察温度和压力的变化。为了保证氨制冷系统的安全运行，还设置紧急泄氨器 10，一旦需要（如遇火灾），将系统的氨液通至紧急泄氨器，在其中与水混合后排入下水道，避免爆炸事故的发生。

2. 润滑油系统

被高速的氨气流从压缩机带走的润滑油，大部分在油分离器中被分离下来，但仍有少量润滑油随氨进入冷凝器、贮液器和蒸发器中。由于润滑油与氨互不相溶，加之润滑油的比重比氨液大，所以，系统运行后，这些设备的下部就积存润滑油。为了避免这些设备存油过多，而影响传热和压缩机的正常工作，在这三个设备的下部都装有放油阀 11，在需要放油时，润滑油可分高、低压两路通至集油器 12。在放油前，先打开集油器与压缩机吸气管连接的阀门，使润滑油中夹带的氨蒸发出来，被压缩机吸回。这样，既可减少氨的损失，又可减低集油器中的压力，避免放油时的危险。

3. 冷冻水系统

冷冻水是空气调节装置中用来处理空气的冷源。卧式壳管式蒸发器中冷冻水进出水接口在同一侧端盖，下进上出，在进出水管上装设温度计，以便观察温度变化。

4. 冷却水系统

冷却水系统比较简单，一般是利用玻璃钢冷却塔冷却后循环使用。

二、氟利昂制冷系统

图 6-2 为氟利昂空调制冷系统流程图。与氨制冷系统相比，它有如下特点：

1. 由于氟利昂 12 系统采用回热循环是有利的，所以系统中装有热交换器 7。

2. 由于氟利昂不溶于水，所以系统供液管中装设干燥器 5，以防冰塞现象发生。

3. 氟利昂制冷系统采用干式蒸发器并配置热力膨胀阀 9，靠回汽过热度自动调节供液量。

4. 由于氟利昂与润滑油的可溶性，为了使润滑油能顺利返回压缩机，多选用非满液式蒸发器。另外，在压缩机起动时，为了促使溶于润滑油中的氟利昂分离，保证曲轴箱内正常压力和供油能力，曲轴箱中设有润滑油加热器 12，预热润滑油，以利于正常油压的迅速建立，确保压缩机顺利启动。

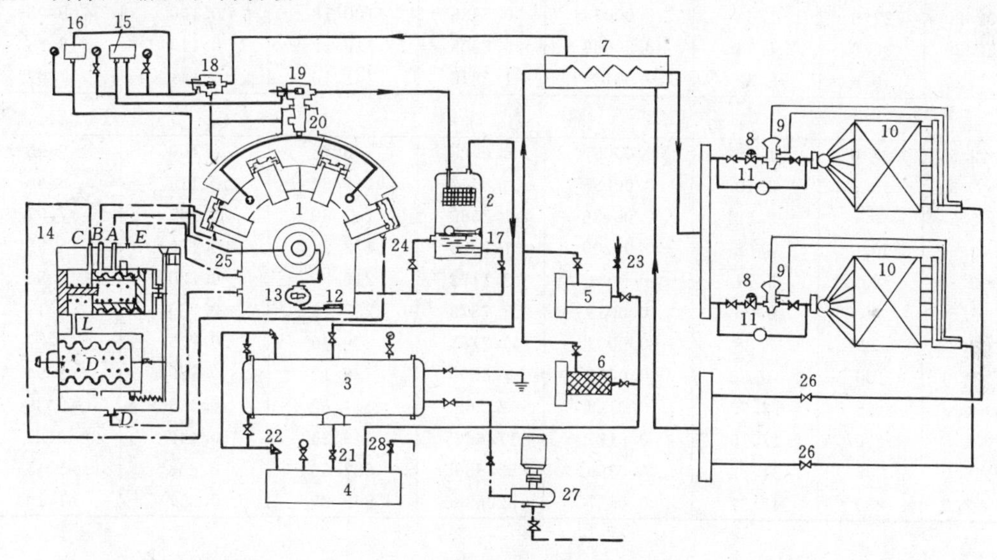

图 6-2　氟利昂制冷系统流程图

1—8FS10 压缩机；2—分油器；3—冷凝器；4—贮液器；5—干燥器；6—过滤器；7—热交换器；8—电磁阀；9—热力膨胀阀；10—蒸发器；11—手动膨胀阀；12—油滤器；13—齿轮油泵；14—能量控制阀；15—高低压继电器；16—压差控制器；17—浮球式回油阀；18—双阀座吸入截止阀；19—双阀座排出截止阀；20—压缩机安全阀；21—冷凝器出液阀；22—均压阀；23—充剂阀；24、25—卸载油缸；26—蒸发器回气截止阀；27—水泵；28—贮液器安全阀

第二节　制冷剂管道的设计

制冷剂管道设计正确与否，将影响制冷设备制冷能力能否有效发挥，甚至会影响制冷

系统能否正常运行。本节简要介绍制冷剂管道设计中的主要问题。

一、管道材料和连接

氨制冷系统的制冷剂管道一律用无缝钢管，且采用焊接连接。设备或阀门上则采用法兰连接。

氟利昂系统管道常用紫铜管，管径较大时用无缝钢管，且一般采用焊接连接。管径20mm以下的紫铜管需拆卸部位常采用螺纹和喇叭口的丝扣连接，在管道与设备或阀门之间可用法兰连接，但注意不能用天然橡胶垫料。

常用无缝钢管和铜管的规格见表6-1、表6-2。

常用无缝钢管规格见表 **表6-1**

外径×壁厚(mm)	内 径(mm)	理论重量(kg/m)	净断面积(m^2)	1(m)长容量(L/m)	外圆周长(mm)	1(m)长的外表面积(m^2/m)	1(m^2)的长度(m/m^2)
冷 轧 钢							
10×2.0	6	0.395	0.00003	0.0283	31.40	0.031	31.84
14×2.0	10	0.592	0.00008	0.0785	43.96	0.044	22.74
18×2.0	14	0.789	0.00015	0.1538	56.62	0.057	17.69
22×2.0	18	0.986	0.00025	0.2543	69.08	0.069	14.47
25×2.0	21	1.13	0.00034	0.3456	78.51	0.078	12.82
32×2.20	27.6	1.62	0.00059	0.5935	100.18	0.100	9.95
38×2.20	33.6	1.94	0.00088	0.8809	119.32	0.119	8.38
45×2.20	40.6	2.32	0.00129	1.2876	141.30	0.141	7.07
热 轧 钢							
32×2.5	27.0	1.76	0.00057	0.5723	100.48	0.100	9.95
38×2.5	33.0	2.19	0.00085	0.8549	119.32	0.119	8.38
45×2.5	40.0	2.62	0.00126	1.2560	141.30	0.141	7.07
57×3.5	50.0	4.62	0.00200	1.9625	178.98	0.179	5.58
70×3.5	63	5.74	0.0031	3.1172	219.91	0.220	4.55
76×3.5	69	6.26	0.0038	3.7373	238.64	0.239	4.19
89×3.5	32	7.38	0.0053	5.2783	279.46	0.279	3.57
108×4.0	100	10.26	0.0079	7.8500	339.12	0.339	2.94
133×4.0	125	12.73	0.0123	12.2656	417.62	0.418	2.39
159×4.5	150	17.15	0.0177	17.6625	449.26	0.449	2.22
219×6.0	207	31.52	0.0366	33.6365	687.66	0.688	1.45
273×7.0	259	45.92	0.0527	52.6586	857.22	0.857	1.16

常 用 铜 管 规 格 **表6-2**

外径×壁厚(mm)	内 径(mm)	理论重量(kg/m)	净断面积(cm^2)	1(m)长容量(L/m)	外周长(mm)	1(m)长的外表面积(m^2)	1(m^2)外表面积的管长(m)
紫 铜 管(YB447—64)							
6×1	4	0.140	0.125	0.0125	18.90	0.0189	52.90
8×1	6	0.196	0.282	0.0282	25.15	0.0252	39.70
10×1	8	0.252	0.505	0.0505	31.40	0.0314	31.84
12×1	10	0.307	0.785	0.0785	37.85	0.0878	26.45
14×1	12	0.363	1.130	0.1130	43.96	0.0440	22.75
16×1	14	0.419	1.540	0.1540	50.25	0.0503	19.89
18×1.5	15	0.692	1.760	0.1760	56.62	0.0566	17.70

续表

外径×壁厚 (mm)	内径 (mm)	理论重量 (kg/m)	净断面积 (cm^2)	1(m)长容量 (L/m)	外周长 (mm)	1(m)长的外表面积(m^2)	1(m^2)外表面积的管长(m)
20×1.5	17	0.775	2.265	0.2265	62.80	0.0628	15.90
22×1.5	19	0.859	2.835	0.2835	69.08	0.0691	14.45
24×1.5	21	0.943	3.460	0.316	75.40	0.0754	13.26
26×1.5	23	1.027	4.160	0.416	81.75	0.0816	12.26
28×1.5	25	1.111	4.910	0.491	88.10	0.0881	11.35
36×2	32	1.900	8.050	0.805	113.20	0.1132	8.83
45×2.5	40	2.969	12.500	1.250	141.30	0.1413	7.07
55×2.5	50	3.668	19.600	1.960	173.10	0.1731	5.78
65×2.5	60	4.366	28.300	2.830	201.50	0.4045	4.88
75×2.5	70	5.065	38.500	3.850	235.50	0.2355	4.24
黄铜管(YB448—64)							
10×1	8	0.240	0.505	0.0505	31.40	0.0314	31.84
12×1	10	0.294	0.785	0.0785	37.85	0.0378	26.45
15×1.5	12	0.540	1.130	0.1130	47.20	0.0472	21.20
18×1.5	15	0.661	1.760	0.1760	56.61	0.0566	17.70
20×1.5	17	0.741	2.265	0.2265	62.80	0.0628	15.90
24×2	20	1.174	3.160	0.3160	75.10	0.9754	13.26
28×2	24	1.388	4.530	0.4530	88.10	0.0881	11.35

二、管径的确定

制冷剂管道直径（一般指内径）系根据管内制冷剂流动速度及管道总压力损失的许可值来确定。表6-3中列出几种常用制冷剂的流速和总压力损失的许可值，这些值对于吸气管而言，相当于饱和温度降低1℃，对于排气管而言相当于升高了1～2℃。

根据管道名称按表6-3选定合适流速后，管径按下式计算：

$$d_n=\sqrt{\frac{4M_R\cdot v}{\pi\cdot w}}=1.128\sqrt{\frac{M_R\cdot v}{w}}\quad (m) \tag{6-1}$$

式中 M_R——制冷剂质量流量（kg/s）；

v——制冷剂在相应工作压力下的比容（m^3/kg）；

w——制冷剂的流速（m/s）。

按式（6-1）算出管径后，还要校核其压力损失是否超过允许值。如压力损失大于许可值，则应选较小的流速重新计算，直到符合要求为止。

制冷剂管道的压力损失包括沿程阻力和局部阻力之和，通常采用当量长度法计算，可按下式计算：

$$\Delta p=f_m\frac{L+L_d}{d_n}\cdot\frac{w^2}{2}\rho\quad (Pa) \tag{6-2}$$

式中 f_m——沿程阻力系数；

L——管道长度（m）；

L_d——三通、弯头和阀门等部件的当量长度（m）；

ρ——制冷剂的密度（kg/m^3）。

表 6-4 列出了常用管件的当量长度与管道内径的比值$\frac{L_d}{d_n}$。

常用制冷剂在不同条件下每米当量管长的摩擦阻力见图 6-3 至图 6-7。

氟利昂 22 液管可借用图 6-3 查出数值，再乘 1.1 即可。

由于

$$Q_0 = M_R \cdot q_v \cdot v$$

故式 6-1 可改写成

$$d_n = 1.128\sqrt{\frac{Q_0}{q_v \cdot w}} \tag{6-3}$$

管道总压力损失的许可值 **表 6-3**

管道名称	制冷剂	速度 (m/s)	总压力损失的许可值 (kPa)
压缩机吸气管			
$t_0=5℃$	R12 R22 R502	8～15	12 18 20
$t_0=0℃$	R12 R22 R502	8～15	10 17 18
$t_0=-15℃$	R12 R22 R50	8～15	7 11 12
$t_0=-25℃$	R12 R22 R502	8～15	5 8 9
$t_0<-25℃$	R12 R22 R502		<7
$t_0=0℃\sim-30℃$	NH_3	10～20	20～5
$t_0<-30℃$	NH_3	10～20	<5
压缩机排气管	R12 R22、R502 NH_3	10～18 10～18 12～25	14～28 21～41 14～28
贮液器至节流阀间的液体管	NH_3，R12，R22	0.5～1.5	<20

常用管件的当量长度与管道内径的比值 **表 6-4**

管件名称	L_d/d_n	管件名称	L_d/d_n
直通截止阀（全开）	340	三段焊成 90°弯头	20
角阀（全开）	170	四段焊成 90°弯头	15
闸阀（全开）	8	扩径 $d/D=1/4$	30
止回阀（全开）	80	扩径 $d/D=1/2$	20
丝扣弯头 90° 丝扣弯头 45°	30 14	扩径 $d/D=3/4$	17
两段焊成 45°弯头	15	缩径 $d/D=1/4$	15
两段焊成 60°弯头	30	缩径 $d/D=1/2$	11
两段焊成 90°弯头	60	缩径 $d/D=3/4$	7

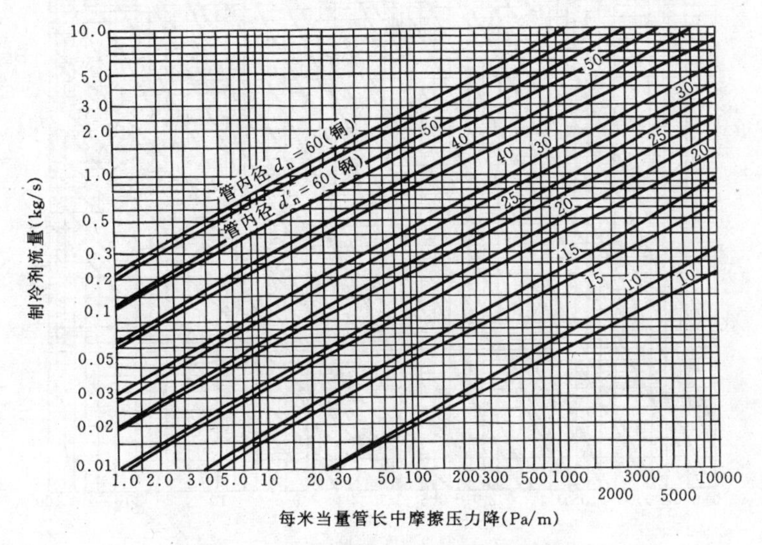

图 6-3　R12 液体在管道中的阻力损失

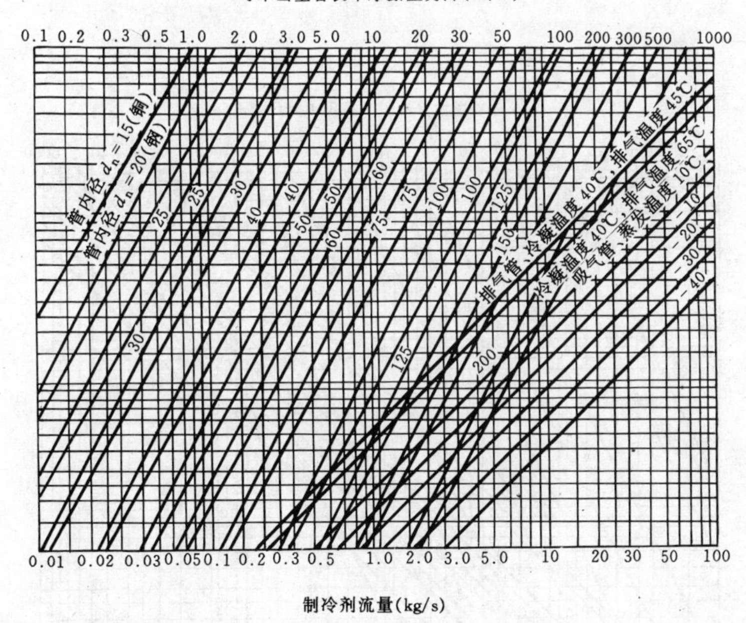

图 6-4　R12 气体在管道中的阻力损失

注：(1) 铜管按光滑管计算，钢管绝对粗糙度为 0.06mm；(2) 回气过热度为 10℃

因为 q_v 与 t_0、t_k 有关，所以制冷剂管径是 Q_0、t_0、t_k 的函数。将这样的函数关系可制成一些诺模图，可直接用图来确定管径及压力损失。当已知蒸发温度 t_0、冷凝温度 t_k 和制冷量 Q_0，可分别应用图 6-8 至图 6-13 确定氨、R12 和 R22 为制冷剂时相应管道的管径。

图 6-9～6-13 是按铜管制成的，当采用钢管时，可靠高一档铜管径选用。

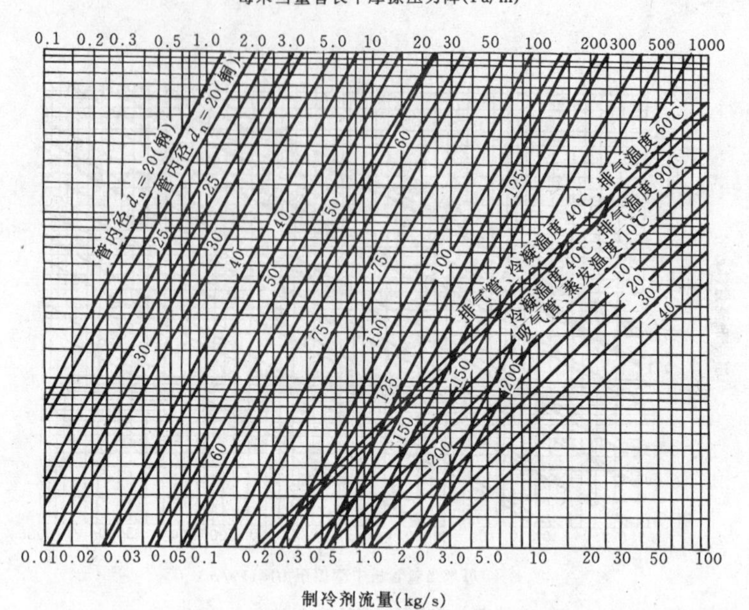

图 6-5　R22 气体在管道中的阻力损失

注：(1) 铜管按光滑管计算，钢管绝对粗糙度为 0.06mm；(2) 回气过热度为 10℃

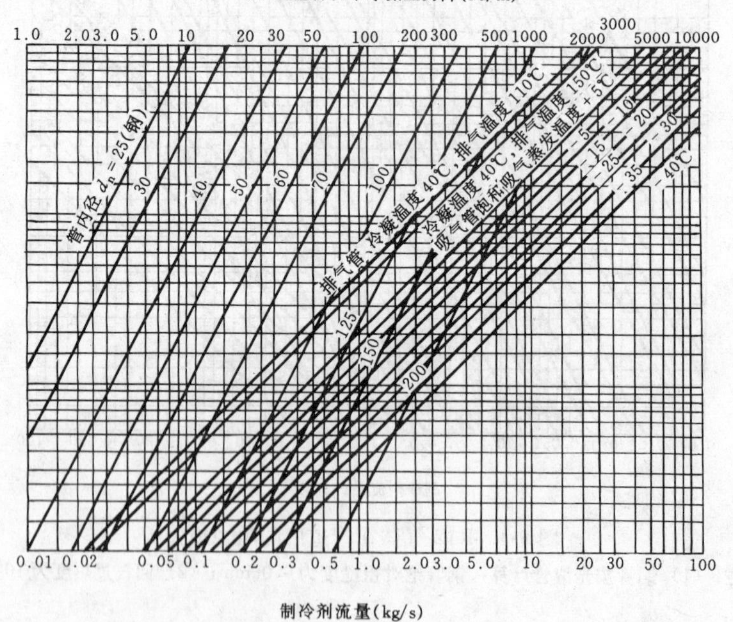

图 6-6　氨气体在管道中的压力损失

注：钢管绝对粗糙度为 0.06mm

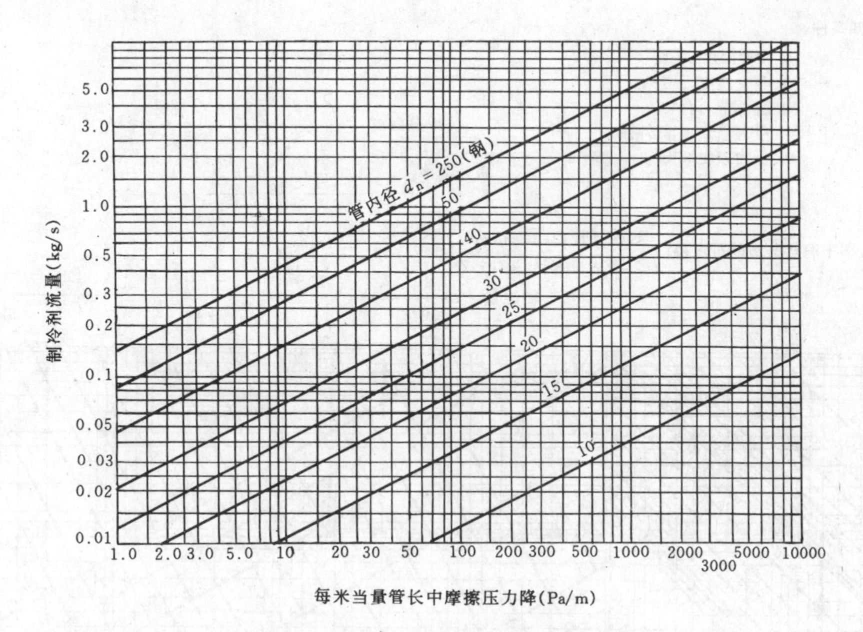

图 6-7　氨液体在管道中的阻力损失

注：(1) 钢管的绝对粗糙度为 0.06mm，(2) 使用范围：无闪发气体

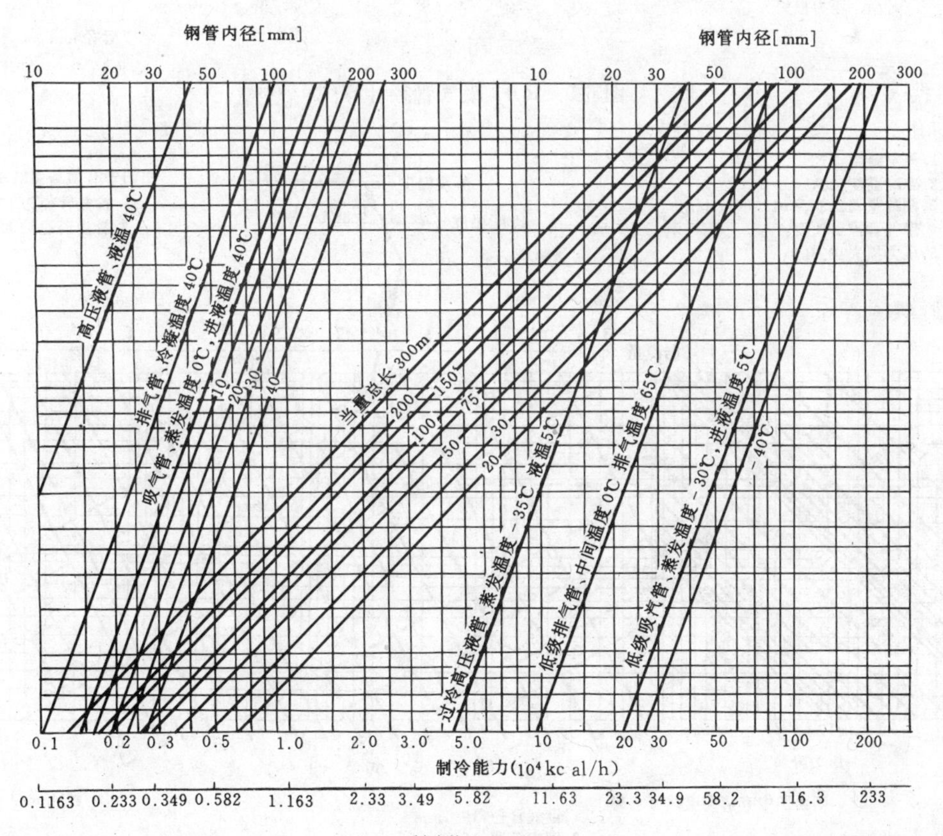

图 6-8　氨管道计算图

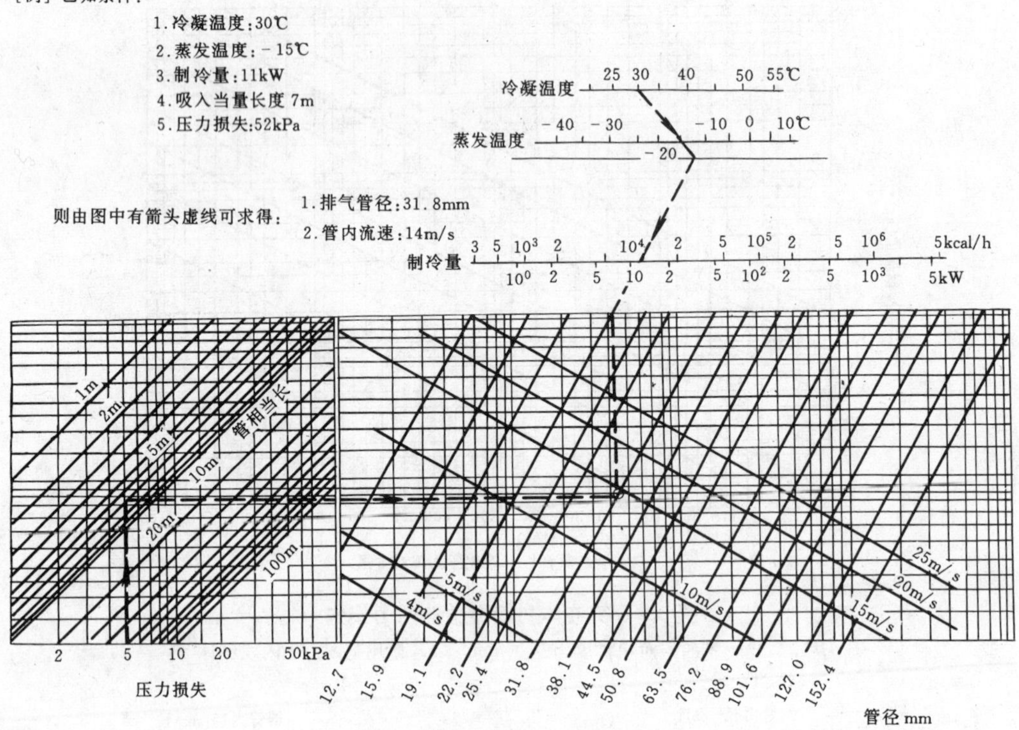

图 6-9 R 12 吸气管径计算图

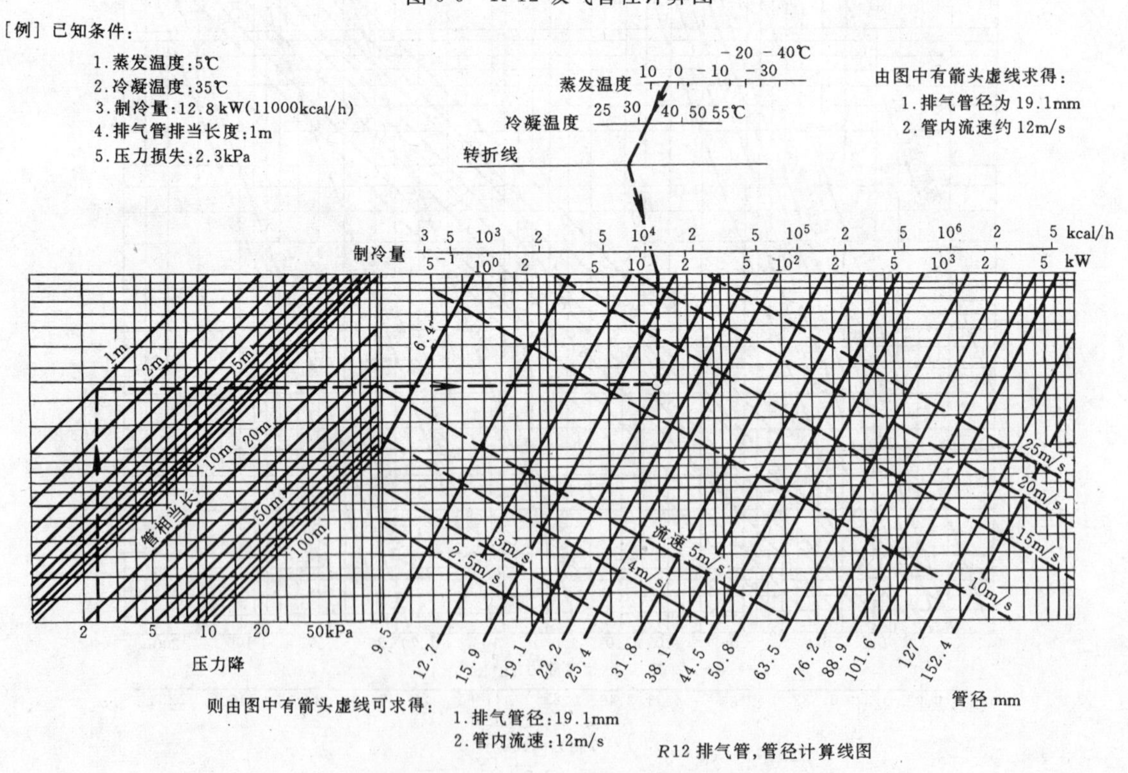

图 6-10 R 12 排气管径计算图

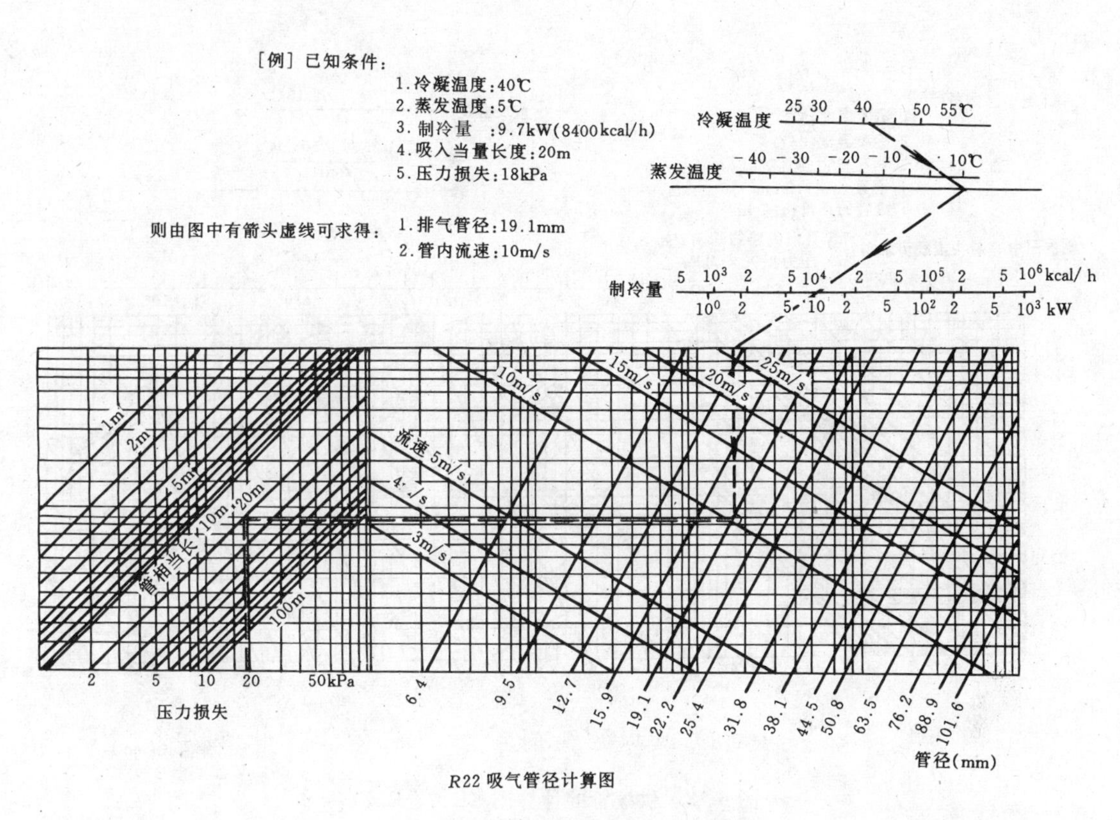

*R*22 吸气管径计算图

图 6-11 R 12 排气管管径计算图

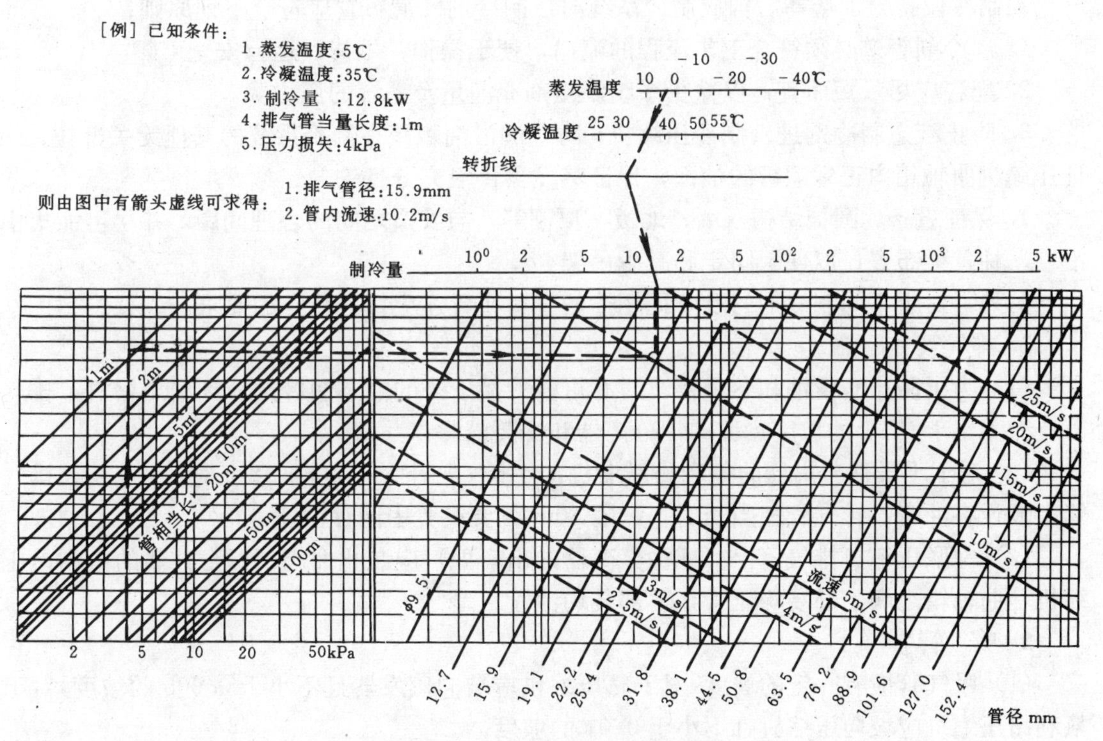

图 6-12 R 22 排气管管径计算图

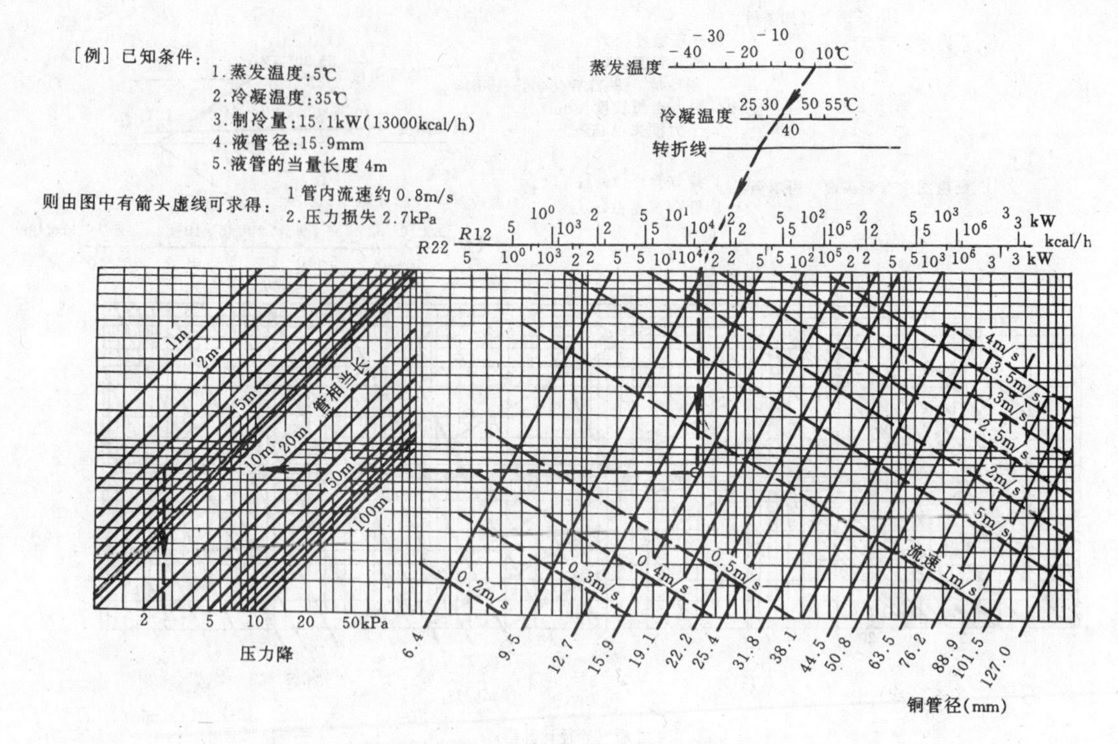

图 6-13 供液管的计算图（R12、R22）

三、制冷剂管道的布置原则

在制冷设备分别选择后构成制冷系统时，制冷剂管道布置应符合下列原则：

1. 制冷剂管道必须符合工艺流程的流向，便于操作、维修，运行安全可靠。

2. 配管应尽量短而直，以减少系统制冷剂充灌量及系统的压力降。

3. 防止液态制冷剂进入制冷压缩机；防止润滑油积聚在制冷系统的其他无关部位；保证压缩机曲轴箱内正常运行的油面；保证蒸发器供液充分且均匀。

4. 保证设备、围护结构（墙、地板、顶棚等）与管道之间的合理间距。并尽可能集中沿墙、柱、梁布置，以便于固定和减少吊架。

另外，对于不同制冷剂的及不同用途的管道布置还应符合特定的要求。

1. 排气管

(1) 为了防止润滑油和冬季停车时有可能冷凝下来的液态制冷剂流到回压缩机，排气管应有不小于 0.01 的坡度，坡向油分离器和冷凝器。

(2) 对于不设油分离器的氟利昂压缩机，当排气上升管在 2.5m 以上时，一定要在排气管上装设存油弯，排气管相当长时，每隔 10m 就要设置中间存油弯。

(3) 并联压缩机排气管上（或油分离器的出口处）应装止回阀。两台并联的氟利昂压缩机，曲轴箱之间上部装均压管，下部装均油管。

2. 吸气管

(1) 吸气管应有一定的坡度，对于氨压缩机应坡向蒸发器且不小于 0.005 的坡度，对于氟利昂压缩机应坡向压缩机且不小于 0.01 的坡度。

(2) 当蒸发器高于压缩机时，为了防止液态制冷剂在停机时返回压缩机，蒸发器出口回气管应先向上弯至蒸发器最高点后再接至压缩机。

(3) 氟利昂上升吸气立管必须具有一定的流速才能把润滑油带回压缩机内，图6-14示出了最大许可直径。

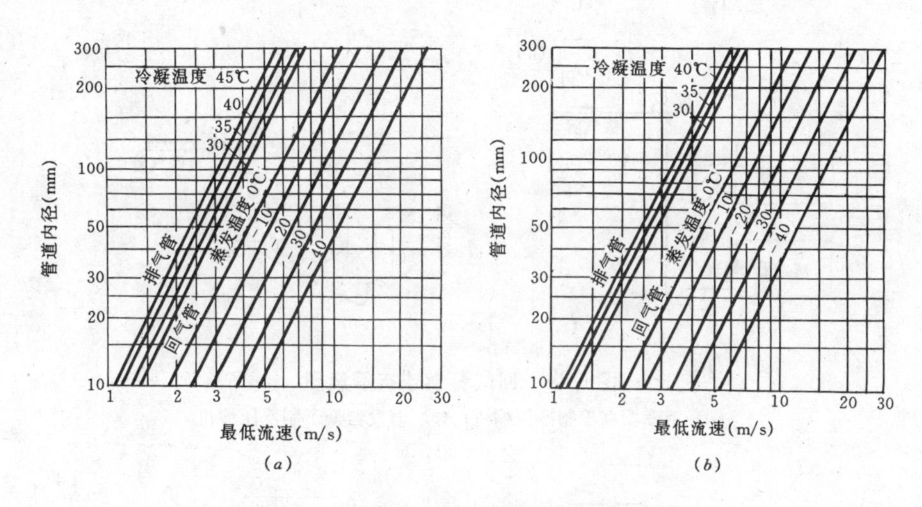

图6-14 氟利昂上升立管的最低带油速度
(a) R12；(b) R22

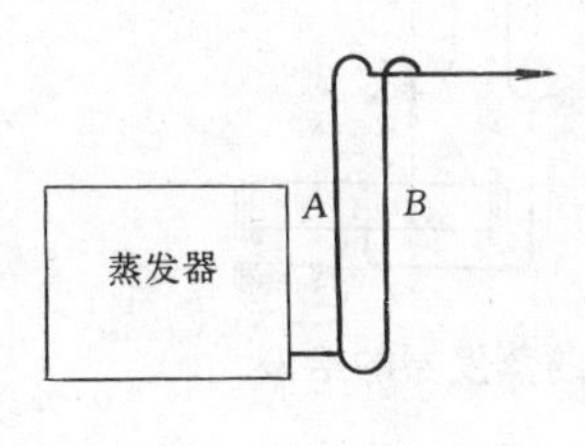

图6-15 双上升吸气管

(4) 对于变负荷工作的氟利昂制冷系统，为了保证在最低负荷运行时，润滑油也能从蒸发器返回压缩机，管径可能选得较小。为了避免满负荷时压力降太大，可采用双上升吸气立管，见图6-15所示。图中A管为小口径管道，按可能出现的最低负荷选用管径，它保证最低负荷时能回油。A和B两根立管用一个集油弯头连接。在满负荷时，A和B两根立管同时使用，两管截面之和能保证管内制冷剂具有带油速度，且不产生过大的压力降。在变负荷运行时，开始两根立管同时使用，随着负荷的降低而管内流速降低，润滑油逐渐积聚在弯头内，直至将弯头封住B管被隔断，仅靠A管工作，管内流速提高，保证低负荷时能回油。在恢复满负荷运行后，由于管内流速增大，润滑油从弯头中排出，两根立管又同时工作。

(5) 多组蒸发器的回气支管接至总回汽管时，应根据蒸发器与压缩机的相对位置采用不同的布置方式，如图6-16所示。

3. 冷凝器或贮液器至蒸发器之间的管道

(1) 冷凝器应高于贮液器，它们之间高度差应保证液体靠重力克服管路阻力后尚能顺利地流入贮液器。

(2) 冷凝器高于蒸发器时，为了防止停机后液体再进入蒸发器，液体管道应设有倒U形弯，高度应不小于2m，如图6-17所示。若膨胀阀前已装有电磁阀，可不必如此布置。

(3) 多台不同高度的蒸发器位于冷凝器或贮液器上面时，为了避免可能形成的闪发蒸汽都集中进入最高一层的蒸发器，应按图6-18方式接管。空调工程中常用的冷水（风）机组，制冷剂管道制造厂已设计配好，用户不必考虑布置。

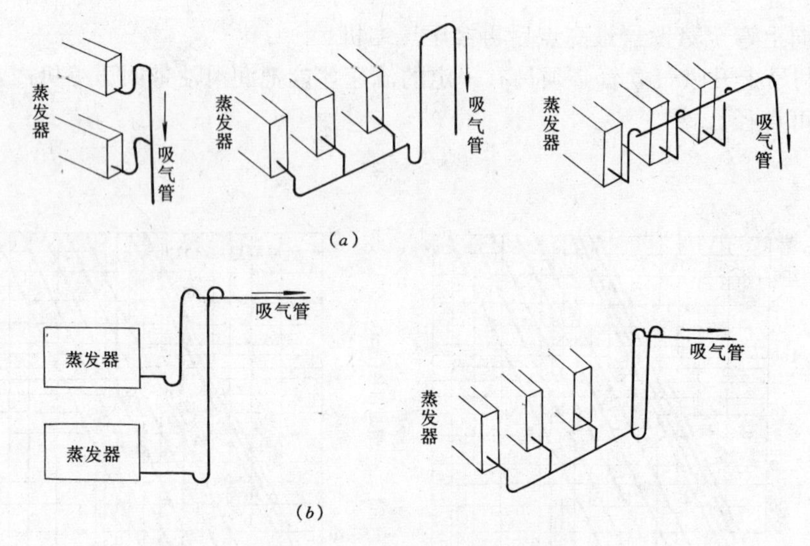

图 6-16 回气管道连接示意图

(a) 蒸发器高于制冷压缩机；(b) 蒸发器低于制冷压缩机

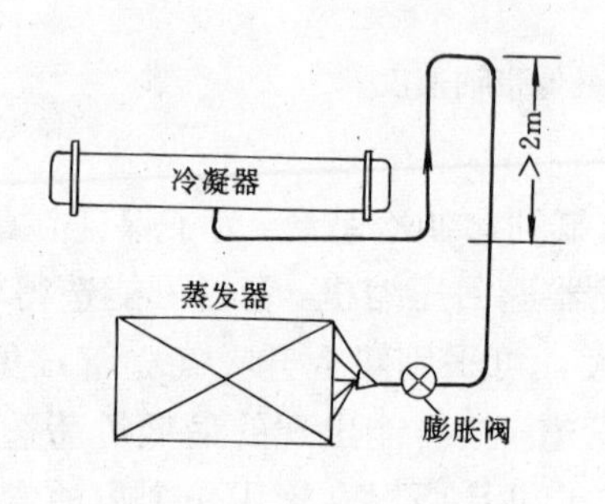

图 6-17 冷凝器高于蒸发器

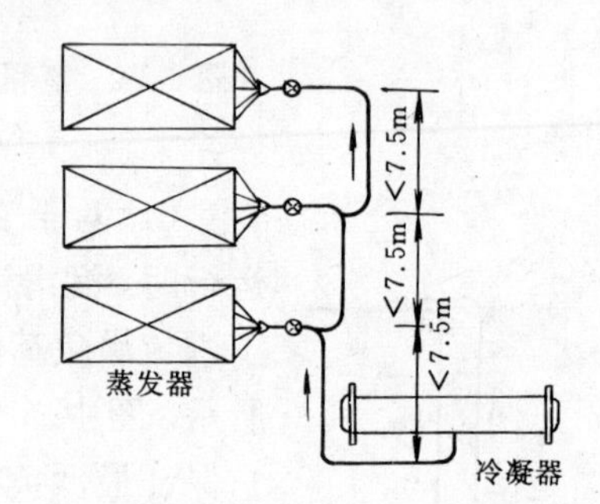

图 6-18 高差较大的蒸发器的给液

第三节 水管系统

空调用制冷系统中，水管系统包括冷冻水系统和冷却水系统。

一、冷冻水系统

冷冻水系统从管路和设备的布局上分，可分为开式系统和闭式系统两种，如图 6-19 和 6-20。

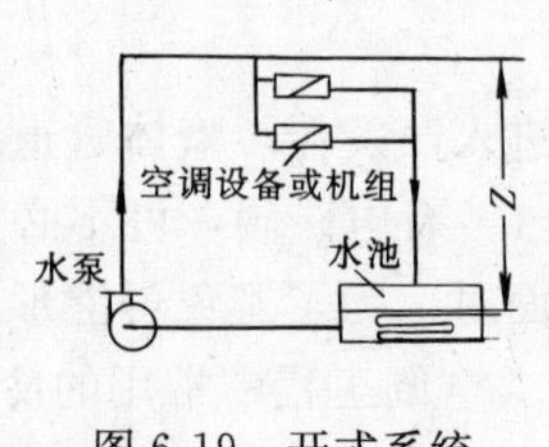

图 6-19 开式系统

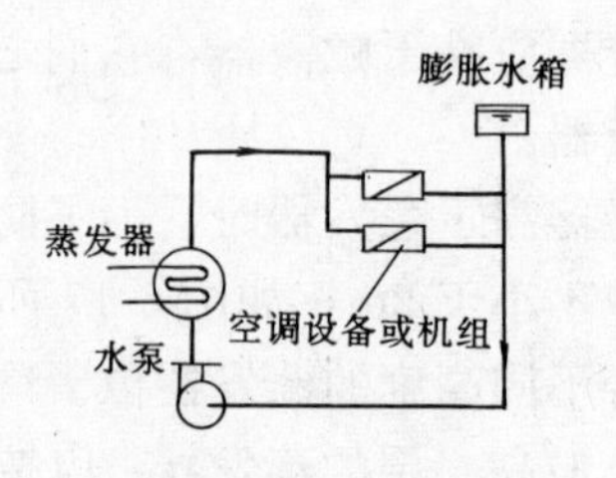

图 6-20 闭式系统

开式系统的蒸发器（如冷水箱）或用冷设备（如喷淋室）与大气相通，且设置水池（或水箱），系统水量大，运行工况稳定，但易受污染，且水泵压头较高。而闭式系统与外界大气接触少，管道腐蚀 性小，水泵能耗小，但需采用壳管式蒸发器和表冷器处理空气。并需增设膨胀水箱，以适应水系统内的水在温度变化时的体积膨胀。近年来，工程设计中冷冻水系统多采用闭式系统。

从水泵的配置可分为单式水泵（一次泵）供水系统和复式水泵（二次泵）供水系统，见图 6-21 和图 6-22 所示。前者适用于中小型建筑物和投资少的场合，且水泵台数及流量应与制冷机的台数及设计工况的流量相对应；后者适用于大型建筑物，对于空调分区且负荷变化较大的场合尤为适合，但应通过技术经济比较后确定。

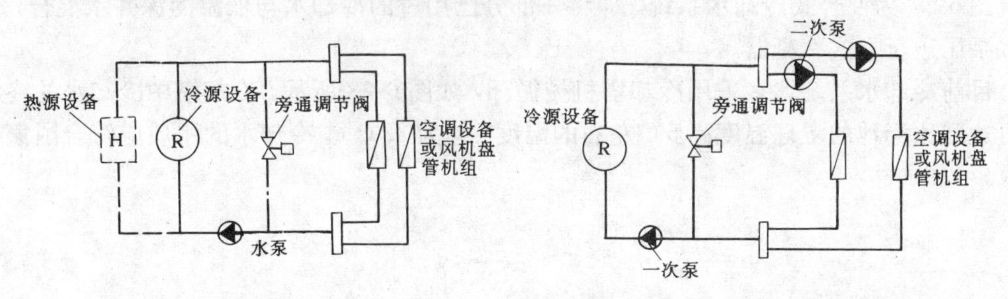

图 6-21　单式水泵供水系统　　　　图 6-22　复式水泵供水系统

根据各台蒸发器之间连接方式不同，又可分为并联水系统和串联水系统，如图 6-23 和图 6-24。

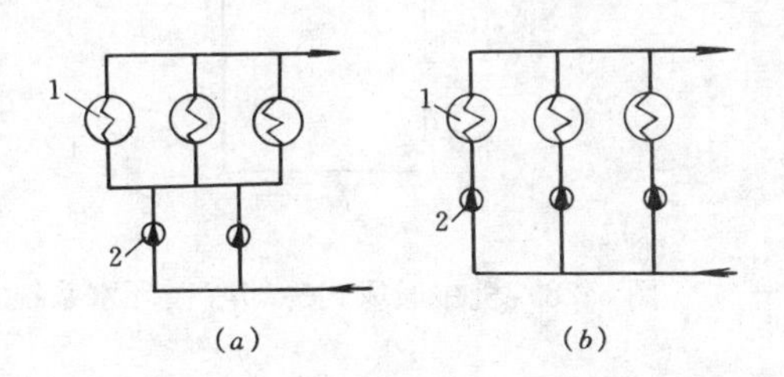

图 6-23　并联式冷冻水系统

1—蒸发器；2—水泵

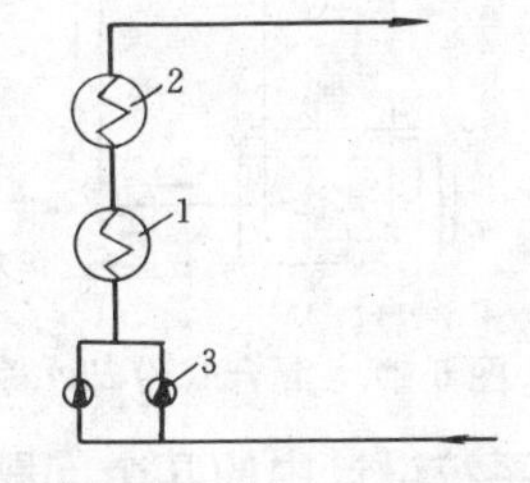

图 6-24　串联式冷冻水系统

1—第一级蒸发器；2—第二级蒸发器；3—水泵

图 6-23 (*a*) 中，全部蒸发器共用几台循环水泵，水泵备用条件好，适合改变冷冻水供水温度以适应用户的负荷变化的定流量调节；图 6-23 (*b*) 则是每台蒸发器各自有独立水泵，可根据负荷减少，停用部分蒸发器及其循环水泵，适应变流量调节。图 6-24 中，蒸发器分成第一级和第二级蒸发器且串联布置，一方面可增大蒸发器的水流量提高传热效果，另一方面可提高一级蒸发器的蒸发温度，改善制冷系统运行的经济性。

根据空调回水管布置方式可分同程式回水和异程式回水两种方式，见图 6-25 和图 6-26。前者，各并联环路管总长度基本相同，各机组的水阻力大致相等，因此，水系统水力稳定性好，流量分配均衡，而后者则存在各环路阻力不平衡现象，会引起流量分配不均匀性。对于集中空调系统，冷冻水系统宜采用同程式回水原则设计，若按异程式回水方式设计，则应在管系相应地方装流量调节阀。

二、冷却水系统

冷却水主要指冷凝器和压缩机冷却用水。

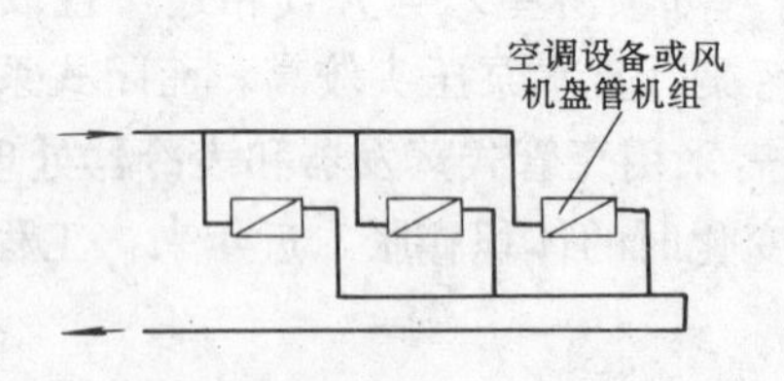

图 6-25　同程式回水方式

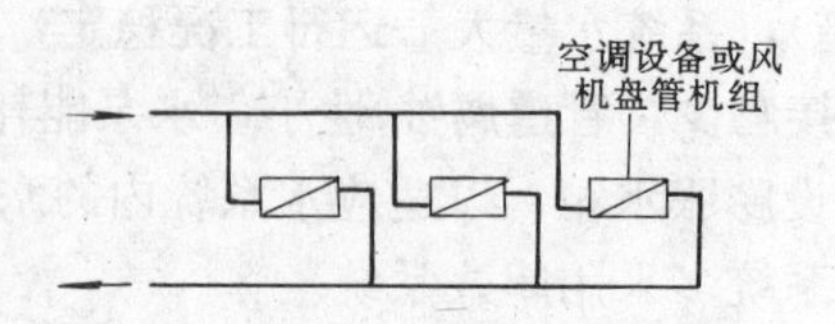

图 6-26　异程式回水方式

最简单的冷却水系统是直流式供水系统，适用于水源水量特别充足的地区，例如应用江、河、湖、海的水源作为冷却水，城市自来水则不应选用。

图 6-27 为混合式冷却水系统。即将一部分已用过的冷却水与低温的深井水混合，然后用水泵压送至立式冷凝器。

目前冷却水系统大多采用冷却塔机械循环，如图 6-28 所示。冷却塔中冷却水的终温一般可达到比当地的湿球温度高 5℃左右的温度（约为 32℃）。冷却水的水质应符合国家有关要求。

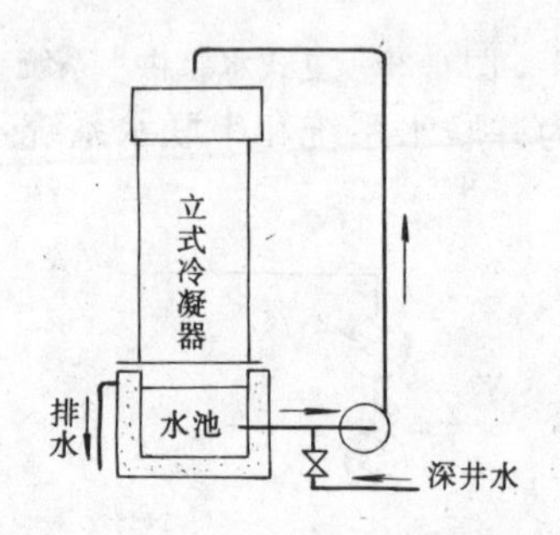

图 6-27　混合式冷却水系统

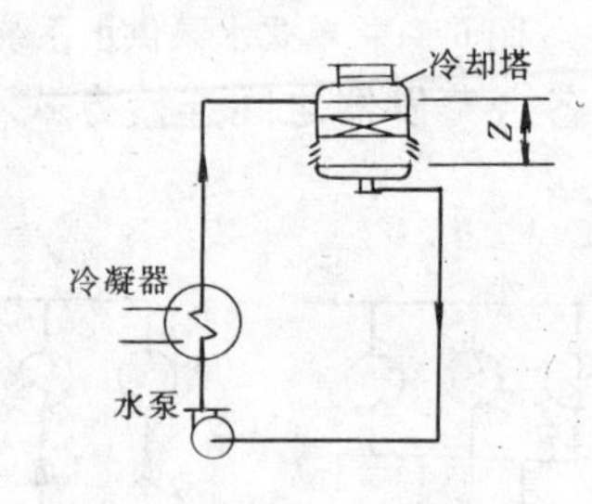

图 6-28　机械通风式冷却塔循环水系统

三、水管系统设计中的几个问题

1. 水管系统内水流速可按表 6-5 中推荐值取用：

管内水流速推荐值（m/s）　　表 6-5

公称直径 DN（mm）	＜250	≥250
吸入管	1.0～1.2	1.2～1.6
压出管	1.5～2.0	2.0～2.5

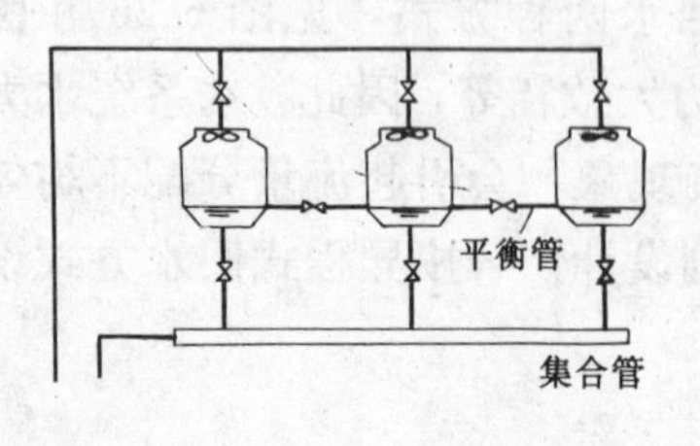

图 6-29　并联工作冷却塔的连接

2. 水泵的选择：当选用多台泵并联使用时，应在每台泵的出口装设止回阀，以防止出水由停用水泵中短路回流。另外，为了防止一台泵电动机过载，应在并联泵的每台泵出口装流量控制阀，以自动稳定流量。一般选用转速为 1450r/min 的离心式水泵，且水泵的进出口处均装金属软管，泵的基础应减振。在安装位置很紧，且水流量不大的情况下，也可选用管道泵。一般空调工程中，冷冻水泵扬程多在 16～

$28mH_2O$ 之间，冷却水泵的扬程则在 $14\sim25mH_2O$ 之间。

3．冷却塔循环冷却水系统：冷却塔噪声较大，应尽量选择低噪型，以避免影响空调房间；冷却塔的出水管必须是靠重力返回水泵，且吸入口处最好能有5倍管径长度的直管段；多台并联工作的冷却塔必须考虑管道阻力平衡，且按同一水位决定各塔的基础高度，如图6-29所示。

第四节　整体式制冷装置

整体式制冷装置是将全部制冷设备和控制器件、仪表等组装在一个底架上或箱体内，成为一个整体的机组。用户在现场只需要接上电源和水源或必要的风道就能使用。由于它的换热器全部采用高效传热管而使得整机体积更小、重量轻，安装和运行管理都较为方便，所以在空气调节工程中得到广泛的应用。根据被冷却介质的种类划分，整体式制冷装置可分为冷水机组和空气调节机组两大类型。

一、空气调节用冷水机组

1．活塞式冷水机组

以活塞式压缩机为主机的冷水机组，称为活塞式冷水机组。对于想加装空气调节但已经落成的建筑物以及空调负荷较分散的建筑群，制冷量较小时可采用活塞式冷水机组。

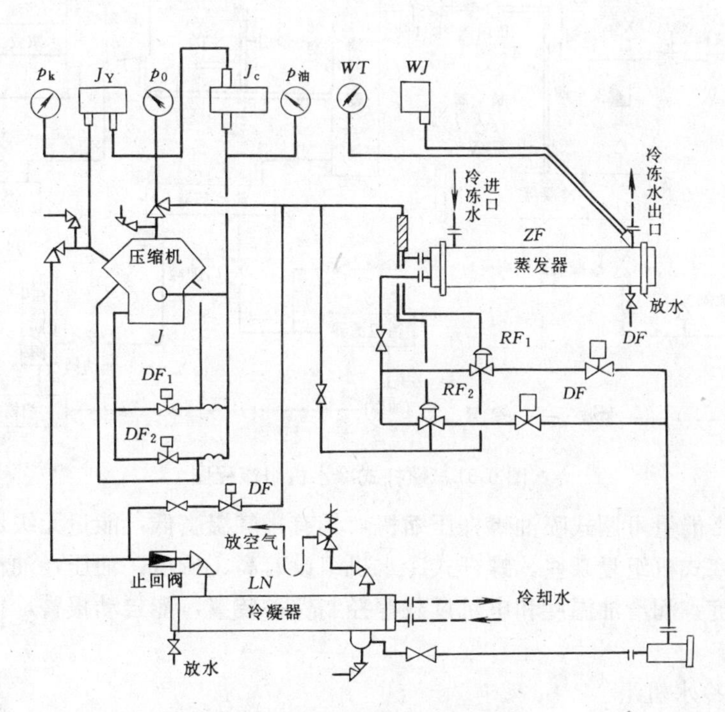

图6-30　活塞式冷水机组流程图

4缸100以上的新系列活塞式压缩机都装有能量调节机构，所以冷水机组的制冷量可以按两档（4缸机）至四档（8缸机）来进行调节。冷凝器采用水冷卧壳式冷凝器。冷却水温度应不高于32℃，冷却水进出口温差为4～6℃。蒸发器为干式卧壳式蒸发器，冷冻水流经蒸发器后水温可下降5℃左右。由热力膨胀阀自动调节蒸发器的供液量。制冷剂用R22。

此外，活塞式冷水机组还设置了一系列自动保护装置。在排气和吸气管路上装设高、低压力控制器，当排气压力过高或吸气压力过低时，使压缩机停机。装有油压差控制器，一旦油压差低于规定值后，也会使压缩机停机。蒸发器的冷冻水进口可装压力控制器作为冷冻水断水保护，冷冻水出口装有温度控制器作为防冻结保护。冷凝器的冷却水进口也可装压力控制器作为冷却水的断水保护。

2. 螺杆式冷水机组

螺杆式冷水机组主要由螺杆压缩机、卧壳式冷凝器、卧壳式蒸发器等组成。蒸发器上设有电磁主阀、节流阀、安全阀和视液镜；冷凝器上设有出液阀、放空阀、安全阀和视液镜。目前国产螺杆冷水机通常以R22为制冷剂，水为载冷剂，能提供4～15℃的冷冻水，空调工况冷量范围约为120～1200kW之间。

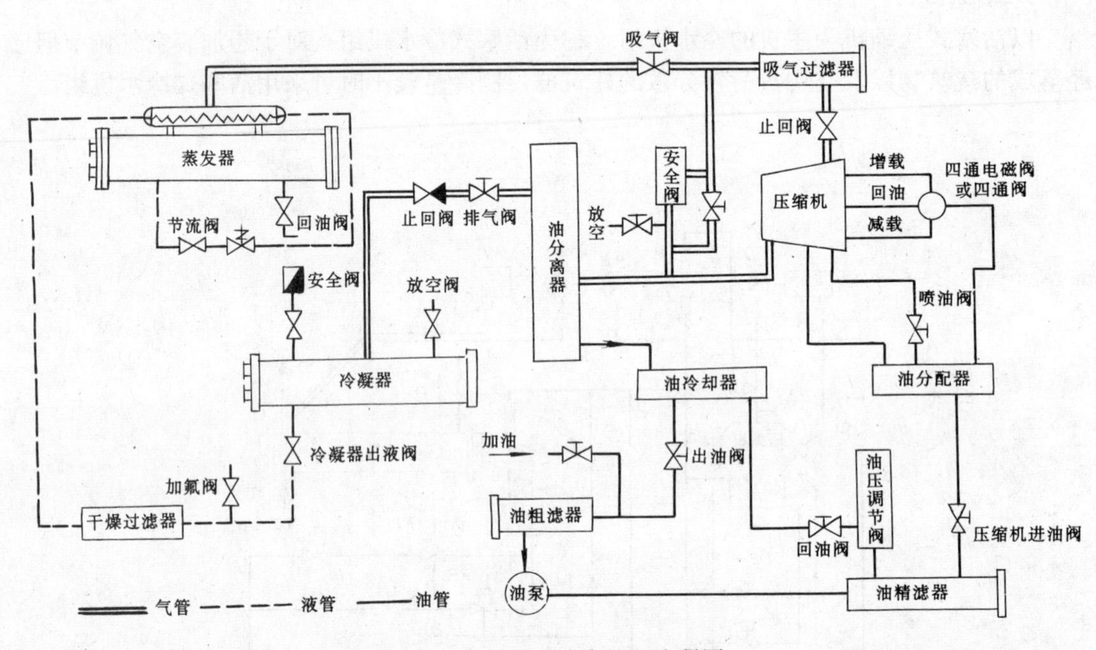

图6-31　螺杆式冷水机组流程图

机组采用带能量可调式喷油螺杆压缩机，具有排气温度低，能量无级调节等优点。但油路系统比活塞式机组复杂些。螺杆式冷水机组设有高、低压，油压，油精过滤器前后压差，冷冻水温度，润滑油温度和电机过载等控制保护装置，能自动报警，指示故障及自动停机。

3. 离心式冷水机组

以离心式制冷压缩机为主机的冷水机组，称为离心式冷水机组。它常用于大中型建筑物或纺织、化工、电子等工业中的空气调节系统，具有制冷量大、体积小的优点。

离心式冷水机组过去是采用R11制冷剂，现改用R22或R134a制冷剂，并将卧壳式冷

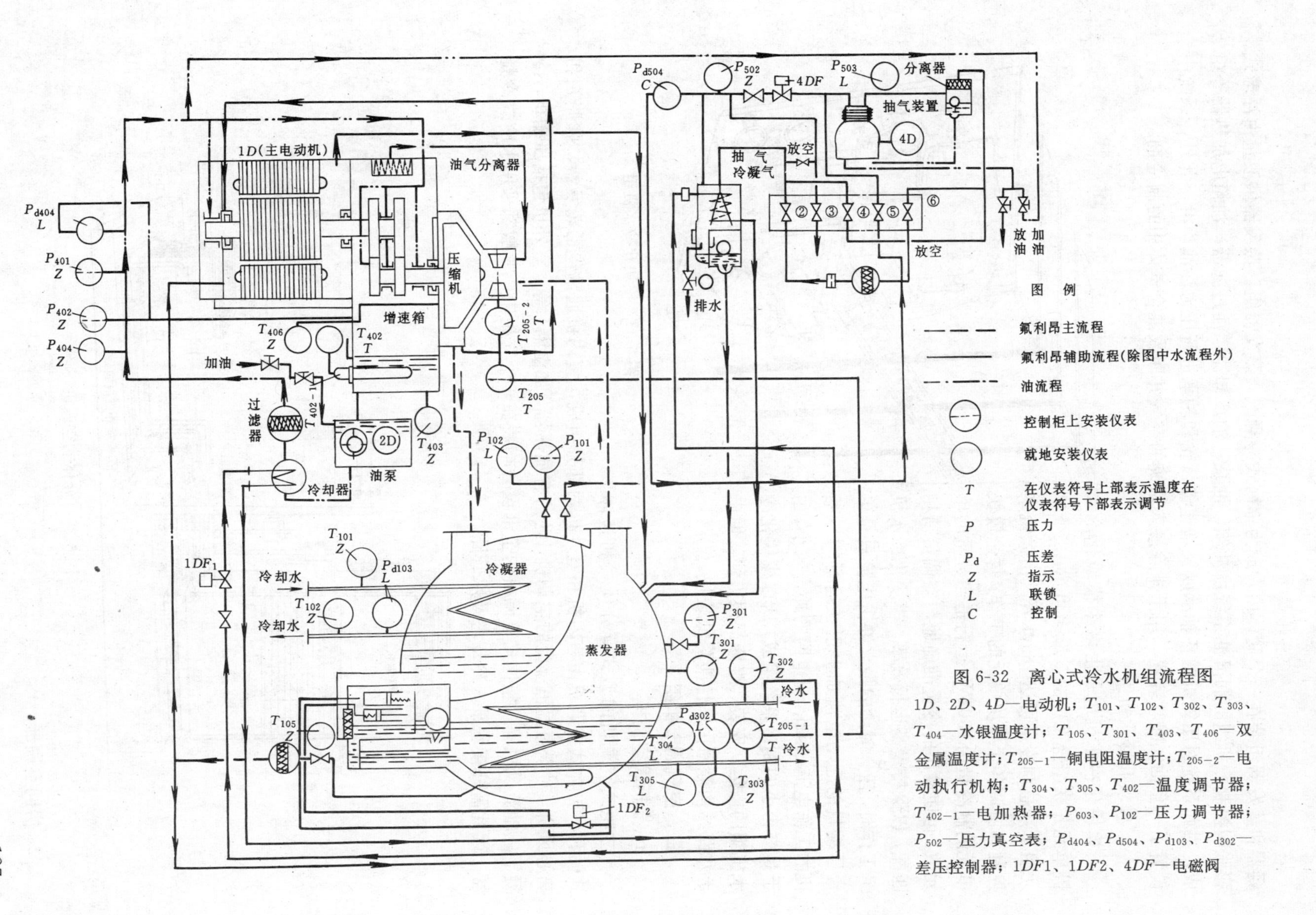

图 6-32　离心式冷水机组流程图

1D、2D、4D—电动机；T_{101}、T_{102}、T_{302}、T_{303}、T_{404}—水银温度计；T_{105}、T_{301}、T_{403}、T_{406}—双金属温度计；T_{205-1}—铜电阻温度计；T_{205-2}—电动执行机构；T_{304}、T_{305}、T_{402}—温度调节器；T_{402-1}—电加热器；P_{603}、P_{102}—压力调节器；P_{502}—压力真空表；P_{d404}、P_{d504}、P_{d103}、P_{d302}—差压控制器；1DF1、1DF2、4DF—电磁阀

凝器和蒸发器组装在一个筒体内，成为单筒式冷凝——蒸发器组，蒸发器供液量由浮球式膨胀阀控制。机组的润滑油系统由油箱、油泵、油冷却器、油过滤器、油箱电加热器等组成，靠此系统对压缩机的各轴承以及增速器齿轮和轴承进行压力注油润滑。此外，系统中设置了一套抽气回收装置，用于排除渗入系统的空气并回收混合气体中的制冷剂。

4. 模块化冷水机组

模块化冷水机组是由多个模块化冷水机单元并联组合而成的，最多可达13个单元组合，总制冷量可达1690kW。由微机来控制和协调各个模块单元的工作。每个模块单元的制冷量为130kW，运行适当数量的单元数，可使输出的冷量准确地与空调负荷相匹配，以保持最高运行效率。模块化冷水机组工作时，任一时刻的最大冲击电流只是单台压缩机的起动电流加上正在运行的压缩机的工作电流，因此，对电网的冲击较小。由于是多台小的制冷系统组成，所以模块化冷水机组的搬运、安装、维修都很方便。但由于水路结构等原因，性能降低较快。

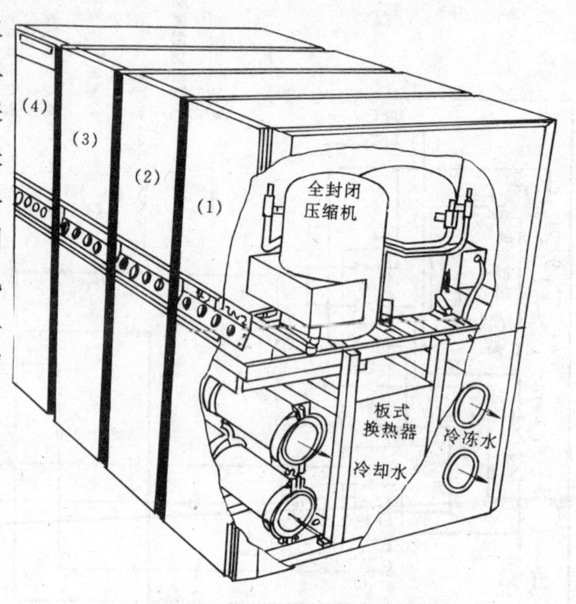

图 6-33　模块化冷水机组

二、空气调节机组

1. 立柜式空调机

立柜式空调机的型式有分体式和整体式两种。分体式空调机由室内机和室外机两部分组成，室内机通常包括蒸发器、膨胀阀和离心风机（对于恒温恒湿型的空调机，还需有加热器、加湿器）等，室外机包括压缩机、冷凝器、轴流风机等。整体式空调机的全部设备均装在一个立柜中，一般都采用水冷式冷凝器，因此需外接水泵、冷却塔及水管路。

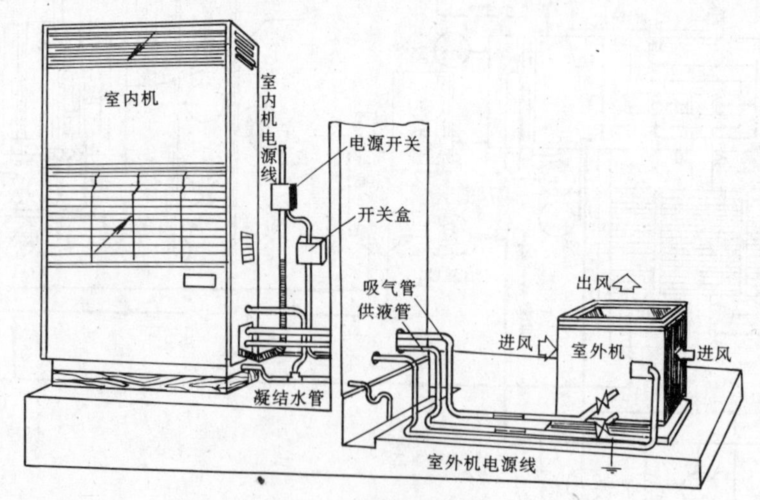

图 6-34　分体式空调机

2. 房间空调器

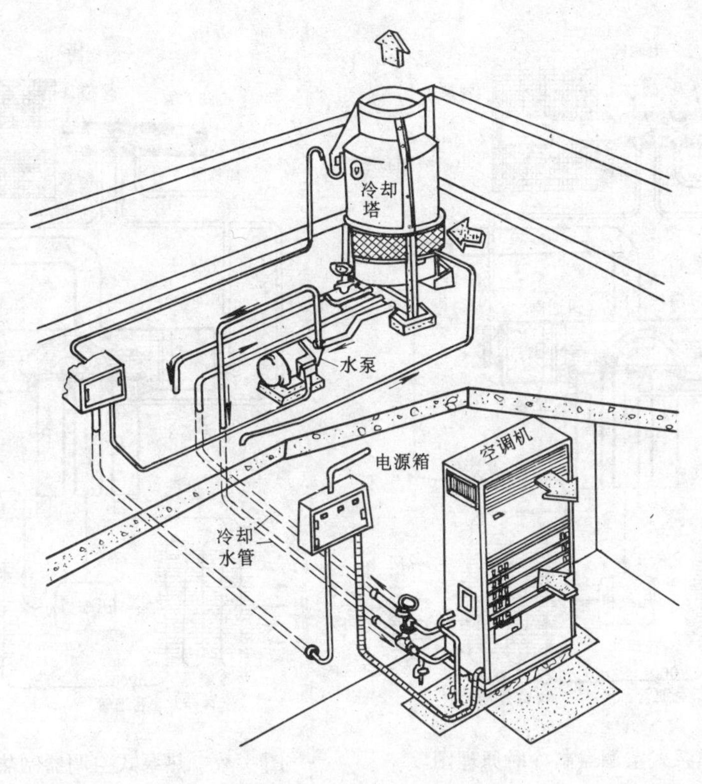

图 6-35　整体式空调机

房间空调器又有窗式和分体壁挂式之分。

窗式空调器是一种体积小、重量轻、可装在墙壁上或窗口上的空调装置。分体壁挂式空调器由两部分组成，室内换热机组挂于小型房间或办公室墙壁上，室外换热器和压缩机组放于房间外。房间空调器有单冷式和热泵式两种。单冷式仅供夏季降温用，热泵式既能供夏季降温用，又能供冬季取暖用。热泵式空调器无论是制冷还是供热，都由一套制冷设备完成，它和单冷式的差别主要是增加了一个电磁换向阀。当按制冷循环工作时，室内换热器用作蒸发器，室外换热器用作冷凝器；当按供热循环工作时，室内换热器用作冷凝器，室外换热器用作蒸发器。通过电磁换向阀的切换来实现供冷或供热。

3. 除湿机

机械式除湿机是应用人工制冷的方法来凝结空气中的水蒸气，使空气得到干燥。所以除湿机也是一种空气调节机组。它常用于精密仪表室、档案室、地下建筑物中。图 6-38 是除湿机的流程图。当开启阀 8，关闭阀 12、10 并供冷却水时，可实现降温除湿过程。当开启阀 12、10，关闭阀 8 并停供冷却水时，可实现升温除湿过程。当关闭阀 8，开启阀 10、12 并调节冷却水的供水量时可实现调温除湿过程。

4. 空调机组的选择

局部空调系统的主要设计任务是合理选用空调机组，以满足用户对温湿度的要求。选择空调机组可按下列步骤进行：

(1) 确定空调机组运行参数。即室内干、湿球温度（t_R、t_{WR}），室外干、湿球温度（t_0、t_{W0}），新风比，冷却水进口温度，室内热湿负荷等。

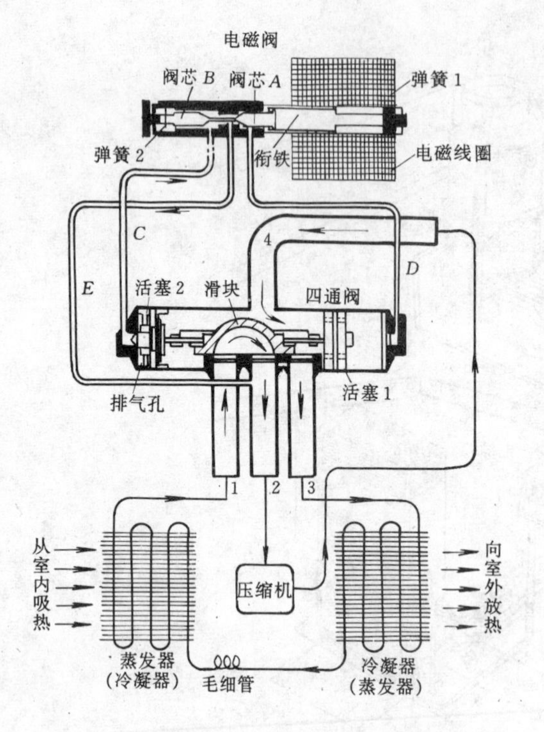

图 6-36 热泵式空调器制冷时原理图

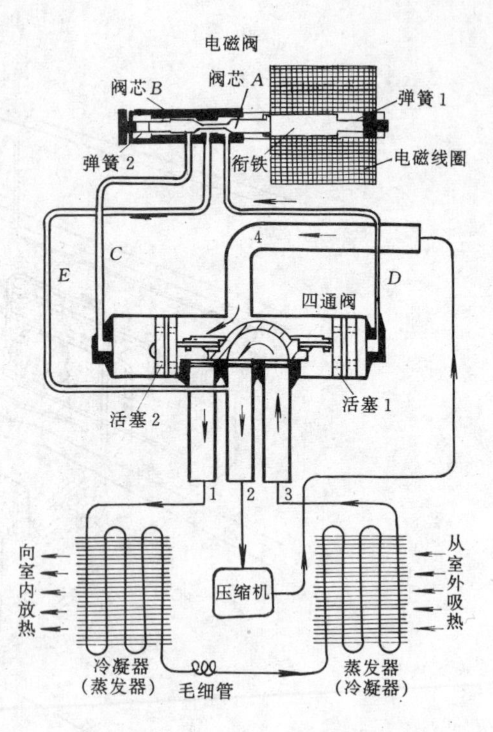

图 6-37 热泵式空调器制热时原理图

（2）确定空调机组空气冷却处理过程。由室内、外空气参数在 $h-d$ 图上（图 6-39）确定室内状态点 R 和室外状态点 O，据新风比（一般 10%～15%）可以确定混合点 1。1 点为进入蒸发器的空气的状态，2 点是离开蒸发器的空气的状态。考虑送风管传热及风机温升（对具有二次加热的恒温恒湿机组还应考虑二次加热量）后，送风状态为 S 点。这样空调机组应具有的制冷量 Q_0 最少为

$$Q_0=G\ (h_1-h_2)\ (\mathrm{kW}) \tag{6-4}$$

应具有的送风量 G 最少为

$$G=\frac{Q}{h_R-h_S}\quad (\mathrm{kg/s}) \tag{6-5}$$

上式中的 Q 是室内的全热负荷（含显热和潜热负荷）。

（3）选择适宜的空调机组。一般不得自行扩大空调机组规定的适用范围，如冷风型不宜用于恒温恒湿空调系统中；普通恒温恒湿型不宜用于计算机房中；常规空调机组不能用于室内温度低于 15℃的场所，等等。选定机型后，根据（6-4）和（6-5）估算的冷量和风量预选空调机组的型号与台数。

（4）校核空调机组的冷量和风量。预选机组后，根据生产厂家提供的该机组的特性曲线，查得所设定的实际工况下的机组制冷量和送风量是否满足（6-4）和（6-5）两式的计算结果。

（5）确定空调机组放置方式。根据用户的实际条件与要求，确定是在空调房间中就地放置还是另设机房。如设机房放置，风管系统的总阻力应小于空调机组的机外余压。对噪声有要求的空调房间，还需进行消声设计。

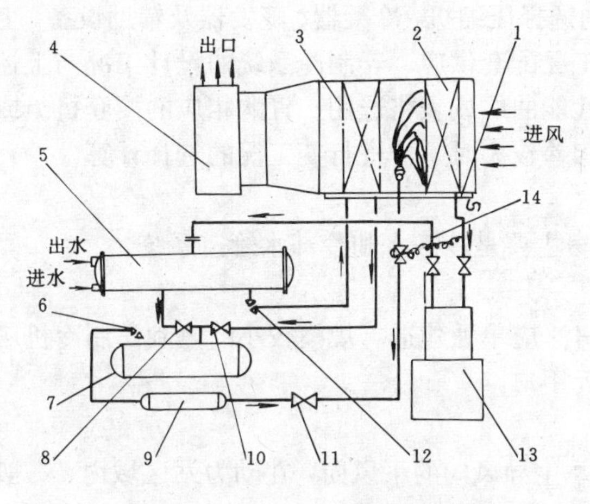

图 6-38 机械式除湿机的流程图

1—水盘；2—蒸发器；3—风冷冷凝器；4—风机；
5—水冷冷凝器；6、8、10、12—截止阀；
7—贮液器；9—干燥过滤器；11—电磁阀；
13—压缩机；14—热力膨胀阀

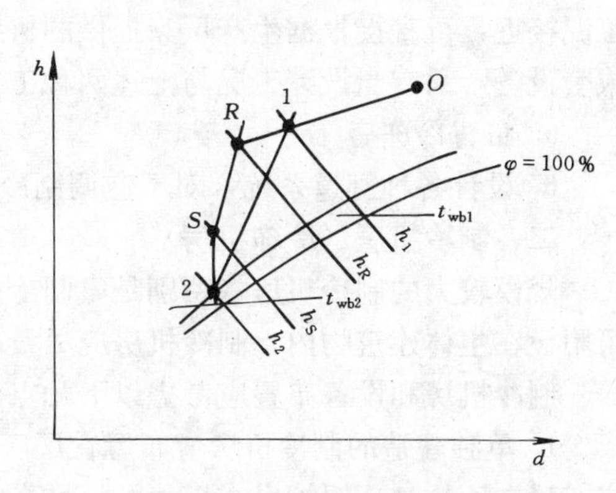

图 6-39 空气处理过程

第五节 制冷机房和设备布置

设置制冷装置的建筑物称为制冷机房或冷冻站。制冷机房通常应靠近空调机房，尽可能靠近冷负荷中心布置。制冷机房的设计一般由土建、采暖通风、给水排水、电气等专业综合设计完成。本节只介绍采暖通风专业有关的设计内容。

一、设计步骤

·确定制系统的总制冷量

制冷系统的总制冷量应包括空调系统实际所需的最大制冷量及系统的冷损失。冷损失可由设备和管道等有关情况计算得出，工程中一般可按附加系数确定：对于直接供冷系统附加系数为5%～7%；间接供冷系统为7%～15%。

2. 确定制冷系统型式及制冷剂

对于大型集中空调系统的冷冻站大多选用单级蒸汽压缩式制冷系统，且选用冷水机组。在有废热（气）可供利用时，也可选用溴化锂吸收式制冷系统。对于直接供冷系统或对卫生安全要求较高的用户应采用氟利昂，而大中型系统，或间接供冷时，可采用氨。

水源充足，冷凝器应优先采用水冷却方式，并考虑冷却水循环使用。局部空调制冷系统多采用风冷式冷凝器。

制冷系统型式的确定是多种因素综合考虑的结果，一般应根据用途，总制冷量、当地环境条件等来确定。

3. 确定制冷系统的设计工况

制冷系统的设计工况（即冷凝温度、蒸发温度、过冷温度、吸气温度）的确定原则已在第一章详细叙述。

4. 制冷设备的选择

大、中型集中空调系统中的制冷设备一般选择冷水机组，具体选择方法第四节已有叙述。只有对某些特殊场合中的制冷系统才分别选择压缩机、冷凝器、蒸发器及辅助设备。上述制冷设备出厂时，一般按标准工况或空调工况配套供应。若制冷系统的设计工况与上述工况接近，可直接根据生产厂家提供的机组性能曲线或表格选用，订购相应的配套机组或成套设备，只有当设计工况与上述两种工况相差较大时，才进行变工况的选择计算。

5. 布置冷冻房

6. 设计各种管道系统，对于空调制冷机房主要是冷冻水和冷却水管道系统。

二、制冷机房（冷冻机房）

规模较大的制冷机房（特别是氨制冷机房）应单独建造，规模较小的氟利昂制冷机房可附设在主体建筑物内。制冷机房应尽量靠近用户。

制冷机房和设备布置应考虑以下几点：

1. 单独建造的制冷机房应布置在厂区夏季主导风向的下风向，在动力站区域内，一般应布置在乙炔站、锅炉房、煤气站、堆煤场的上风向。制冷机房的位置还应尽可能地设在冷负荷中心，力求缩短冷冻水和冷却水管路。当制冷机房是全厂主要用电负荷时，还应考虑靠近变电站。

2. 氨制冷机房不应设在人员稠密的地区及与精密车间毗邻。机房内还应考虑每小时不小于 3 次换气的自然排风和每小时不小于 7 次换气的事故排风。

3. 制冷机房应采用二级耐火材料或不着火材料建筑。制冷机房最好为单层建筑。房高应不低于 3m，且设两个不相邻的出入口，门窗必须向外开启。

4. 规模较小的制冷机房一般可不分隔间，规模较大的制冷机房可按不同情况分机器间（用以布置制冷压缩机），设备间（布置冷凝器、蒸发器及其他辅助设备），水泵间（布置冷冻水泵、冷却水泵、水箱），变电间（布置变压器等）及生活、维修等房间。

5. 制冷机房内设备布置应在保证操作、维修的前提下，尽可能紧凑。各设备之间的布置应使接管短而直、流向合理，便于安装；压缩机的操作面宽度应不小于 1.5m；设备间非主要通道宽度应不小于 0.8m；卧式壳管式冷凝器和蒸发器布置在室内时，应考虑清洁和更换传热管子的可能。设备、管路上的压力表、温度计等应设在便于观察的地方。

6. 空调用制冷机房的设备（冷水机组、水泵、冷却塔等）宜按一一对应的原则选配，管道布置时既可考虑单独运行，又可并网联合运行。

第七章　蒸汽压缩式制冷系统的调节、运行、维修

第一节　制冷系统的密封性试验和制冷剂充灌

制冷系统安装完毕后，必须检查整个系统的密封是否严密。只有经过密封性试验合格以后，才可以往系统中充灌制冷剂。对于氟利昂制冷机，密封性试验尤为重要。氟利昂较氨具有更强的渗漏性，且渗漏时不易发现，价格也贵。所以制冷系统的密封性试验必须认真细致地反复进行，直至合格为止。

一、密封性试验

密封性试验一般分正压检漏、真空检漏和充制冷剂检漏三个阶段。

1. 正压检漏

正压检漏就是向制冷系统充压缩气体试漏。一般是用氮气充入制冷系统。在无氮气的情况下，也可用压缩空气，对于氟利昂系统，空气必须经干燥处理后方可充入。

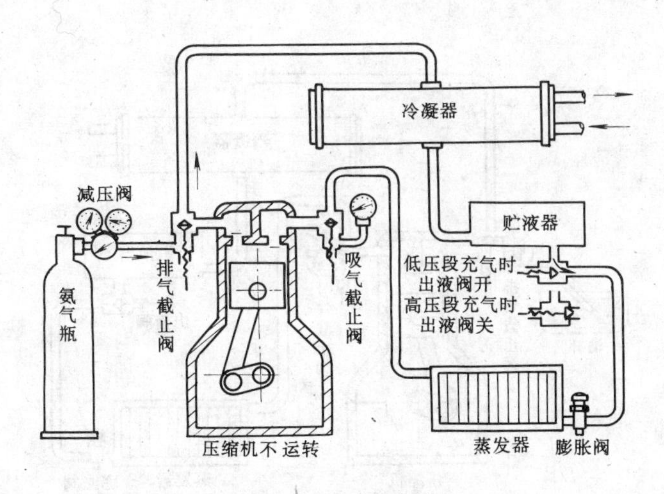

图 7-1　正压检漏

用氮气检漏的操作步骤如下：

(1) 用耐压橡胶管将氮气瓶与压缩机排气截止阀旁通孔的接头接起来。

(2) 旋开钢瓶阀门，减压阀上的一只压力表指示出瓶内氮气的压力值。顺时针旋动减压阀的阀杆，另一只压力表指示出减压后的氮气压力值。边充气，边开大减压阀．直至压力表指示系统内充足 1.0MPa。

(3) 关闭贮液器的出液阀，再开大减压阀使出液阀前的高压侧升压至 1.6MPa。如果制冷机采用的工质是氨或 R22，高压侧的压力要充至 2.0MPa。

(4) 停止充气后，关闭减压阀和压缩机排气截止阀的旁通孔，拆下耐压橡胶管，拧上堵塞。

(5) 顺旋排气截止阀杆，将排气管封闭。至此，制冷系统的高压侧被充入 1.6MPa 或 2.0MPa 的氮气，低压侧被充入 1.0MPa 的氮气。

(6) 将肥皂液用毛笔涂于接头的缝隙和焊缝处，如发现冒气泡就是该处有漏。检漏是件细致的工作，要反复检查多遍。发现漏点就做上记号，等全部检漏完毕后，放掉氮气进行补漏。补焊完毕需再次充气检漏，直至整个系统不漏为止。

(7) 充氮后如无泄漏，则应稳压 25h。若稳压前后室温有所变化，所产生的压力变化可按下列公式进行检查校核：

$$p_2=p_1\cdot\frac{273+t_2}{273+t_1}$$

式中 p_2、p_1——稳压终了、稳压开始时的压力（MPa）；

t_2、t_1——稳压终了、稳压开始时的室温（℃）。

稳压 25h 后，若压力值与上式计算值相差较大，则说明系统还有漏气现象。必须重新进行检漏并处理，直到合格为止。

2. 真空检漏

把系统内的氮气放掉，压力降至周围大气压力时，剩余的氮气再也无法自行排出。必须利用本身的压缩机或真空泵来强制抽真空。真空检漏的目的，是进一步检查系统在真空下的密封性和为系统充氟或试漏打好基础。

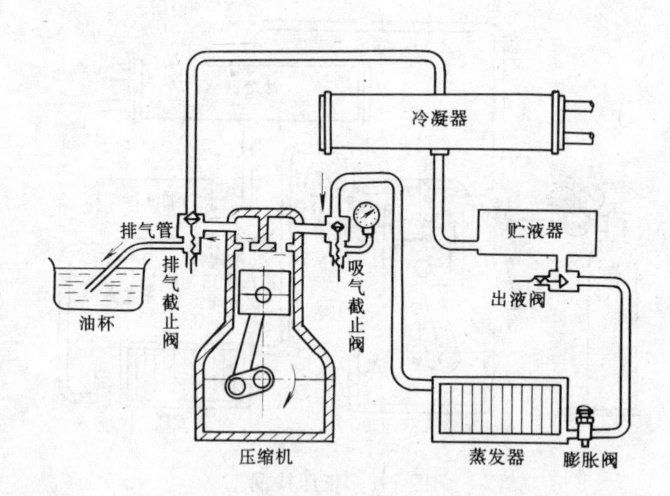

图 7-2 系统本身压缩机抽真空

对于小型氟利昂制冷机，可利用系统本身的压缩机抽真空，其步骤如下：

(1) 关闭压缩机的排气截止阀，在旁通孔上装锥牙接头和排气管。

(2) 短路压力继电器上的低压开关，以便压缩机在真空时还能运转。

(3) 启动压缩机抽真空。当压缩机连续抽气至排气管听不见气流声时，将管口浸入冷冻机油杯中，观察管口的冒气泡情况。

(4) 若 5min 内无气泡冒出，低压端压力真空表的值低于 4kPa 绝对压力时，可以认为系统内气体基本抽完。这时可用手指堵住排气管口且将排气截止阀杆快速退足关闭旁通孔道。停机拆下排气管，拧上堵塞，抽气结束。

(5) 保持24h，压力升高不超过6.67kPa为合格。否则应对整个系统重新检查、处理。

全封闭压缩机的制冷系统不能用自身压缩机进行抽空操作，以防烧坏电动机的绕组。较大型的压缩机也不宜自身抽气。这时需用真空泵来抽真空，其方法见图7-3。真空度要求：氨系统剩余压力低于5.33kPa，氟利昂系统剩余压力低于1.33kPa。结束时，应先关闭压缩机排气截止阀上的旁通孔道，然后再停真空泵。切记此点，以防止真空泵中的油被倒吸入压缩机。

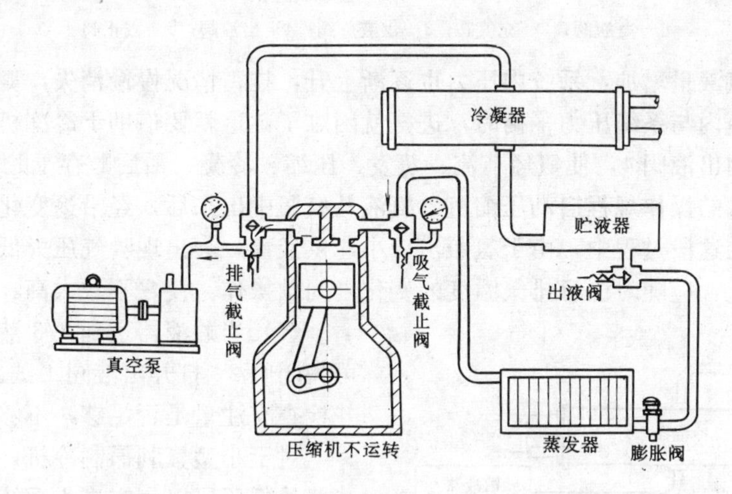

图7-3　用真空泵抽真空

3. 充制冷剂检漏

充制冷剂检漏的目的是进一步检查系统的密封性。具体做法有下列两种：

(1) 向已抽真空的制冷系统充灌制冷剂，使整个系统压力达0.2～0.3MPa时停止。对氟利昂系统用卤素检漏灯进行检漏。对氨系统用酚酞试纸检漏，将酚酞试纸浸水后靠近被检漏处，若有氨漏出遇水后呈碱性，酚酞试纸会变成红色。

(2) 也可先向系统充入少量制冷剂，然后再充入氮气至1.0MPa时进行全面检查。

从可靠性讲，以第二种方法为宜，但这种方法在试漏后要排掉一些制冷剂再抽真空，不经济。若正压、真空检漏质量比较好，可采用第一种方法。所以，应根据系统的实际密封情况决定采取哪种方法。

二、充灌制冷剂

制冷系统经过抽真空并确信无渗漏后就可以开始充灌制冷剂。

对于氨制冷系统和大型氟利昂系统，充灌步骤如下：

(1) 按图7-4所示，连接阀1和阀2。将氨瓶底部抬高与地面约成30°角。如果贮液器上没有液位显示器，则要把氨瓶置于磅秤上，以掌握充灌量。

(2) 打开阀2，用真空泵在原真空的基础上再对系统抽空一次。目的是清除充氨工具内的空气和系统内的水蒸气。

(3) 开启氨瓶阀1，氨液就迅速进入系统。初充氨时，系统压力低，可使管道外面挂霜。

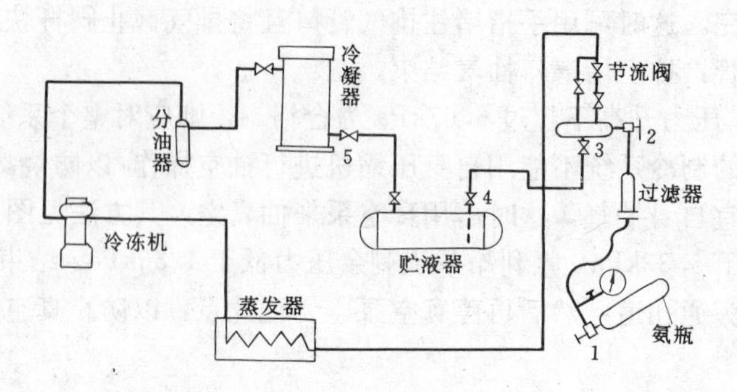

图 7-4　系统充氨示意图

1—氨瓶阀；2—充氨阀；3—供液总阀；4—出液阀；5—截止阀

随着系统内的氨液量增加，系统内压力也逐渐上升，挂霜情况慢慢消失，氨瓶压力下降。

（4）当氨瓶内与系统压力平衡时，进氨就困难了，这就要借助于冷冻机本身来实现充氨。这时，关闭出液阀 4，使氨经节流、蒸发、压缩、冷凝，最后贮存于贮液器中。

（5）按正常的操作规程启动压缩机。氨液从氨瓶中出来后，经沿途变化最后在贮液器中贮存起来。在这段过程中，由于氨瓶出口小，供液慢，会出现吸气压力低、排气温度较高的现象。因此，应随时注意排气温度的变化，间歇操作，使之不致太高。

（6）当贮液器达到 2/3 液位高度时，即可关闭阀 2。打开出液阀 4 试运转进行制冷，并检查充注量是否足够，不够时再补充。

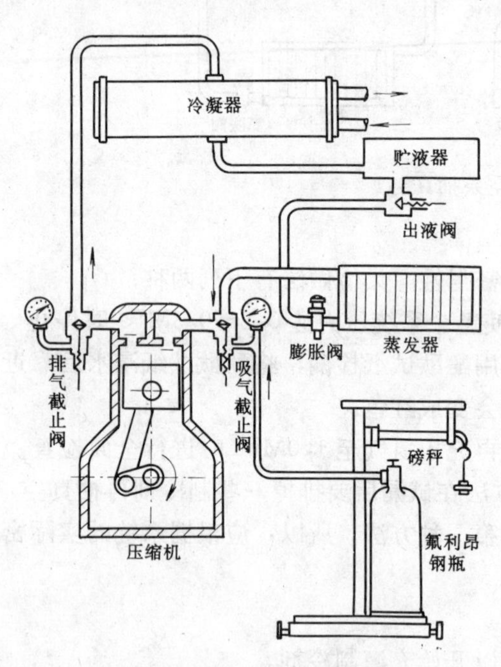

图 7-5　低压段充灌制冷剂

对于小型氟利昂制冷机，充灌的氟利昂一般从低压段以气态进入系统。用这种方法切不可以液态注入，以防发生液击。低压段充冷剂的方法也适用于系统制冷剂量的添补。

低压段充灌制冷剂的步骤如下：

（1）将吸气截止阀阀杆反时针退足，关闭旁通孔道，装上锥牙接头，用铜管把旁通接头和氟利昂瓶阀连接起来。

（2）微开启钢瓶阀，再松一松吸气截止阀旁通接头上的管子接扣，让管内空气被制冷剂赶出，然后旋紧。

（3）将氟利昂钢瓶竖放在磅秤上，记上磅秤所示的重量。

（4）开启制冷系统中的冷却水阀，检查排气截止阀是否打开，再启动压缩机。

（5）开启氟利昂钢瓶阀，顺时针转动吸气截止阀阀杆 1～2 圈，于是氟利昂蒸汽通过旁通孔吸入压缩机。这时钢瓶表面会逐渐地先结露，然后结白霜。

（6）随时查看磅秤读数。当充入量足够时，关闭钢瓶阀，再反时针旋转退足吸气截止阀杆以关闭旁通孔道，拆下接管，充灌工作完毕。

第二节　制冷系统的试运转

制冷剂充灌好后，便可进行制冷系统的试运转，在试运转中调整各项运行参数。但在启动之前还须做一番检查工作。

一、启动前的准备和检查工作

1. 启动冷却水泵给冷凝器供水，若是风冷式冷凝器则启动风机，并检查供水量或风量是否满足要求。

2. 检查和打开压缩机的吸、排气截止阀及其他控制阀门。

3. 检查压缩机曲轴箱内油面高度，一般应保持在油面指示器的水平中心线上。

4. 对于装有油预热器的压缩机，应对油加热，以减少润滑油中制冷剂的含量。

5. 用手盘动皮带轮或联轴器数圈，或开电源开关试启动一下即关，监听是否有异常杂声和其他意外情况发生，并注意飞轮旋转方向是否正确。

6. 经过仔细检查，认为没有问题后，可启动压缩机运转。

二、启动后的检查工作

1. 检查电磁阀是否打开，可用手摸电磁阀线圈外壳，若感到发热和有微小振动，则表明已被打开。

2. 查看油压表的油压指示是否正常。

3. 调试压力继电器的各项动作值达到要求的压力值。

4. 调试压差继电器，使油压与低压之间的压差值达到规定的要求值。

5. 对备有能量调节装置的压缩机，应检查该机构的动作是否正常。

6. 倾听膨胀阀内是否有制冷剂流动声，以检验膨胀阀是否畅通。

三、运转中的调试

制冷装置运行参数包括蒸发温度与蒸发压力、冷凝温度与冷凝压力、压缩机的吸、排气温度以及热力膨胀阀前液体制冷剂的过冷温度等。这些参数称为内在参数。在这些参数中，最基本、最主要的是蒸发温度与压力、冷凝温度与压力以及吸、排气温度。因为它们比较直观，知道这些数值后其他参数值经简单推算和判断就可知道。所以它们就成为制冷装置的正常运行和调节的依据。

上述各参数的变化，主要取决于外界条件的变化。外界条件也被称为外在参数，包括被冷却物体的温度、环境温度、冷却水温度等。在制冷装置调试时，必须根据外界条件和装置的特点，调整各个运行参数，使它们在经济、合理和安全的数值下运行。

1. 蒸发温度 t_0 和蒸发压力 p_0

蒸发温度和蒸发压力是根据空调系统的要求确定的，偏高或过低都不合适。蒸发温度偏高不能满足空调降温需要；蒸发温度过低使压缩机的制冷量减少，运行的经济性较差。调整蒸发温度，实际上是通过调节供液量来调整蒸发温度与被冷却介质温度之间的温差值。从传热的观点考虑，温差取得大，则传热效果好、降温快。但温差过大，就要使蒸发温度降低，制冷量减少。由于冷量不足，反而使被冷却介质温度降不下去，这是得不偿失的做法。而温差取得太小，则降低传热速度，压缩机制冷量虽然增大了，但蒸发器无法充分进行热交换，也是徒劳。因此，我们应根据制冷设备的不同形式合理地选调温差。

调整蒸发温度与被冷却介质温度的差值，实际操作就是调节膨胀阀的开启度。正确地调节膨胀阀的开启度，是运行中调节蒸发温度和压力的主要方法之一。蒸发温度的高低，可通过装在压缩机吸气截止阀端的压力表所指示的蒸发压力而反映出来。

2. 冷凝温度 t_k 和冷凝压力 p_k

制冷剂的冷凝温度可根据冷凝器上压力表的读数，查制冷剂热力性质表求得。冷凝温度的高低与冷却水的温度、流量和冷凝器的型式有关。

在一般情况下，冷凝温度比冷却水出水温度高3～5℃，比强制通过的冷却空气进口温度高10～15℃。冷凝温度升高时，冷凝压力也相应升高，压缩机的压缩比增大，输气系数减小，从而使压缩机的制冷量降低，耗电量增加。冷凝温度和压力升高，使压缩机的排气温度也升高。如果排气温度过高，则增加压缩机润滑油的消耗，使油变稀，影响润滑；当排气温度与润滑油闪点接近时，还会使部分润滑油炭化并积聚在吸、排气阀口，影响阀门的密封性。

降低冷却介质的温度可使得冷凝温度下降，但这要受到环境条件的限制，难以人为选择。增加冷却介质的流量可降低一些冷凝温度，一般都是采用这种方法。但不能片面提高冷却水的流量，因为增大冷却水量需增加水泵功耗，故应全面综合考虑。

3. 压缩机的吸气温度

压缩机的吸气温度，是指从压缩机吸气截止阀前面的温度计读出的制冷剂温度。为了保证压缩机的安全运转，防止产生液击现象，吸气温度要比蒸发温度高一点，亦即应具有一定的过热度。在设回热器的氟利昂制冷装置里，保持15℃的吸气温度是合适的；对氨制冷装置，吸气过热度一般取5～10℃。

吸气温度过高或过低均应避免。吸气温度过高（即过热度偏大）将使压缩机排气温度升高；吸气温度过低，则说明制冷剂在蒸发器中气化不完全，压缩机吸入湿蒸汽就有可能形成液击。

4. 压缩机的排气温度

压缩机排气温度可以从排气管路上的温度计读出。它与制冷剂的绝热指数、压缩比 p_k/p_0 及吸气温度有关。吸气温度越高，p_k/p_0 越大，排气温度就越高，反之亦然。

吸气压力不变，排气压力升高时，排气温度也升高；如果排气压力不变，吸气压力降低时，排气温度也要升高。这两种情况都是因为压缩比 p_k/p_0 增大引起的。冷凝温度和排气温度过高对压缩机的运行都是不利的，应该防止。

第三节　制冷系统的运行与维护

当制冷系统启动后，首先应知道系统工作是否正常，正常运行以什么为标志，采用什么手段去排除非正常现象。同时，为了使制冷系统能正常运行，提高制冷效率，根据设备的运行特点而采用正确的操作和维护方法是十分重要的。

一、正常运行的标志

1. 制冷机启动后，气缸中应无杂声，只能听见吸、排气阀片有节奏的起落声；

2. 油压表读数应比吸气压力高0.15～0.3MPa，老系列产品的油压约比吸气压力高0.05～0.15MPa；

3. 气缸壁不应有局部发热和结霜情况。对于冷藏和低温装置，吸气管结霜一般可到吸气口，而空调用的制冷机，吸气管不应结霜，一般结露至吸气口为正常。氟压缩机气缸盖上应半边凉，半边热；

4. 曲轴箱油温在任何情况下，氟制冷机不超过70℃，氨制冷机不超过65℃，最低不低于10℃。压缩机轴封和轴承温度不超过70℃；

5. 制冷机本身应是密封的，不得渗漏制冷剂和润滑油。氟制冷机轴封不许有滴油现象；

6. 压缩机的排气温度，氨和R22不超过135℃，R12不超过110℃。排气温度进一步上升就与冷冻机油的闪点（160℃）接近，对设备不利；

7. 氨制冷机吸气温度比蒸发温度高5～10℃，氟制冷机的吸气温度不宜超过15℃；

8. 冷凝器冷却水量应足够，水压应达到0.12MPa以上，水温不能太高，一般要求进水温度低于32℃；

9. 在一定的水流量下，冷却水进出应达到规定的温差，如没有温差或温差极微，说明热交换设备传热面结垢严重，需停机清洗；

10. 冷凝压力：一般情况下，对于水冷式冷凝器，R22和氨不超过1.5MPa，R12不超过1.18MPa；

11. 运行中用手触摸卧式冷凝器时，应上部热下部凉，冷热交界处为制冷剂液面。油分离器也是上部热下部不太热，冷热交界处为油面或液面；

12. 运行中蒸发压力与吸气压力应相近，高压端的排气压力与冷凝压力、贮液器压力相近；

13. 贮液器液面不低于液面指示器的1/3曲轴箱油面不低于指示窗的水平中心线；

14. 氟油分离器自动回油管应时冷时热，冷热周期为1h左右；

15. 液体管道的过滤器前后不应有明显的温差，更不能出现结霜情况，否则说明流阻过大，是堵塞的先兆。氟系统各接头不应有渗油现象，渗油即说明漏氟。氨系统各阀门及连接处不应有明显漏氨现象；

16. 膨胀阀阀体结霜或结露均匀，但进口处不能出现厚霜。液体经过膨胀阀时，只能听到微小的流动声；

17. 系统中各压力表指针应相对地稳定，温度计指示正确。

二、单级制冷系统的运行调节

由于外界环境的温、湿度是变化的，变化后就会对制冷系统运行参数产生影响，所以在制冷系统运行中就要不断地加以调节，力求使制冷机的制冷能力与空调或冷库的热、湿负荷相适应。常用的调节方法有以下几种：

1. 调节蒸发器的供液量

制冷机在刚运行时热负荷是很大的，它除了负担正常的空气降温外，还要负担由于建筑物内部及室内设备贮存的热量。这时制冷机处于重负荷运行阶段，制冷系统中反映出来的是冷冻水回水温度高，与正常的蒸发温度差值拉大，制冷剂在蒸发器中出现强烈的沸腾，单位时间内气化量会骤然增加。针对空调热负荷加大的特点，在保证压缩机不产生湿压缩及电动机能够承受的情况下，可以把膨胀阀开启度调大些。加大蒸发器的制冷剂循环量，提高蒸发压力与温度，以满足空调热负荷增加的需要。与此同时，应加大冷凝器冷却水，使冷凝压力不致升高太多。待空调热负荷下降后，再关小膨胀阀，减少冷却水供给量。

2. 改变压缩机的制冷量

制冷系统的制冷量与压缩机的运行台数、转速有关。因此改变压缩机运行台数或改变压缩机转速都可以获得不同的制冷量。对于有能量调节机构的活塞式压缩机，可使其工作缸数与制冷量成比例增减。遇到空调高峰负荷，系统蒸发温度较高，以增加压缩机工作台数或所有气缸全部工作来满足用冷需要，反之用减少压缩机运行台数来确保蒸发温度维持在一定范围内。对于螺杆式压缩机，可以调整螺杆的有效工作长度来改变输气量，以获得不同的制冷量。用电动机变频调速技术来达到压缩机制冷量调节的目的，其效率最高，能在一定范围内达到无级能量调节的效果。

3. 用回气节流来调节制冷量

所谓回气节流，是在压缩机与蒸发器之间的主干管上加装一个自动调节的背压节流阀，以控制蒸发压力与温度的高低。如蒸发压力过低时将自动关小节流阀，加大回气管路阻力，促使蒸发压力与温度升高。由于背压阀的定压控制，蒸发器中的蒸汽不能及时被压缩机吸走，故蒸发压力可维持在整定值。系统有了背压阀后，增加了压缩机吸气阻力，流量必然下降，制冷量也降低，以此达到调节制冷量的目的。这种调节方法经济性较差。

4. 改变蒸发器面积来调节制冷量

对于冷库用的制冷系统，都是由若干组盘管组成的蒸发器。用减小蒸发面积的方法可以降低冷却设备的制冷能力。为此，对于多组盘管蒸发器或多台蒸发器，可以关闭某几组蒸发器的进液阀，使部分蒸发器停止工作，达到调节制冷量的目的。

5. 间歇运转蓄冷调节

因制冷机运转时耗电、耗水都相当大，在用电、用水高峰负荷时就不得不停用制冷机。为了避开用电、用水高峰，往往采用间歇运转。即在用电不紧张之时启动全部制冷机制冷，将一部分冷量贮存起来。待用电、用水紧张之时停止部分制冷机运转，输出蓄积的冷量作为补充。这种方法需要建有一个容量较大的蓄冷水池。为了利用相变贮能，有的制冷站设计中，特别设计了地下冰蓄冷池，将冷量贮存于池中。

三、压缩机的运行特性及维护要点

虽然影响压缩机的制冷量和制冷系数的主要因素是蒸发温度和冷凝温度，但在既定工况下为了尽可能地提高制冷量和制冷系数，还应在日常运行中仔细地保养维护压缩机。其维护要点是：

1. 保证压缩机的润滑情况良好

润滑是为了减少压缩机各轴承部位以及气缸和活塞之间的摩擦，以保证压缩机的机械效率 η_m 尽可能大。如果润滑不充分，不仅会增加摩擦功率消耗，而且还会引起轴承烧毁和滑动部分严重磨损，或者发生“抱轴”、“卡膛”等事故。

2. 压缩机的气缸套应有良好的冷却

水套的冷却水量不足或水套结垢而不能充分进行冷却时，会造成气缸过热。气缸过热会使得输气系数下降，压缩消耗功率增加，排气温度升高。所以应注意保持水套的良好冷却。对于中、小型氟利昂压缩机，在气缸外侧和缸盖外表面铸有一定数量的散热肋片，直接由周围的空气冷却，因此要保证压缩机周围的通风散热良好。

3. 吸、排气阀应具有良好的关闭性和密封性

维修过程中，阀片的升程不能调得太小，以免制冷剂气体流过气阀时的阻力损失过大。

阀片的弹簧力不能太小，否则阀片的关闭时间过长，导致阀片关闭不及时而造成蒸汽倒流，使实际输气量下降。吸、排气阀的磨合应严密，防止高低压之间的泄漏而使得制冷量下降。

四、冷凝器的运行特性及维护要点

制冷系统运行时，冷凝器所担负的任务是向外界排放热量。因此，冷凝器热负荷就应是制冷量和压缩功率之和。制冷量和压缩功率都是随蒸发温度变化的，所以冷凝器热负荷也随蒸发温度变化。由图 7-6 中的运行特性曲线变化趋势看出，蒸发温度降低，冷凝器热负荷减少。

水冷式冷凝器中在冷却管内沉积的水垢，和风冷式冷凝器中在传热面上积着的灰尘，都会影响冷凝器的传热性能，从而导致冷凝压力和冷凝温度升高。

当制冷系统的低压段在低于大气压下工作时，有可能窜入空气。在传热面上会形成气体层，增大传热热阻，降低冷凝器的传热效率。

为保证制冷系统能经济地运行，冷凝器的维护是很重要的一环。其要点是：

1. 当制冷系统开始运转阶段，应把冷凝器的冷却水量调至最大。随着蒸发温度的降低，可以把冷却水量适当调小。

2. 应定期清除水垢和污垢。定期用压缩空气吹除风冷式冷凝器表面的灰尘。对于水冷式冷凝器，常用的除垢方法如下：

（1）用钢丝刷帚拉刷。将壳管式冷凝器两端铸铁封盖拆下，用螺旋形钢丝刷帚伸入冷却管内往复拉刷，然后再用接近管子内径尺寸的圆钢棒塞进冷却管反复拉捅，边捅边用压力水冲洗。这种除垢方法简单易行，但劳动强度大，也不适用于高效传热管。

（2）用特制刮刀滚刮。将壳管式冷凝器两端的水盖拆下，将特制刮刀接在软轴上，软轴的另一端接在电动机轴上。将刮刀插入冷却管内，开动电动机就可以滚刮。同时还要喷水以冷却刮刀和冲洗管内被刮下的水垢。这种方法效果很好，但只适用于钢制的冷却管，不适用于铜制的高效传热管。

（3）化学清除法。所需的设备有耐酸泵与耐酸池，其流程如图 7-7 所示。操作步骤如下：

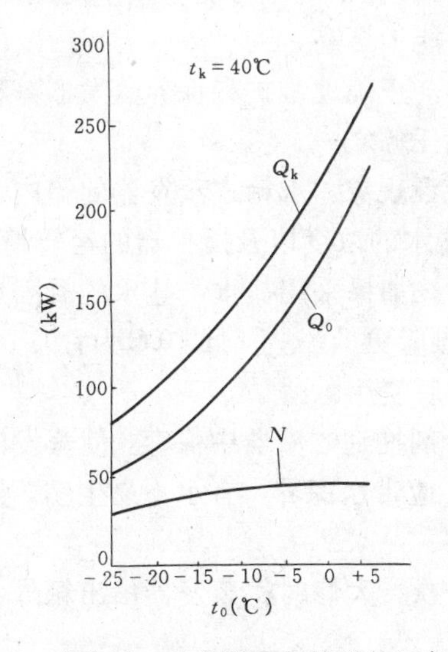

图 7-6　冷凝器、蒸发器和压缩机的运行曲线

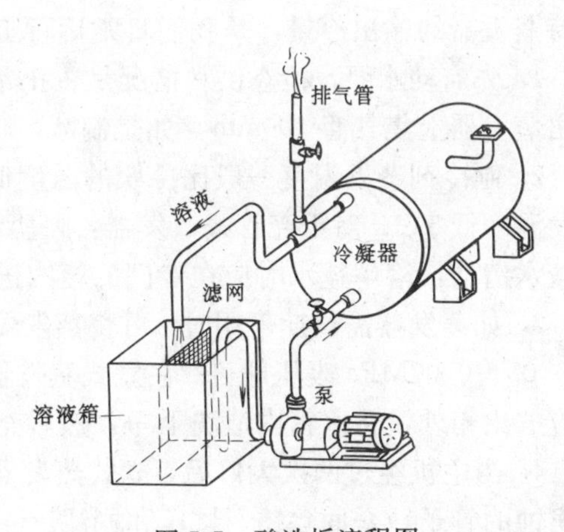

图 7-7　酸洗垢流程图

①将制冷系统中的制冷剂全部抽出系统，或者抽到贮液器中；②关闭冷凝器的进水阀，拆掉冷凝器的进出水管；③将冷凝器的进出水接头用同样直径水管接入酸洗流程中，如图7-7所示那样；④酸洗池内配一定浓度的81-A安全酸洗剂；⑤开动酸泵使溶液在系统中循环流动20～30h，使其与污垢进行化学反应，然后将系统中酸洗液全部放出；⑥用10%NaOH溶液或者5%Na_2CO_3溶液循环清洗冷凝器的冷却管15min，中和残留在系统中的酸洗液；⑦至少要用清水冲洗两次，除垢工作结束。

（4）高频电磁场除垢。将电子防垢除垢仪串接在管道系统中，接通电源后高频电脉冲信号在其间形成高频电磁场。水流经仪器时经过高频电磁场处理，极性和活性增强，增大了溶解能力。当受到激发的水流过换热器管子时，能使管壁上原有的旧垢逐渐软化，疏松直至龟裂、脱落，达到除垢效果。强大的电磁场还具有杀菌灭藻功能。

3. 经常检测系统中是否有空气存在。如果含有空气的冷凝器总压力为p，通过测定制冷剂冷凝温度得出的冷凝压力为p_k，则空气在冷凝器中的百分比含量就是$(p-p_k)/p$的比值。对于氟利昂系统来说，空气较轻，因而空气是存于卧式冷凝器上部，可打开冷凝器顶部的放空阀放出空气。氨制冷系统的放空气是通过空气分离器进行，参阅第五章图5-16和图5-17。操作程序是：

（1）首先开不凝性气体入口阀，让冷凝器和贮液器中不凝气体与氨气之混合气体进入空气分离器，稍候之后关闭该阀；

（2）开顶部的回气阀，使盘管内与压缩机回气管接通；

（3）然后微开进液节流阀，使氨液经节流阀减压后进入盘管内气化，吸收混合气体的热量，使混合气体中氨气冷凝成液体下沉，空气则集于上部；

（4）稍等一会儿，开放空气阀。空气放完后，关闭上述各阀。然后微开底部的凝液回流阀（节流阀），使冷凝下来的氨液回收。

五、蒸发器的运行特性及维护要点

蒸发器在制冷系统运行时，是对外输出冷量的设备，因此正常运行时蒸发器的冷却负荷等于在此工作状态下压缩机的制冷量。蒸发器在运行过程中应尽可能地减小传热热阻，提高传热系数，保持合适的传热温差，使蒸发温度尽可能地提高。

蒸发器使用的好坏，直接关系到制冷效率的高低。正确地维护和保养蒸发器，稳定地保持蒸发器的输出冷量，是我们日常运行工作的主要任务之一。

1. 先启动水泵，检查供水情况是否正常，有无渗漏现象。水箱式蒸发器的箱内水位应高出蒸发器上集气管100mm。如是制冰，还应检查盐水的浓度以及搅拌器的运转情况。

2. 制冷剂蒸发温度一般比冷媒的温度低5℃左右。如果采用盐水，盐水的凝固点应比蒸发温度低5℃。对于壳管式蒸发器，则盐水的凝固点应更低一些（低10℃为宜）。为了保证盐水清洁，溶解盐水时应在专门的箱内进行，过滤后使用。

3. 如蒸发器需长期停用时，可将蒸发器中的制冷剂抽到贮液器中保存，使蒸发器内保持0.05～0.07MPa表压即可。在立式蒸发器水箱中，应带水保养，有水不易生锈。如系盐水应放出箱外，将水箱内清洗干净，然后充水保存。

4. 当主机经过两次大修后，立式蒸发器应大修一次。大修时将蒸发器吊出箱外，更换已腐蚀的管子，全面除锈、试压和刷漆。

5. 对于卧壳式蒸发器的清除水垢方法同壳管式冷凝器；表冷式蒸发器肋片应经常用压

缩空气吹除灰尘，以保证良好的传热效果。

六、停用时制冷剂的收集

制冷机停用时间较长时，或仅仅维修低压段的零部件时，要将制冷剂收入系统的贮液器或冷凝器中，以防泄漏。

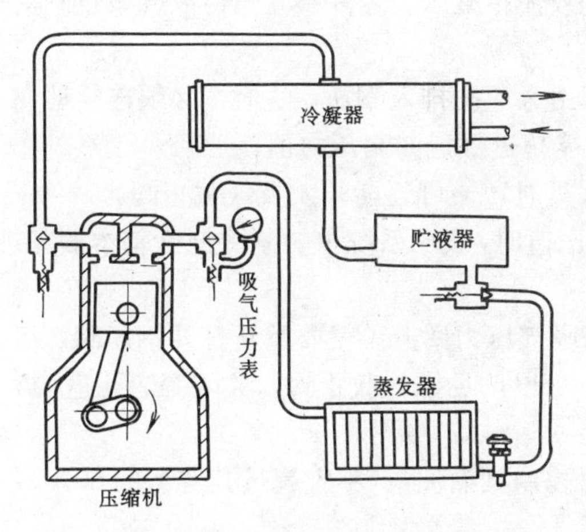

图 7-8　制冷剂收进贮液器或冷凝器

把制冷剂收入贮液器或冷凝器的操作步骤如下：

1. 关闭贮液器的出液阀，使制冷剂进入贮流器后不能流出。

2. 使低压继电器的触头保持常通状态，以免吸气压力过低时压缩机停机。

3. 启动压缩机并供冷却水。启动后如发现压缩机有液击声立即停车，等片刻后再启动，这样重复几次，等到液击声消失后便可连续运转。

4. 待吸气压力表指示到零位时便可停止压缩机。若是要维修系统的低压段零部件而解体系统时，则需要继续开机，直至吸气压力表的指针到极限真空时才能停机。

5. 关闭冷凝器的进水阀和压缩机排气截止阀，并将冷凝器里的积水放尽，防止冬季冻裂水管或水盖。

如果制冷机需要进行大修，或是高压段的部件经检查需要拆下修理，遇到这类情况制冷剂是无法贮存在制冷系统里的。这时应将制冷剂抽出回收，而不能排放到大气中。

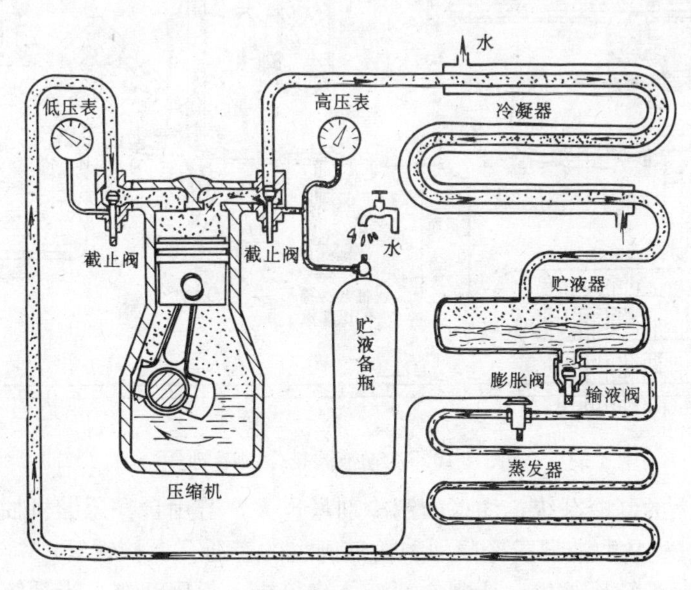

图 7-9　用压缩机本身抽出制冷剂

对于小型制冷机组，可用压缩机本身抽出制冷剂，其操作步骤如下：

1. 将压缩机的排气截止阀阀杆反时针退足，以关闭旁通孔道。旋下旁通孔的堵塞，装上锥牙接头。用一段紫铜管把这接头和备用钢瓶的阀接头连接起来并旋紧接扣。

2. 顺时针旋动排气截止阀阀杆，稍开即关。再把钢瓶一端的管接扣旋松片刻即旋紧，让从系统中放出的制冷剂蒸汽将管内空气排出。

3. 旋开钢瓶阀，并准备好用冷水浇钢瓶，或把钢瓶浸在冷水中。这样做是为了对制冷剂过热蒸汽进行冷却，以便使它迅速凝结为液体，并可降低压力，加速抽出速度。

4. 启动压缩机。为避免排气来不及凝结液化致使冷凝压力过高，应先将吸气截止阀关小。

5. 关闭排气截止阀至完全关闭，让制冷剂都由旁通孔排入钢瓶。这时，必须连续地向钢瓶浇冷却水，以保证散热效果好。排气压力不能超过规定的高压力值。

6. 当排气压力逐渐下降，或手摸排气管不太烫时，便可逐渐开大吸气截止阀。

7. 当吸气压力表的压力逐渐下降，显示出负压值时，表明系统中的制冷剂已基本抽完，这时可以停机。

8. 停机后立即关闭钢瓶阀，稍等几分钟，若吸气压力回升，就要重新打开钢瓶阀，启动压缩机继续抽出。若停机后吸气压力并不回升，可以倒足排气截止阀以关闭旁通孔道，拆下连接紫铜管。

9. 在抽出过程中，应将钢瓶放在磅秤上，及时控制其灌注量(不宜超过其容量的60%)，以免发生事故。

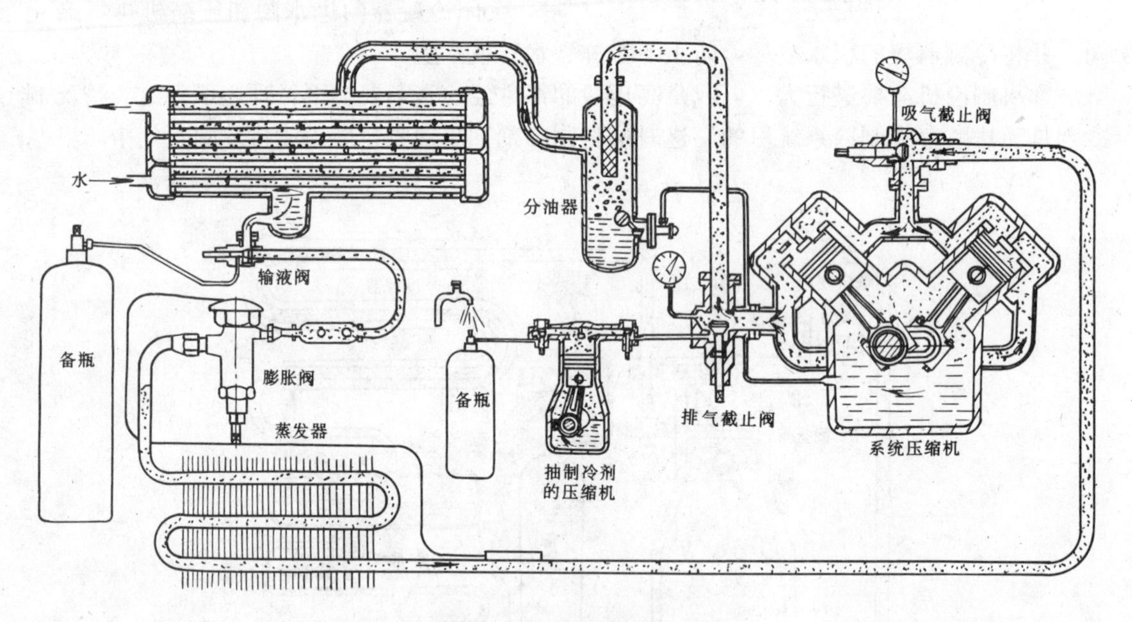

图 7-10　从输液阀排出制冷剂

对于容量较大的制冷系统，注入的制冷剂量也大，若用自身压缩机抽出制冷剂容易发生危险。为此可以先从贮液器或冷凝器的输液阀上的旁通孔上接铜管，并与备用钢瓶接上。关闭输液阀。启动系统压缩机，让制冷剂液体直接排入备用钢瓶。当系统的吸气压力表指针低于零位时停机。这时可再从排气截止阀处另接一台小型压缩机来抽，而系统压缩机不宜运转，以免发生危险。

为了无泄漏地回收需大修的或已报废的氟利昂制冷机中CFC类工质，现已有商品化的

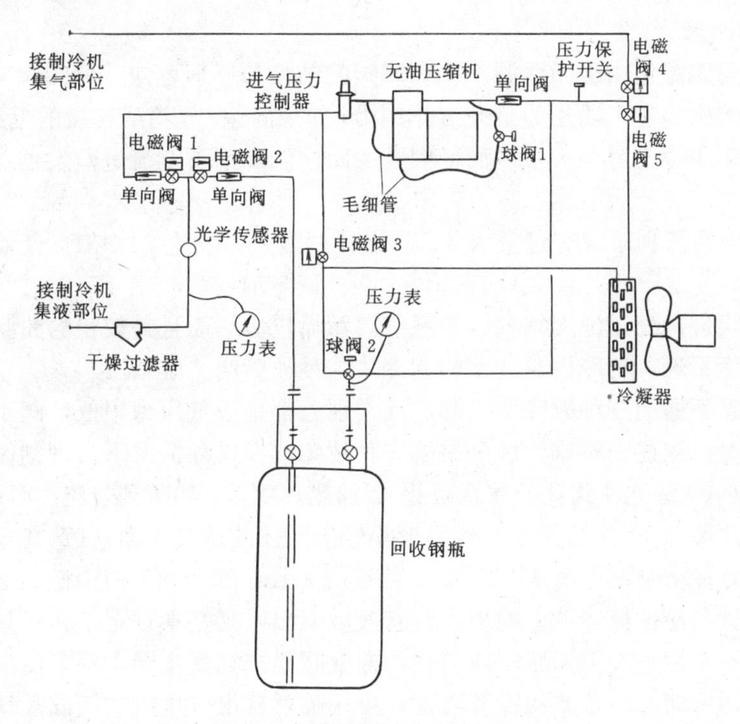

图7-11　制冷剂回收机流程图

制冷剂回收机，其系统如图7-11所示。回收机有四个管接头，两个连接回收钢瓶，另两个分别接制冷机的集液部位和非集液部位。当从制冷机集液部位流出来的制冷剂是液态时，电磁阀1关闭，液体经电磁阀2流入回收钢瓶。瓶中产生的汽体经球阀2的左路流过电磁阀3、压缩机进气压力控制器，由压缩机加压后，再经电磁阀4回到制冷机系统中。抽气加压有利于液体快速流进回收钢瓶。如果制冷机的非集液部位压力很低，也可以把球阀1置于通态，短路压缩机并置球阀2的右路通而左路闭，气体经电磁阀4回流制冷机。当收集了液体后，气态制冷剂开始流过光学传感器时，引起电路自动切换。电磁阀1、5通，电磁阀2、3、4闭，并手动置球阀1关闭，球阀2置左路通而右路闭。这时，制冷机中的气态制冷剂被压缩机抽吸，经冷凝器成为液态后灌入回收钢瓶。由于采用无油压缩机，不会造成因前后回收不同制冷剂而带出不同润滑油使回收钢瓶交叉污染的情况。两只压力表可以分别监视制冷机系统的压力和回收钢瓶中的压力，并设有高压保护继电器。

第四节　制冷机的故障分析及处理

由于制冷机是由压缩机、换热器、膨胀阀以及许多设备附件所组成的相互联系而又相互影响的复杂系统，因此对制冷机的故障分析，实际上是制冷技术的综合运用。分析故障应从掌握系统参数变化规律着手，从而找出故障发生的根本原因。

一、无制冷效果

压缩机在运转但无制冷效果，产生这类故障的原因有两种，即系统内制冷剂不能循环流动和系统内制冷剂全部泄漏。因此，当制冷机无制冷效果时就应从这两个方面去分析故障原因。

1. 膨胀阀故障

(1) 膨胀阀感温包内工质泄漏。从膨胀阀的结构和原理可知（见图 5-5 和图 5-6），作用在膜片上方的感温包工质压力是开启作用力，如果温包、气箱或连接的毛细管有裂缝，工质泄漏后开启作用力也就消失，从而使阀孔关闭，制冷剂不能流进蒸发器，制冷机就不能制冷。

(2) 系统中的氟利昂含有过量水分。在制冷机运行时发生“冰堵”，使制冷剂不能流通而不制冷。

(3) 膨胀阀进口处过滤网堵塞。若系统内污垢较多，而且是较粗的粉状物，则过滤网很容易被堵塞而不通，制冷机也就不能制冷。这种故障叫“脏堵”。

上述膨胀阀不通的三种故障所引起的反常现象都是吸气压力很低，阀不结露或霜，也无过流声。因而，往往一时难于区分是哪一种故障。在这种情况下，判别做法是先用热水对膨胀阀体加热，(意欲使阀孔处冰塞溶化)。加热片刻后，如听到过流声且吸气压力上升，则可证实是“冰堵”。若加热无效，再用扳手轻击阀体的进口侧面，(意在检查是否滤网堵塞) 若吸气压力有反应则说明是“脏堵”。若敲击无效，可用扳手稍稍松一下膨胀阀的进液接扣，看是否有制冷剂液体从中喷出，若有液体喷出，则基本肯定是膨胀阀出故障。此时应将膨胀阀拆下来检查。拆膨胀阀前应关闭输液阀和排气截止阀，停车后再进行。取出过滤网看是否有污垢堵塞。若滤网没有堵塞；可用嘴对着出口接头吹气或吸气。吹、吸都不通则表明是阀针关闭，一般说来这只能是温包内膨胀工质泄漏掉所引起的结果。

2. 过滤器堵塞或连接管路堵塞

过滤器被污垢堵塞后的反常现象也是低压段呈真空状，排气压力低。为证实这一故障，可用扳手轻击过滤器外壳，若吸气压力有所提高，则证实是过滤器被堵塞。这时就要拆下过滤器清洗，烘干后装入系统。抽空后再运转。

管路堵塞一般出现在检修后。因工作疏忽，或把作为临时封头的棉纱遗留在管中，或因焊缝间隙大，钎焊时焊料流进管中堆积而堵塞通道。对于已经过一段时间正常运转的制冷机，类似这种堵塞现象是少见的。

3. 压缩机气缸盖纸垫的中筋被击穿

在气缸盖的密封石棉纸垫中部有一条筋，其作用是隔离吸、排气腔。中筋所承受的压力有时会比其他部位的垫片大，较容易被击穿。一旦发生这种情况，高、低压腔之间就会出现大量制冷剂的短路回流，使制冷机不能制冷。

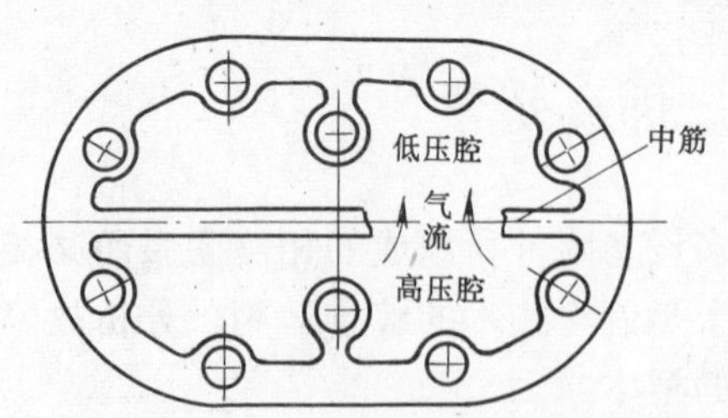

图 7-12　气缸盖垫片中筋击穿

这种故障的明显反常现象是高、低压压差很小或消失，压缩机气缸盖烫手，机体其他部位温度也上升。这时不宜运转过久，以免损伤机件，应关闭吸气截止阀，停机，关闭排气截止阀，拆下气缸盖，更换新垫片。气缸盖复位后，打开排气旁通孔，启动压缩机，排出曲轴箱内空气。然后旋上旁通孔堵头，开启排气截止阀，再开启吸气截止阀，进行运转校验。

4. 压缩机吸、排气阀片击碎

阀片是吸、排气阀的阀门。若吸气阀片被击碎，制冷剂蒸汽就在气缸与吸气腔间来回流动；若排气阀片被击碎，高压蒸汽就在气缸与排气腔间来回流动。这样，制冷剂就无法由压缩机排出去，制冷系统就不能制冷。

这种故障的反常现象是吸气压力很高。当吸气阀片被击碎后，吸气压力表指针摆动很激烈，吸气温度也高。当排气阀片被击碎时，排气压力表指针摆动很激烈，气缸与气缸盖很烫手。当发现这种现象并判断出故障后，应及时停车，打开气缸盖检查阀片并进行修理。

5．系统内制冷剂几乎全部泄漏

如制冷系统某处有较大的泄漏点，又未及时发现，以致使系统内制冷剂几乎全部漏掉。这时制冷机当然不能制冷。制冷剂几乎全部泄漏后的反常现象是吸气压力呈真空，排气压力极低，排气管不热等。在重加制冷剂前，应先对制冷机进行压力检漏并补漏，然后再抽空气及重加制冷剂。

二、冷量不足

制冷机能运转制冷，但被冷却物的温度降不到设定的温度，也就是说其制冷量不足。由于制冷系统的运行工况点反映了系统中各主要组成设备制冷能力配合的情况，因此可以分析运行工况（t_0、p_0和t_k、p_k）的变化着手，找出冷量不足的原因。

1．压缩机效率差

所谓压缩机的效率差，就是指在工况不变的情况下输气系数下降。这样，压缩机的实际输气量下降，制冷量相应减少，产生冷量不足的现象。影响压缩机输气量的因素在前面已详细讨论过。对于一台经过长期运行的压缩机，其输气量下降的原因大多数是由于运动件已有相当程度的磨损，配合间隙增大。特别是气阀的密封性能下降，导致漏气量增加更为严重。这时表现在冷凝压力下降而蒸发压力上升。

2．膨胀阀流量太大

经过膨胀阀的制冷剂流量即系统的制冷剂循环量，是受膨胀阀的开启度控制的。如果膨胀阀的开启度已按规定的回气过热度调整好了，在以后的正常运行中膨胀阀会根据蒸发器冷负荷的大小而自动调整其流量。如果因系统的某些原因使制冷机的工况发生变化，如压缩机的输气量下降、冷凝温度偏高、系统充灌的制冷剂太多等，都会引起膨胀阀的流量超出自动调节范围。这时，就必须进行人工重调整，或者排放掉一些制冷剂。

由前面的制冷循环热力分析可知，制冷剂循环量过大会导致蒸发压力过高，也就是蒸发温度过高，这样被冷却物的温度也就降不下来。所以，这种故障实质上是蒸发温度降不下来，而不是压缩机的制冷能力不够。

膨胀阀流量的大小，可以根据吸气压力表所反映的蒸发压力变化情况和吸气管的结霜（露）变化情况来进行判别。当制冷机连续运转相当长的时间后，蒸发压力降不下，霜（或露）又结到吸气截止阀处，表示膨胀阀的流量过大。反之，蒸发压力过低，霜（或露）结不到吸气管，则表示膨胀阀流量过小。

调节膨胀阀，要在运转中仔细地边调节边观察，急于求成是调不好的。调整方法已在第四章中介绍，不再重复。

3．系统内有空气

制冷系统内有了空气，除表现在排气压力升高外，吸气压力也要相应提高，气缸盖很烫手。系统内的空气含量不多时，排气压力还未超过压力继电器的动作值，制冷机能运转但冷量不足。如果含空气量很多的话，就不是冷量不足的问题了，而是制冷机能不能安全运转的问题。

对此，首先要检查空气是怎样进入系统的。一般应从以下两方面去检查和考虑：(1) 低压段是否有渗漏点。这多数发生在低温冷冻设备上。(2) 修理制冷机时不慎有空气吸入，或抽真空时没有把空气抽尽。

系统中的空气应从排气截止阀旁通孔排出。由于空气比重小，绝大部分积在冷凝器液面之上，所以从排气截止阀旁通孔放空气时带走的氟利昂损失最少。

4. 过滤器不畅通

制冷系统内因清洁度不够好，经过一段时间运转后，污垢逐渐淤积在过滤器中。这样，制冷剂经过过滤器时阻力很大，流量减少，以致造成制冷机的制冷量不足。

过滤器不畅通产生的反常现象是过滤器有节流效应。在过滤器外壳表面上凝有露珠，或是手摸上去壳体温度比环境气温低。滤网堵塞严重时，外壳表面会结白霜。这时就要将过滤器从系统上拆卸下来，清除污垢，然后再装入系统。

5. 膨胀阀流量太小

膨胀阀孔开启度太小，制冷剂循环量就少，蒸发压力下降太多，制冷机制冷量就会不足。造成膨胀阀流量太小的原因，可能是以前在调试中没有调好，也有可能是阀进口滤网有点不畅通，使阀孔流量有所下降。滤网堵塞和阀孔调节得太小的明显区别是：滤网被塞时，其整个阀体都会结白霜；若是阀孔过小，只会有半片阀体结霜。

阀孔过小时应适当地人工调大阀孔，这时吸气压力会上升。滤网不畅通应拆下清洗。

6. 制冷剂不足

当系统中的制冷剂不足时，其循环量也小，制冷量也就不足。其反常现象是吸、排气压力都低，但排气温度较高，膨胀阀处可听到断续的“吱吱”气流声，且响声比平时大；若调大膨胀阀开启度，吸气压力仍无上升；停车后系统的平衡压力可能低于环境温度所对应的饱和压力。

制冷剂不足，显然是由于系统内有渗漏点所引起。所以，不能急于添加而应先找出渗漏部位，修复后再加制冷剂。

三、压缩机的吸气温度不正常

吸气温度正常情况应比蒸发温度高 5～10℃。

1. 吸气温度过高

正常情况下压缩机缸盖应是半边凉、半边热。若吸气温度过高则缸盖全部发热。如果吸气温度高于正常值，排气温度会相应升高。

吸气温度过高的原因主要有：(1) 系统中制冷剂充灌量不足，即使膨胀阀开到最大，供液量也不会有什么变化，这样制冷剂蒸汽在蒸发器中过热使吸气温度增高。(2) 热力膨胀阀开启度过小，造成系统制冷剂的循环量不足，进入蒸发器的制冷剂量少，过热度大，从而吸气温度高。(3) 膨胀阀口滤网堵塞，蒸发器内的供液量不足，制冷剂液体量减少，蒸发器内有一部分被过热蒸汽所占据，因此吸气温度升高。(4) 其他原因引起吸气温度过高，如回气管道隔热不好或管道过长，都可引起吸气温度过高。

2. 吸气温度过低

理论上压缩机吸入蒸汽为饱和状态时其运行效果最好。为了保证压缩机安全运行，防止湿行程，必须有一定的过热度。若压缩机吸气温度过低，容易产生湿行程和使润滑条件恶化，所以应该尽量避免。

压缩机吸气温度过低的原因有：(1) 制冷系统充灌量太多，占据了冷凝器内部分容积而使冷凝压力增高，进入蒸发器的液体随之增多。蒸发器中液体不能完全气化，使压缩机吸入的气体中带有液体微滴。这样，回气管道的温度下降，但蒸发温度因压力未下降而未变化，过热度减小。即使关小热力膨胀阀也无显著改善。(2) 膨胀阀开启度过大。由于感温包绑扎过松、与回气管接触面小，或者感温包未用绝热材料包扎及其包扎位置错误等，致使感温包的温度是环境温度，使感温包中介质压力增大，从而使阀的开启度增大，导致供液量过多。

四、压缩机的排气温度较高

排气温度的高低与压缩比 p_k/p_0 以及吸气温度成正比。如果吸气的过热温度高、压缩比大，则排气温度也就高。如果吸气压力和温度不变，当排气压力升高时，排气温度也升高。排气温度过高会使润滑油变稀甚至炭化结焦，从而使压缩机润滑条件恶化。

造成排气温度升高的主要原因有：(1) 吸气温度较高，制冷剂蒸汽经压缩后排气温度也就较高。(2) 冷凝温度升高，冷凝压力也就高，造成排气温度升高。(3) 排气阀片被击碎，高压蒸汽反复被压缩而温度上升，气缸与气缸盖烫手，排气管上的温度计指示值也升高。

五、压缩机的排气压力不正常

压缩机的排气压力一般是与冷凝温度的高低相对应的。在正常情况下，压缩机的排气压力与冷凝压力很接近。

1. 排气压力较高

排气压力较高的危害在于，使压缩功加大，输气系数降低，从而使制冷效率下降。

产生这种故障的主要原因有：(1) 冷却水水量小，水温高。若是风冷式冷凝器，则是风量小。(2) 系统内有空气，使冷凝压力升高。(3) 制冷剂充灌量过多，液体占据了有效冷凝面积。(4) 冷凝器年久失修，传热面污垢严重，也能导致冷凝压力升高。水垢的存在对冷凝压力影响也较大。

2. 排气压力过低

排气压力较低，虽然其现象是表现在高压端，但原因多产生于低压端。

排气压力过低的主要原因有：(1) 膨胀阀冰堵或脏堵，以及过滤器堵塞等，必然使吸、排气压力都下降。(2) 制冷系统充灌制冷剂不足。(3) 热力膨胀阀感温包中工质漏掉，造成阀孔全部关死，停止供液，这样吸、排气压力均降低。

第八章　溴化锂吸收式制冷机

第一节　溴化锂吸收式制冷的工作原理

吸收式制冷和蒸汽压缩式制冷一样同属于液体气化法制冷，即都是利用低沸点的液体或者让液体在低温下气化，吸取气化潜热而产生冷效应：然而两者之间又有很大的区别，主要的不同之处有以下几方面。

吸收式制冷循环是依靠消耗热能作为补偿，从而实现“逆向传热”。而且对热能的要求不高，它们可以是低品位的工厂余热和废热，也可以是地热水，或者燃气以至经过转化成热能的太阳能。可见它对能源的利用范围很宽广，不像蒸汽压缩式制冷循环需要消耗高品位的电能，因此对于那些有余热和废热可利用的用户，吸收式制冷机在首选之列。

吸收式制冷机是由发生器、冷凝器、蒸发器、吸收器、溶液泵和节流阀等部件组成，除溶液泵之外没有其他运转机器设备。因此结构较为简单；另外由于运转平静，振动和噪声很小，所以尤为大会堂、医院、宾馆等用户欢迎。

吸收式制冷系统内虽然也分高压部分和低压部分，但溴化锂吸收式制冷系统内的高压仅0.01MPa左右，故绝无爆炸的危险。加上它所使用的工质对人体无害，因此从安全的角度来看它又是十分可靠的。

吸收式制冷机使用的工质不像蒸汽压缩式制冷机那样使用单一的制冷剂，而是使用由吸收剂和制冷剂配对的工质对。它们呈溶液状态。其中吸收剂是对制冷剂具有极大吸收能力的物质，制冷剂则是由汽化潜热较大的物质充当。例如氨——水吸收式制冷机中的工质对，是由吸收剂——水和制冷剂——氨组成；溴化锂吸收式制冷机中的工质对，是由吸收剂——溴化锂和制冷剂——水组成。

吸收式制冷机基本上是属于机组型式，外接管材的消耗量较少；而且对基础和建筑物的要求都一般，所以设备以外的投资（材料、土建、施工费等）比较省。

如此看来，吸收式制冷机的优点是如此之多，似乎可以取代蒸汽压缩式制冷机，当然也不是这样。

在本书的绪论中已经提到，制冷技术的发展是源起于吸收式制冷，由于某些技术上和效率方面的原因，曾一度被蒸汽压缩式制冷机取代，后来由于技术方面得到改进，效率有所提高，在近20多年来在各方面日臻完善，加上世界范围的能源紧张，致使吸收式制冷又恢复发展，并且已有多种产品出现，大至空调用冷源，小至家用冰箱。广泛应用于能够充分发挥其优点的各个领域。

吸收式制冷机的缺点也客观存在。首先是它的热效率低。在有废热和余热可利用的场所使用这种制冷设备是合算的，但如果特地为它建立热源则不一定经济；其次是由于换热器中大量使用铜材，所以设备投资较大，且由于因管理不善容易被腐蚀而导致寿命缩短，所以设备的折旧费较高；再则其冷却负荷约为蒸汽压缩式制冷机的一倍，冷却水量大，用于冷却水系统的动力耗费和水冷却设备的投资均比较大。因此在选择制冷机的型式时，应该作全面的技术经济分析，理应使它的优点得到充分发挥。

当前广泛使用的吸收式制冷机主要有氨——水吸收式和溴化锂吸收式两种，前者可以获得0℃以下的冷量，用于生产工艺所需的制冷；后者——溴化锂吸收式制冷机只能制取0℃以上的冷量，主要用于大型空调系统作为冷源。

限于篇幅和本教材的大纲要求，本章只对溴化锂吸收式制冷机进行讨论。

单效溴化锂吸收式制冷装置的流程如图8-1所示。（图中双点划线为虚设的分界线）。

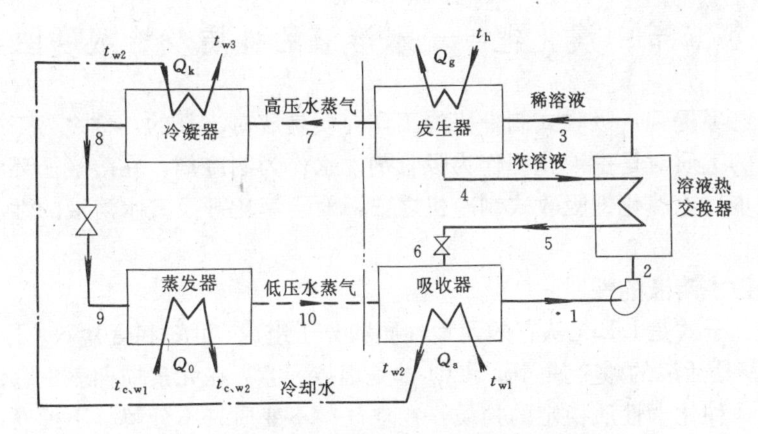

图8-1 单效溴化锂吸收式制冷装置流程图

从图中可以看到这种制冷机的主要设备是由发生器、冷凝器、蒸发器和吸收器等四个换热器组成。由管道将它们联接成封闭系统后构成了两个循环回路，即左侧的制冷循环和右侧的溶液循环。

右侧的溶液循环，主要由发生器、吸收器、溶液泵和溶液热交换器组成。制冷剂——吸收剂稀溶液在发生器中被热媒加热而沸腾（消耗热能作为补偿），稀溶液中的制冷剂（水）受热后由液态转变为高压过热蒸汽而离开发生器，溶液中由于作为溶剂的水被汽化，因此使溶液由稀溶液转变为浓溶液；离开发生器的高温浓液流经溶液热交换器，与低温的稀溶液通过传热间壁换热，浓溶液放出热量后降温（预冷）；经过节流降压后进入吸收器；在吸收器中具有强吸收能力的浓溶液，吸收来自蒸发器的低压水蒸气，由于溶剂质量的增加而被稀释成稀溶液；稀溶液被溶液泵汲入并升高其压力；当它流经溶液热交换器时被浓溶液加热而升温（预热）；然后再进入发生器。溶液热交换器的作用就是让高温的浓溶液和低温的稀溶液在其中进行换热，前者被预冷后进入低温的吸收器，后者被预热后进入高温的发生器，这样可以降低发生器的加热负荷，以及吸收器的冷却负荷，相当于一个节能器，对于提到整体的效率具有一定的积极意义。

左侧的制冷剂循环，主要由冷凝器、节流阀和蒸发器组成。在发生器中汽化产生的高压过热蒸汽进入冷凝器，受到冷却介质的冷却，先冷却至饱和状态，然后液化成饱和水；当它经过节流阀时降到低压，其状态变为湿蒸汽，即少量饱和蒸汽和大部分是饱和液的两相混合流体；其中饱和状态的水在蒸发器中吸热汽化而产生冷效应，使得被冷却对象降温；蒸发器中形成的水蒸气进入吸收器再度被浓溶液吸收。

如果在图中虚设一条分界线（双点划线表示），将溴化锂吸收式制冷机和蒸汽压缩式制冷机进行比较，就能显而易见地找到它们之间的共同点。分界线左侧的三个设备和蒸汽压缩式制冷机中除压缩机以外的三个设备是相同的；分界线右侧的设备构成的溶液循环，正是起到了蒸汽压缩式制冷机中压缩机的作用。它吸走蒸发器中产生的制冷剂蒸汽，使蒸发器中维持在低压状态，使得液态制冷剂得以在低压低温下吸热气化而制冷；同时它又向冷凝器排出高压的过热蒸汽，使冷凝器中保持在高压状态，使得气态制冷剂得以在高温下向冷却介质放出热量而液化。所以可以这么认为，吸收式制冷机的溶液循环系完成了蒸汽压缩式制冷机中压缩机的使命，只是方式不同而已。

第二节　溴化锂——水溶液的性质及焓浓度图

第一节中已经提到，吸收式制冷机的工作介质是成对出现的，称之为工质对。溴化锂吸收式制冷机的工质对是由溴化锂作为吸收剂，水作为制冷剂，在溶液循环中二者成溶液状态。在进一步讨论溴化锂吸收式制冷机之前，对于溴化锂及其水溶液的性质有所认识是十分必要的。

一、溴化锂水溶液的性质

溴化锂的分子式是 LiBr，从它的元素性质和分子组成，可知和食盐 NaCl 的性质十分相似。Li 和 Na 都是活泼的碱金属，Br 和 Cl 都是卤族元素，在元素周期表中它们的位置都相邻。溴化锂是一种化学性质稳定的物质，在空气中不变质、不分解、不挥发，而且对人体无毒无害，是一种较为理想的吸收剂。它的主要性质如下：

化学式	LiBr
分子量	86.856
成分	Li 7.99%，Br 92.01%
外观	无色结晶粒
比重	3.464（25℃）
熔点	549℃
沸点	1265℃

溴化锂具有极强的吸水性，在水中的溶解度也很大，由图 8-2 的曲线可见，常温（20℃）下其饱和溶液的浓度可达 60%左右。溴化锂溶解度曲线还表示出，随着溶液中水分的减少（即浓度增大）或是溶液温度的降低，则由于浓度的变化，将分别有含 1、2、3、5 结晶水的 LiBr 析出，因此对于溴化锂吸收式制冷机的运行管理，必须充分了解溴化锂水溶液的工作温度和浓度范围的关系，要防止结晶析出。

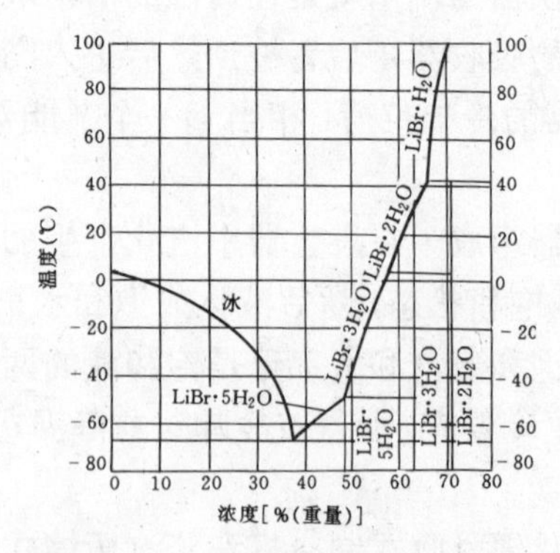

图 8-2　溴化锂溶解度曲线

溴化锂水溶液对一般金属有腐蚀性，但比用作载冷剂的 NaCl 盐水和 $CaCl_2$ 盐水要小一些。腐蚀对于运行管理是一个极重要的问题，必须采取缓蚀措施。

溴化锂的沸点 1265℃，远远高于水的沸点 100℃，两者的沸点相差很大，因此溶液在发生器中被加热而沸腾时只有纯净的水蒸气发生，是制冷剂（水）纯物质，这一点和氨——水吸收式制冷系统有很大差别，无需蒸汽精馏设备，所以系统比较简单，热力系数也比较高。

在溴化锂吸收式制冷机中，溶液液面上的水蒸气分压力比较小，这说明溶液具有很强的吸湿能力。图 8-3 为溶液的压力一饱和温度图，它表示出了以下几种关系：

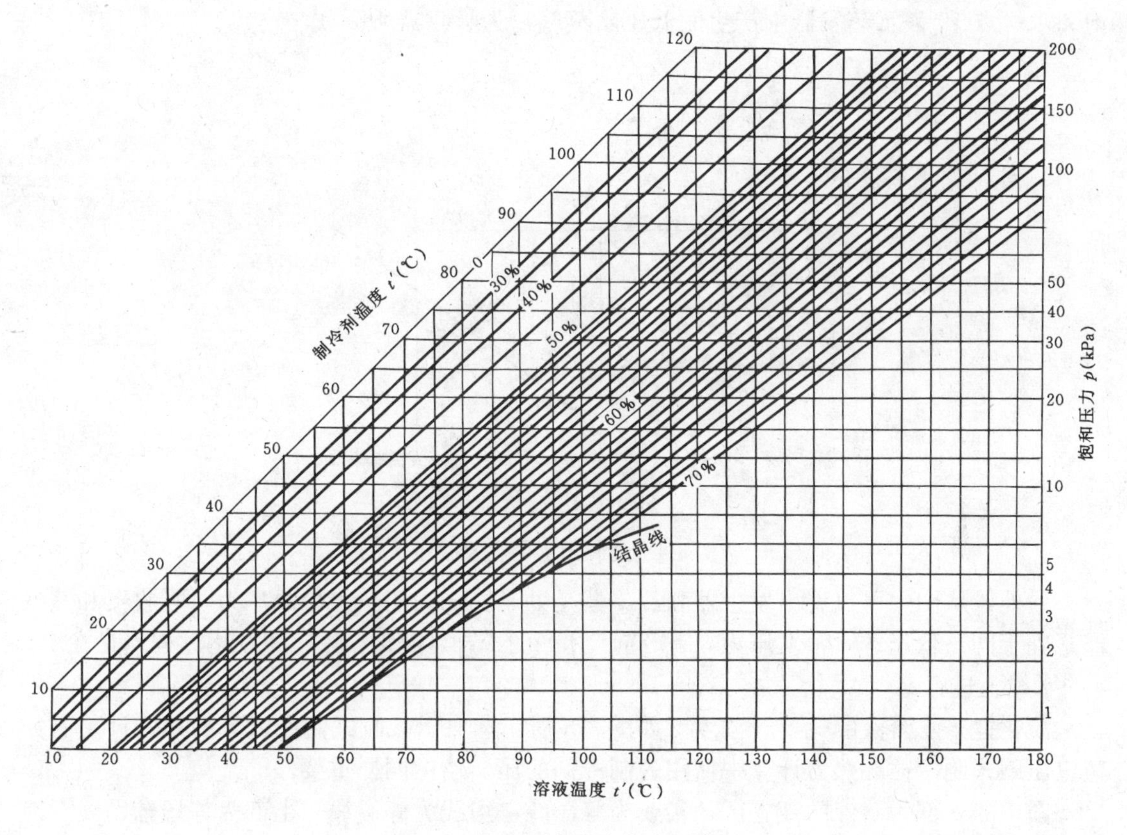

图 8-3 溴化锂水溶液蒸汽压线图

1. 不同浓度下压力和饱和温度的关系。由于溶液在发生器中只有水蒸气发生，所以图中纵坐标所示的压力即是溶液表面上水蒸气的饱和分压力。

2. 在一定的温度下，溶液表面上的水蒸气饱和分压力低于纯水（$\xi=0$）的饱和压力。溶液的浓度越高，液面上水蒸气饱和分压力越低。

3. 结晶线表明了不同温度下溶液的饱和浓度。温度越低则饱和浓度越小。这又说明了溶液的温度过低或浓度过高时都容易产生结晶，这是溴化锂制冷机应该避免的现象。

溴化锂简单吸收式制冷循环在压力一饱和温度图上的表示见图 8-4。图中 $6_a-1-3_g-4-6_a$ 为溴化锂水溶液的循环，其中各个过程为：

6→1—— 吸收器中的吸收过程，浓溶液被稀释为稀溶液；

1→2—— 为泵的加压过程，压力由 p_0 升高至 p_k；

2→3—— 稀溶液的预热过程，是稀溶液同来自发生器的浓溶液在溶液换热器中热交换的结果；

$3\to3_g$—— 稀溶液在发生器中被加热至沸点，达到饱和状态；

$3_g\to4$—— 发生器中的发生过程，稀溶液被浓缩成浓溶液；

4→5——浓溶液的预冷过程，是浓溶液同来自吸收器的稀溶液在溶液换热器中热交换的结果；

5→6_a——浓溶液在吸收器中被冷却至吸收器内压力下的饱和状态。

点 7 表示发生器中产生的纯净水蒸气，为过热蒸汽状态；点 8 表示冷凝器凝结的高压饱和水；点 10 表示蒸发器中产生的低压水蒸气，为吸收器所吸收。

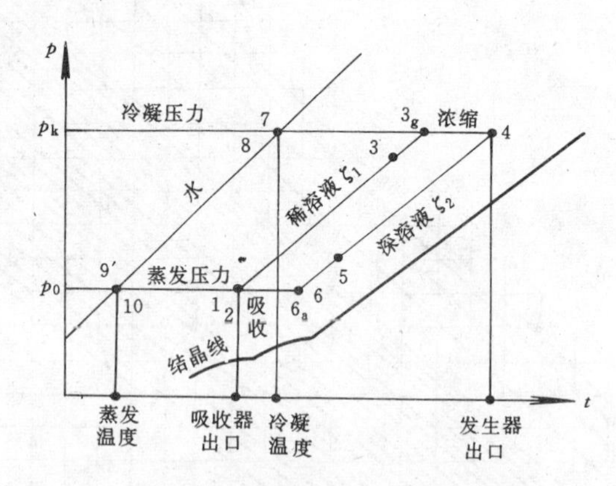

图 8-4　迪林图上的吸收循环

另外，从图中可以看出发生器和冷凝器是处于同一高压——冷凝压力；吸收器和蒸发器是处于同一低压——蒸发压力，制冷剂（水）的冷却、液化、降压和汽化过程均是在 $\xi=0$ 的水线上进行。

溴化锂—水溶液的比焓—浓度图如图 8-5 所示。对于吸收式制冷循环的热力计算有如蒸汽压缩式制冷循环热力计算中使用的制冷剂的压—焓图同样重要。

图中的下部为溶液的液态区，实线为等压线，虚线为等温线。上部为等压辅助线。因为蒸汽中不含溴化锂，即 $\xi=0$，所以气态部分的状态变化全部集中在 $\xi=0$ 的纵轴上。饱和蒸汽状态利用等压辅助线确定。溴化锂吸收式制冷循环在比焓—浓度图上的表示如图 8-6 所示。发生器和冷凝器中的压力为 p_k，蒸发器和吸收器中的压力为 p_0，发生器中产生的高压过热蒸汽的状态点 7，系通过辅助等压线 p_k 来确定。

图中所示的过程包括：

1→2——泵的升压过程，将稀溶液由 p_0 下的饱和液变为压力 p_k 下的过冷液，1、2 点等焓；

2→3——稀溶液在溶液热交换器中的预热过程；

3→3_g——稀溶液在发生器中的加热过程；

3_g→4——稀溶液在发生器中沸腾浓缩的过程；发生器排出的过热蒸汽，其状态用 7 点过热蒸汽表示；

4→5——浓溶液在溶液热交换器中的预冷过程，把浓溶液在等压（p_k）下由饱和液变为过冷液；

5→6——高压浓溶液的节流过程；

6→6_a——浓溶液在吸收器中由湿蒸汽状态冷却至饱和状态；

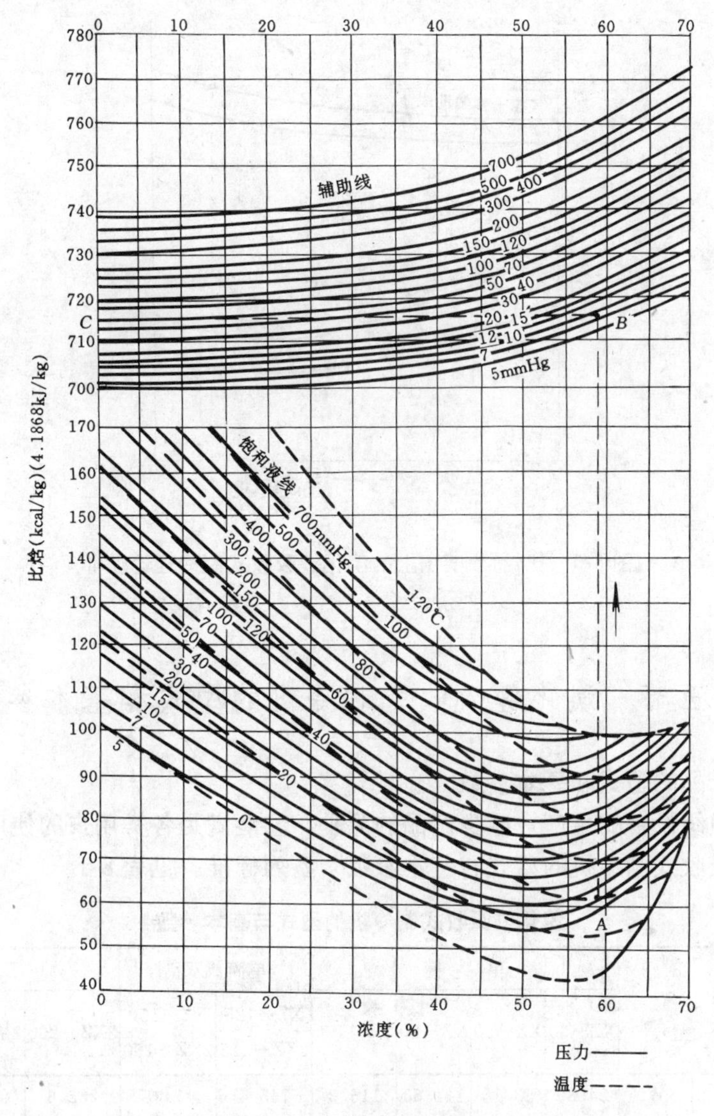

图 8-5　溴化锂水溶液比焓-浓度图

注：1mmHg＝133.322Pa

$6_a \to 1$——6_a 状态的浓溶液在 p_0 压力下与来自蒸发器的 10 状态的低压水蒸气混合为稀溶液的过程。

7→8——来自发生器的过热水蒸气 7 在冷凝器中先冷却为饱和蒸汽，然后凝结成饱和水的过程；

8→9——饱和水的节流降压过程。压力由 p_k 降至 p_0，饱和水变为湿蒸汽，即生成 9′状态的饱和水和 9″状态的饱和水蒸气（闪发蒸汽）；

9→10——为制冷剂湿蒸汽 9 在蒸发器内压力 p_0 下吸热气化至 10 状态饱和水蒸气的过程。

以上所述系溴化锂吸收式制冷循环的理论过程，实际过程还要复杂一些。

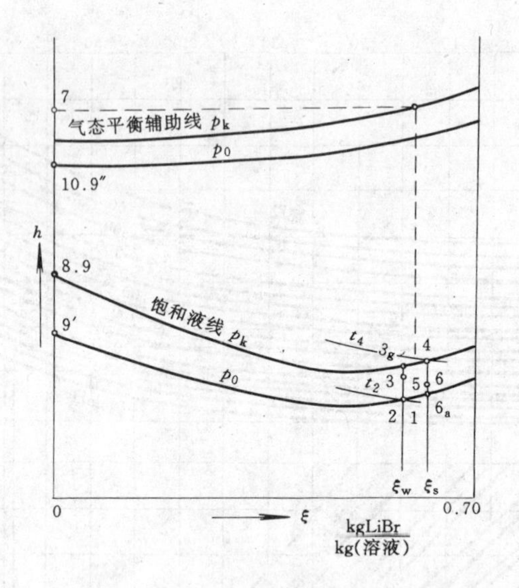

图 8-6　比焓-浓度图上的溴化锂吸收式制冷理论循环

第三节　溴化锂吸收式制冷机的型式和基本参数

一、国内产品的型式和基本参数

为了便于组织设备的生产，减少产品的品种，又能满足各类用户的使用要求，国家制定了“溴化锂吸收式制冷机的型式和基本参数”系列标准。见表 8-1

溴化锂吸收式制冷机的型式与基本参数　　**表 8-1**

型式 / 型号 / 标准工况		单筒				单筒或双筒		双筒		
		XZ－30	XZ－50	XZ－80	XZ－100	XZ－125 2XZ－125	XZ－150 2XZ－150	2XZ－200	2XZ－250	2XZ－300
制冷量×10⁴	W	34.89	58.15	111.63	116.3	145.4	174.5	232.6	290.8	348.9
冷媒水进水温度	℃	12	12	12	12	12	12	12	12	12
冷媒水出水温度	℃	7	7	7	7	7	7	7	7	7
蒸发温度	℃	5	5	5	5	5	5	5	5	5
冷却水进水温度	℃	32	32	32	32	32	32	32	32	32
冷却水总温差	℃	8	8	8	8	8	8	8	8	8
冷凝温度	℃	45	45	45	45	45	45	45	45	45
冷却水量	m^3/h	90	150	240	300	375	450	600	750	900
蒸汽消耗量小于	kg/h	900	1500	2400	3000	3750	4500	6000	7500	9000
蒸汽压力	MPa	0.1	0.1	0.1	0.1	0.1	0.1	0.1	0.1	0.1

需要注意的几个问题：（符号同图 8-1 所示）

1. 冷媒水的出口温度 $t_{c.w2}$

冷媒水的出口温度会影响设备的运行特性和运行的合理性，表中规定为 7℃，一般来说能满足空调用冷媒水的要求，即使在特殊情况下，冷媒水的出口温度也不要低于5～7℃，因为随着冷媒水出口温度的降低，机组的效率将会下降，同时对设备的运行造成不良影响，所以在能够满足温度需要的情况下，应尽量使冷媒水出口温度提高一些。

2. 冷却水温度 t_{w1}

溴化锂吸收式制冷机对于冷却水温的要求比蒸汽压缩式制冷机较为宽容，但也不希望过高，表中定为32℃。需要注意的是不能过低，一般来说应在20℃以上，以防止溶液产生结晶。

3. 热源参数

表中所列为单效溴化锂吸收式制冷机的参数，是以低压蒸汽作为热源，定为0.1MPa（表压）。蒸汽压力过高或过低均会产生不利影响，若选取过高则易使溶液在发生器中产生结晶，同时又会减弱缓蚀添加剂的作用；蒸汽压力过低则不利于发生器的传热，也不利于蒸汽能量的充分利用，和运行调节。

二、循环工作参数的确定

在确定了上述冷媒水出口温度 $t_{c.w2}$，冷却水温度 t_{w1} 和热源参数（蒸汽温度）之后，循环的工作参数可根据一些经验关系确定。

1. 冷却水出口温度 t_{w3}

冷却水通常是串联使用，先经过吸收器去除吸收过程的混合热以后，再流经冷凝器带走冷凝热。冷却水的总温升为8～9℃，其中间温度 t_{w2} 由吸收器和冷凝器的负荷比（约为1.4：1.1）来确定。当冷却水的初温为32℃时，若冷却水的总温升为8℃，中间温度 t_{w2} 约为36.5℃左右。若总温升为9℃，则 t_{w2} 约为37℃左右。

现在采用总温升为9℃的较多。较之8℃温升可以减少冷却水的流量，冷却水系统的流阻也可降低，水泵功率消耗相应减少。

2. 冷凝温度 t_k

冷凝温度一般比冷却水出口温度高3～5℃，即 $t_k = t_{w3} +$（3～5℃）。当冷却水初温较高时则取较小值。通常冷却水初温取32℃，温升取8～9℃，冷却水出口温度约40～41℃，冷凝温度一般取45～46℃。

3. 蒸发温度 t_0

蒸发温度通常取比冷媒水出口温度低2～5℃。即 $t_0 = t_{c.w} -$（2～5℃）。冷媒水温较高时取较大值。

4. 吸收器内溶液的最低温度 t_2 比吸收器的冷却水温度（即冷却水的中间温度 t_{w2}）高3～8℃。即 $t_2 = t_{w2} +$（3～8℃）。

5. 发生器内溶液的最高温度 t_4 比热媒温度 t_h 低（10～40℃）。即 $t_4 = t_h -$（10～40℃）。

根据冷凝温度 t_k 和蒸发温度 t_0，即可从饱和水蒸气表查得相应的冷凝压力 p_k 和蒸发压力 p_0。若忽略换热器之间的流阻压力降，则可认为吸收器压力和蒸发压力基本相同，发生器压力和冷凝压力基本相等。

由冷凝压力 p_k 和发生器溶液最高温度 t_4 即可确定浓溶液的浓度 ξ_s，由蒸发压力 p_0 和吸收器溶液最低温度 t_2 即可确定稀溶液的浓度 ξ_w。

6. 放气范围

放气范围是指浓溶液和稀溶液的浓度差，$\Delta\xi = \xi_s - \xi_w$。是溴化锂吸收式制冷机重要的运行经济指标，通常取 $\Delta\xi=4\%\sim5\%$，一般稀溶液浓度 ξ_w 取 56%～60%，浓溶液浓度 ξ_s 取 60%～64%。

7. 溶液循环倍率 f

溶液循环倍率 f 是表示发生器中产生 1kg 冷剂水蒸气所需的稀溶液循环量。其数学表达式为：

$$f=\frac{\xi_s}{\xi_s-\xi_w}$$

三、换热设备的单位热负荷和制冷机的热力系数的计算

换热设备的单位热负荷是通过对各个设备的热平衡计算求得。

1. 发生器的单位热负荷 q_g，是指在发生器中产生 1kg 冷剂水蒸气所需要的加热量。

进入发生器的热量为：如图 8-7 所示。

（1）工作蒸汽的加热量 q_g

（2）稀溶液带入的热量 $f\cdot h_3$

离开发生器的热量为：

（1）浓溶液带走的热量 $(f-1)\cdot h_4$

（2）1kg 冷剂水蒸气带走的热量 h_7

热平衡式为：$q_g+f\cdot h_3=(f-1)\cdot h_4+h_7$

$$q_g=(f-1)h_4+h_7-f\cdot h_3 \qquad (\text{kJ/kg})$$

2. 冷凝器的单位热负荷 q_k，是指在冷凝器中凝结 1kg 冷剂水蒸气，冷却水应带走的热量。

进入冷凝器 1kg 的冷剂水蒸气的热量为 h_7

离开冷凝器的热量为：

（1）被冷却水带走的热量 q_k。

（2）冷剂水的热量 h_8。

如图 8-8 所示。冷凝器的热平衡式为：

$$h_7=q_k+h_8$$

$$q_k=h_7-h_8 \qquad (\text{kJ/kg})$$

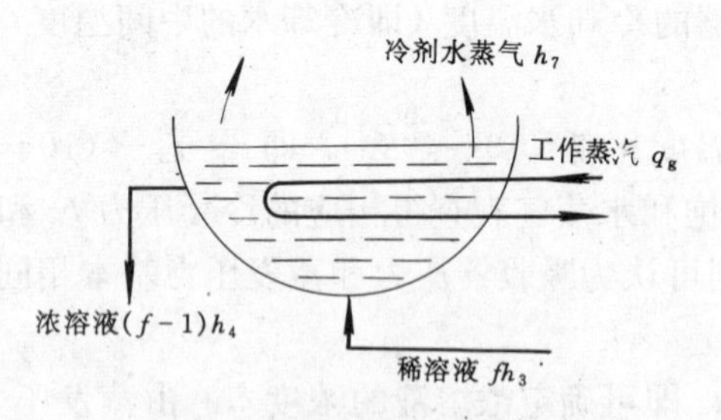

图 8-7 发生器热量平衡

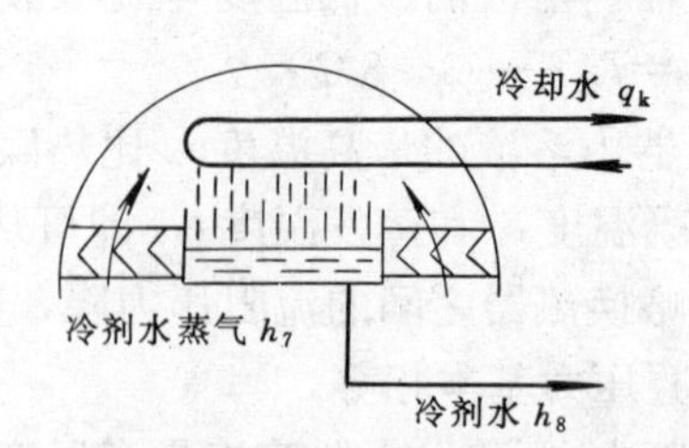

图 8-8 冷凝器热量平衡

3. 蒸发器的单位热负荷 q_0（即单位质量制冷量），是指在蒸发器中 1kg 冷剂水汽化所制取的冷量。

蒸发器的热量平衡如图 8-9 所示。

进入蒸发器的热量为 1kg 冷剂水带入的热量 h_8，和它在汽化时由冷媒水获得的热量 q_0。

离开蒸发器的热量为冷剂水蒸气带走的热量 h_{10}

热平衡式为：$h_8+q_0=h_{10}$

$$q_0=h_{10}-h_8 \qquad (\mathrm{kJ/kg})$$

4. 吸收器的单位热负荷 q_a，是指在吸收器中吸收 1kg 冷剂水蒸气时冷却水需要带走的热量。

如图 8-10 所示，进入吸收器喷淋的混合溶液是由（$f-1$）kg 的浓溶液和 $a$kg 的稀溶液组成，它带入的热量为（$f-1$）$h_{6a}+ah_1$；1kg 的冷剂水蒸气进入吸收器被混合溶液吸收，它带入的热量为 h_{10}。

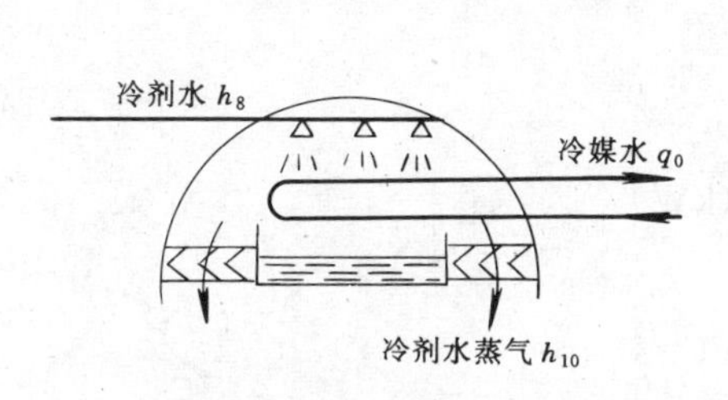

图 8-9　蒸发器热量平衡

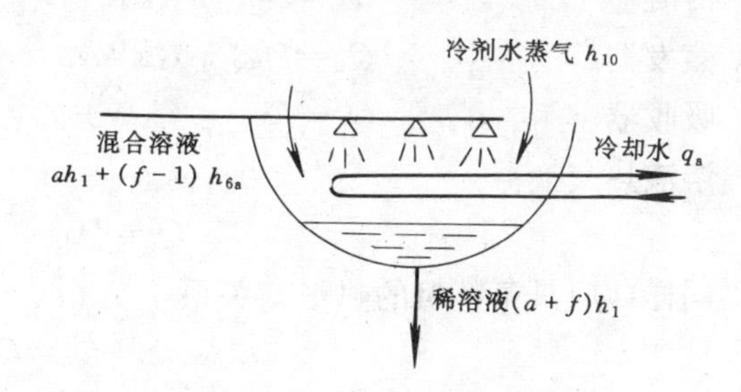

图 8-10　吸收器热量平衡

离开吸收器的热量为：

（1）离开吸收器的稀溶液带走的热量（$a+f$）h_1

（2）被冷却水带走的热量为 q_a

热平衡式为：（$f-1$）$h_{6a}+ah_1+h_{10}=$（$a+f$）h_1+q_a

$q_a=$（$f-1$）$h_{6a}+ah_1+h_{10}-$（$a+f$）h_1

或　$q_a=$（$f-1$）$h_{6a}+h_{10}-fh_1$　　（kJ/kg）

式中 a 称为稀溶液再循环倍率。它是指吸收 1kg 冷剂水蒸气时，要在喷淋液（$f-1$）kg 的浓溶液中加入 $a$kg 的稀溶液。

5. 溶液热交换器的单位热负荷 q_r，是指产生 1kg 的冷剂水蒸气，浓溶液或稀溶在溶液热交换器中放出或得到的热量。它的热量平衡如图 8-11 所示。

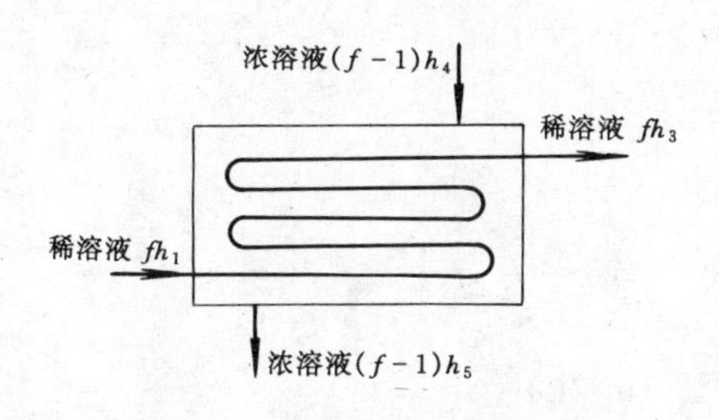

图 8-11　热交换器热量平衡

浓溶放出的热量为（$f-1$）（h_4-h_5），稀溶液得到的热量为 f（h_3-h_1）。因此 $q_r=$（$f-1$）（h_4-h_5）$=f$（h_3-h_1）（kJ/kg）

6. 制冷系统的热量平衡

如果忽略制冷系统与环境的传热，并不计溶液泵引入系统的功量（实际上耗功量很小），制冷系统在稳定工况下运行时，制冷系统由外界得到的热量等于放出的热量。即

$$q_g+q_0=q_a+q_k$$

7. 热力系数ξ，是指制冷系统消耗热源的单位热量所能制取的冷量。即

$$\xi=\frac{q_0}{q_g}$$

热力系数的范围大致为0.68～0.72。

四、各换热设备的负荷计算

首先可由制冷机的制冷量Q_0和蒸发器的单位热负荷q_0求得制冷机中冷剂水的质量循环量D。

$$D=\frac{Q_0}{q_0}\quad (\mathrm{kg/h})$$

然后可求得各换热设备的负荷：

发生器　$Q_g=Dq_g$　(kW)

冷凝器　$Q_k=Dq_k$　(kW)

蒸发器　$Q_0=Dg_0$　(kW)

吸收器　$Q_a=Dq_a$　(kW)

溶液热交换器

$$Q_r=Dq_r\quad (\mathrm{kW})$$

同样，应具备整机的热平衡关系

$$Q_g+Q_0=Q_a+Q_k$$

热力系数也可表示为：

$$\xi=\frac{Q_0}{Q_g}$$

五、工作蒸汽消耗量和水泵流量计算

1. 工作蒸汽消耗量G_h

$$G_h=(1.03\sim1.05)\frac{Q_g}{r}\quad (\mathrm{kg/h})$$

式中　G_h——工作蒸汽消耗量　(kg/h)；

Q_g——发生器的热负荷　(kcal/h)(kW)；

r——工作蒸汽的凝结潜热　(kcal/kg)(kJ/kg)

2. 冷媒水泵流量V_s

$$V_s=\frac{Q_0}{1000\ (t_{cw1}-t_{cw2})}\quad (\mathrm{m^3/h})$$

式中　V_s——冷媒水流量($\mathrm{m^3/h}$)；

Q_0——制冷量(kW)；

t_{cw1}——冷媒水进蒸发器的温度(℃)；

t_{cw2}——冷媒水出蒸发器的温度(℃)。

3. 冷却水泵流量V_w

$$V_w=\frac{Q_k+Q_a}{1000\ (t_{w3}-t_{w1})}\quad (\mathrm{m^3/h})$$

式中　V_w——冷却水流量($\mathrm{m^3/h}$)；

Q_k——冷凝器的热负荷(kW)；

Q_a——吸收器的热负荷（kW）；

t_{w1}——冷却水进吸收器的温度（℃）；

t_{w3}——冷却水出冷凝器的温度（℃）；

第四节　溴化锂吸收式制冷装置的结构及流程

前面已经讲到溴化锂吸收式制冷装置实际上是由发生器、冷凝器、蒸发器、吸收器和溶液热交换器等热交换设备和若干溶液泵的组合体。这些热交换设备是装置的主体设备，从换热器的结构来看，基本上都是属于壳管式换热器。溴化锂吸收式制冷机的工作压力很低，高压侧和低压侧都必须保持很高的真空度（高压侧的绝对压力约为0.1大气压，低压侧约为0.01大气压）。为了提高设备的气密性能，并且减少流体的流动阻力，尽量减少管路和控制阀门，国内外的产品均是将发生器、冷凝器、蒸发器和吸收器组装在一个、两个或三个筒体内，构成单筒型、双筒型或三筒型的结构。陆用装置一般为单筒型或双筒型。

单筒型机组是将高压部分的换热器发生器和冷凝器，和低压部分的换热器吸收器和蒸发器安置在同一筒体内。高低压两部分之间完全隔离。在工作温度不同且有很大温差的发生器和蒸发器之间采用隔热层予以绝热，这种隔热层通常采用真空绝热或是用隔热材料绝热。

单筒型机组在同一个筒体内有几种不同的布置方式，如图8-12所示。

双筒型机组是将高压部分设备发生器和冷凝器安置在一个筒体内；将低压部分设备吸收器和蒸发器安置在另一个筒体内，从而形成上、下的双筒组合。它的布置方式也有几种，如图8-13所示。

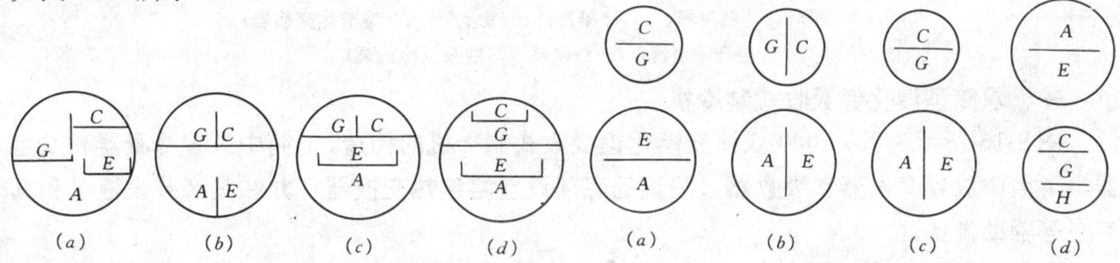

图8-12　单筒型布置方式

A—吸收器；C—冷凝器；E—蒸发器；G—发生器

图8-13　双筒型布置方式

A—吸收器；C—冷凝器；E—蒸发器；G—发生器；H—溶液热交换器

图8-13（*a*）所示为国产设备的传统型结构布置方式，与单筒型的上下布置方式基本相同。

图8-13（*b*）所示为上、下筒均作左右布置。日本三洋公司的产品属于此种。

图8-13（*c*）所示为上筒作上下布置，下筒作左右布置。美国开利尔公司的产品属于此种布置方式。

图8-13（*d*）所示是一种较为特殊的布置方式，将吸收器和蒸发器置于上筒内，将冷凝器、发生器和溶液热交换器置于下筒内。日本大金公司研制的产品有这种布置方式，这种布置方式的优点在于：（1）低压设备吸收器和蒸发器的位置提高了，提高了液泵的抗汽蚀性能。（2）溶液热交换器和发生器在同一筒体内相邻设置，对于提高热效率、减小流阻、防

止结晶均为有利。(3) 蒸发器中产生的水蒸气进入上部的吸收器前，水滴的分离比较完全。(4) 吸收器中的稀溶液可依靠自身重力经热交换器流入发生器，因此可以省去一台发生器泵。此外当设备停机时，发生器中的浓溶液及时被稀溶液稀释，可避免结晶产生。图 8-14 所示为其布置示意图。

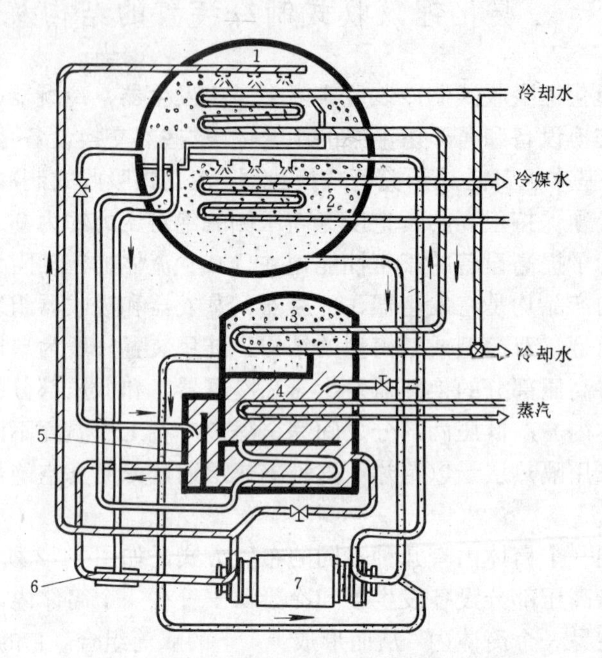

图 8-14 种布置方式的双筒型溴化锂制冷机

1—吸收器；2—蒸发器；3—冷凝器；4—发生器；5—溶液热交换器；6—混合喷射器；7—双联泵（溶液泵及冷剂泵）

一、双筒型溴化锂吸收式制冷机

图 8-15 所示为 XS-1000 双筒型溴化锂吸收式制冷机的构造。上筒中放置冷凝器和发生器，下筒中放置蒸发器和吸收器，装置的底部设置溶液热交换器，并在其旁装设液泵和真空泵等辅助设备。

图 8-16 所示为单效双筒型溴化锂吸收式制冷机的流程图。

在吸收器内吸收来自蒸发器的冷剂水蒸气后生成的稀溶液，由发生器泵 6 加压后经溶液热交换器 8 预热，然后送至发生器 1，被发生器中管簇内的工作蒸汽加热，将稀溶液中沸点低的冷剂水沸腾汽化成纯净的冷剂水蒸气（高压过热汽）；与此同时，稀溶液被浓缩而变成浓溶液；发生器中产生的水蒸气通过挡板（挡除液滴）后进入上部的冷凝器 2，在其中被冷却水去除过热和凝结热后液化成饱和的冷剂水，并积聚在传热管下的水盘中；冷凝器出来的高压冷剂水经过“U”形管 11 节流降压后进入蒸发器 3 的水盘；然后被蒸发器泵 5 汲入并压送到蒸发器中喷淋；冷剂水在低压下吸收传热管内冷媒水的热量而汽化成低压水蒸气，与此同时，冷媒水得以冷却，温度降低到工艺要求。

蒸发器内形成的冷剂水蒸气经过挡水板（挡除水滴）进入吸收器 4 中，被由吸收器泵 7 送来的中间溶液（为浓溶液和稀溶液混合而成的溶液）吸收，喷淋的中间溶液吸湿又变为稀溶液。溶液在吸收水蒸气过程中放出的吸收热则被冷却水带走。稀溶液再由发生器泵 6 汲

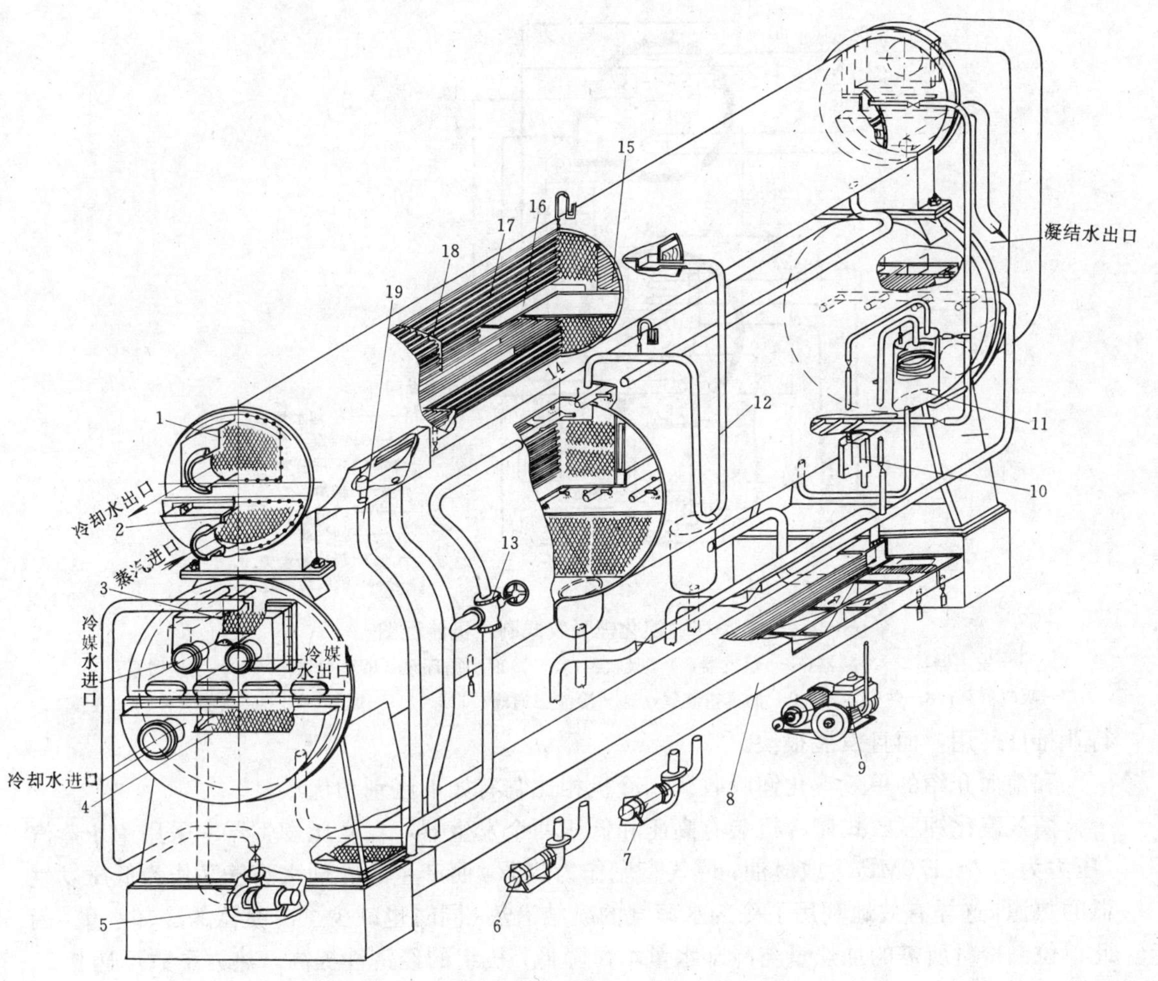

图 8-15　XS-1000 溴化锂吸收式制冷机（双筒型）

1—冷凝器；2—发生器；3—蒸发器；4—吸收器；5—蒸发器泵；6—发生器泵；
7—吸收器泵；8—溶液热交热器；9—真空泵；10—阻油器；11—冷剂分离器；
12—节流装置；13—三通调节阀；14—喷淋管；15—挡液板；
16—水盘；17—传热管；18—隔板；19—防晶管

入并压走。发生器中被浓缩而生成的溶液则流经溶液热交换器预冷却后流入吸收器，和稀溶液混合成中间溶液再用以吸收冷剂水蒸气。如此完成溶液循环和冷剂水循环，周而复始，循环不已。

有的吸收式制冷机不用 U 形管对高压冷剂水进行节流降压，而是采用节流孔口，这样可以简化机构，但对负荷变动的适应性不及 U 形管为好。

因为吸收式制冷系统必须保持真空度很高的负压状态，因此附属设备液泵均采用屏蔽泵，并要求液泵具有较高的允许吸入真空高度（NPSH）。管路上必须设置的阀门也需采用真空隔膜阀。

二、蒸汽两效溴化锂吸收式制冷机

两效溴化锂吸收式制冷机在国外是 60 年代中期发展起来的机种，近十年来我国也在各

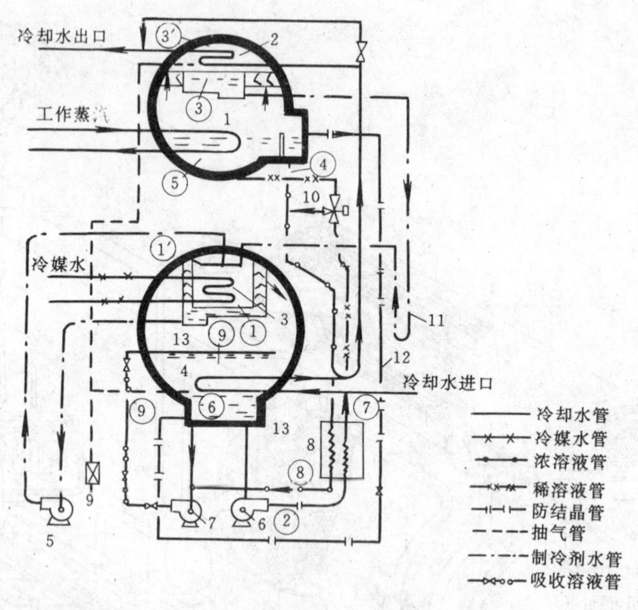

图 8-16 溴化锂吸收式制冷机流程图

1—发生器；2—冷凝器；3—蒸发器；4—吸收器；5—冷剂水循环泵（即蒸发器泵）；6—发生器泵；7—吸收器泵；8—热交换器；9—抽真空装置；10—溶液三通阀；11—“U”形管；12—防结晶管；13—液囊

行业推广使用，而且发展很快。

和前面介绍的单效溴化锂吸收式制冷机相比它有如下区别和优点。

两效溴化锂吸收式制冷机装有高压和低压两个发生器，在高压发生器中采用中压蒸汽（压力为0.7～1.0MPa）或燃油、燃气直燃作为热源，而产生的冷剂水蒸气又作为低压发生器的热源，这样有效地利用了冷剂水蒸气的凝结潜热，同时也减少了冷凝器的冷却水量，因此单位制冷量所需的加热量与冷却水量均可降低，机组的经济性提高。热力系数可达0.95以上。此外，用于热源和水冷却装置的投资也可以减少。

在结构上的不同点是增加了一个高压发生器和一个高温溶液热交换器。其流程如图8-17所示。高压（第一）发生器中产生的冷剂水蒸气不是直接去冷凝器，而是通往低压（第二）发生器作为热源，以利用其凝结热。高压发生器内生成的浓溶液不是直接去吸收器，而是送入低压发生器再一次蒸发，继续分离出冷剂水蒸气。高压的工作蒸汽在高压发生器中放热后形成的凝水，在凝结水热交换器中用来加热浓溶液，使它的余热再度被加以利用。如此种种，使得热源热能得以充分利用，又减少了冷凝器的热负荷。

蒸汽两效溴化锂吸收式制冷机的具体工作流程是：吸收器中的稀溶液由发生器泵加压后，经过第二和第一溶液热交换器预热后进入高压（第一）发生器，被工作蒸汽加热后，产生一部分冷剂水蒸气，初步浓缩的中间浓溶液经第一溶液热交换器和凝水热交换器后进入低压（第二）发生器，被传热管中高压发生器中生成的冷剂蒸汽进一步加热浓缩，同时又再一次蒸发出冷剂水蒸气；形成的浓溶液经第二溶液热交换器预冷后进入吸收器。高压发生器产生的冷剂蒸汽在低压发生器中放热后生成的冷剂水，以及低压发生器产生的冷剂蒸汽一并经过节流降压后进入冷凝器，被冷却后形成冷剂水，由蒸发器泵输送到蒸发器中蒸

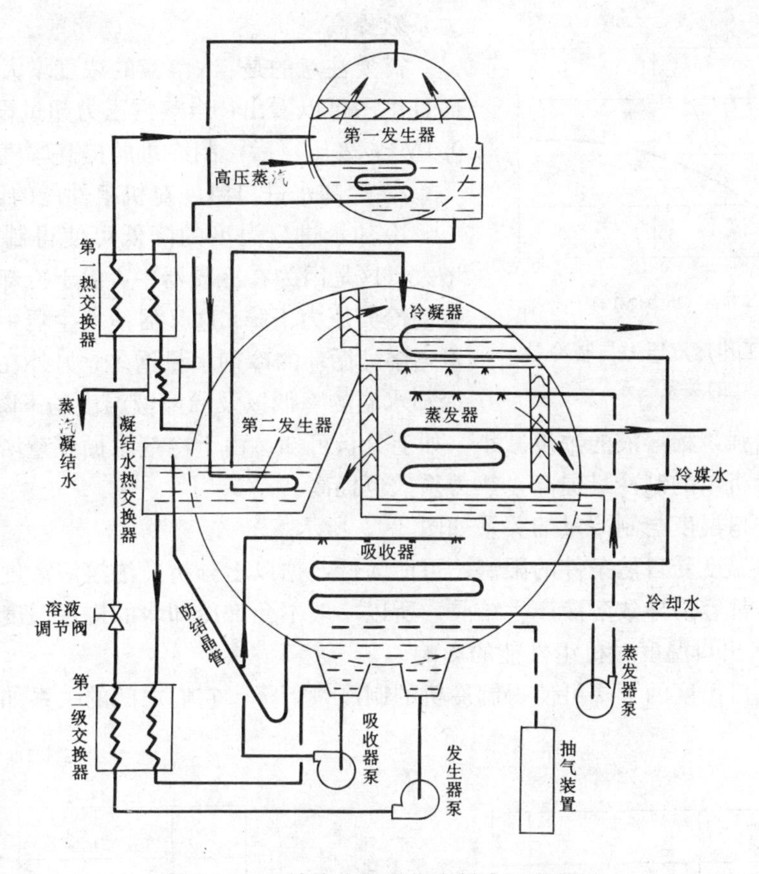

图 8-17　两效溴化锂吸收式制冷机流程图

发而产生冷效应。其他部分的工作流程与单效机相同，不再重复。

第五节　溴化锂吸收式制冷机的变工况特性和能量调节

制冷机在运行中会因为外部条件的变化，而引起内部参数和性能的变化。溴化锂吸收式制冷机也是这样，常由于热源工作参数、冷却水的工作参数、以及用户负荷的变化，而使得它的性能产生一系列的变化，例如制冷量、冷却水和热源工作蒸汽消耗量，和热力系数等的变化。这就需要了解溴化锂吸收式制冷机的变工况特性。另外，当用户的负荷发生变化时，制冷机的制冷量也应当作出相应的变化与其匹配，因此作为操作者又必须熟悉能量调节的方法。

一、溴化锂吸收式制冷机的变工况特性

1. 工作蒸汽压力的变化对机组性能的影响

工作蒸汽压力提高可使得制冷机的制冷量增大。这是因为在发生器中由于蒸汽压力的提高，浓溶液的温度升高，冷剂水的蒸发量增多，冷凝器中凝结的冷剂水量也增多，所以制冷量也随之增大。工作蒸汽压力与制冷量的关系如图 8-18 所示。

另外，由于浓溶液的浓度增大，而稀溶液的浓度变化不明显（吸收器中吸收的水蒸气量，由于循环的冷剂水量增大而增大），因而放气范围变大，单位蒸汽消耗量减少，使得热

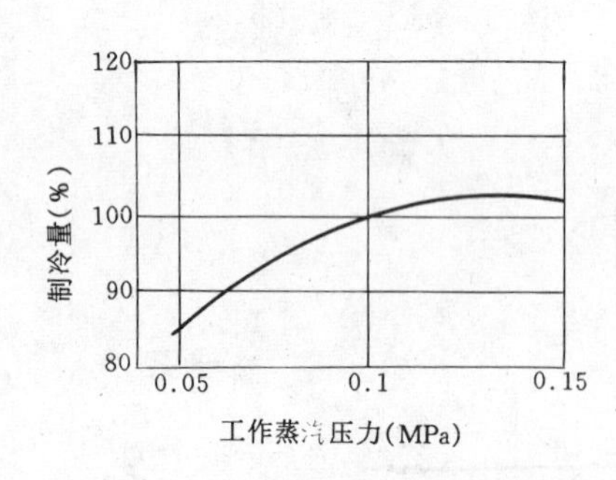

图 8-18 工作蒸汽压力与制冷量的关系

力系数提高。

需要注意的是，浓溶液的浓度增大，易产生结晶。而且由图可以看出，当蒸汽压力超过设计值（通常为0.1MPa 表压）后，制冷量的提高幅度是有限的。

2. 冷却水进口温度对机组性能的影响

冷却水进口温度的降低可使得制冷机的制冷量增大。这是因为在冷凝器中，由于冷却水温度降低而致使冷凝压力下降，这又促使发生器中冷剂水的蒸发量增多，循环的冷剂水量增多；另外在吸收器中也因冷却水温的降低以及稀溶液温度的下降，使得吸收水蒸气的能力增强，稀溶液的浓度减小。如上分析可知，由于冷剂水循环量增多以及放气范围增大，使得机组的制冷量提高，热力系数也提高。

冷却水进口温度与制冷量的关系如图 8-19 所示。

冷却水的温度受自然条件的限制不可能太低，据以上分析，浓溶液浓度增大和稀溶液的温度过低，都容易导致溶液产生结晶，所以一般不允许冷却水的进水温度低于 20℃。

3. 冷媒水出口温度对机组性能的影响

冷媒水出口温度的下降可使得制冷机的制冷量下降。它们之间的关系如图 8-20 所示。

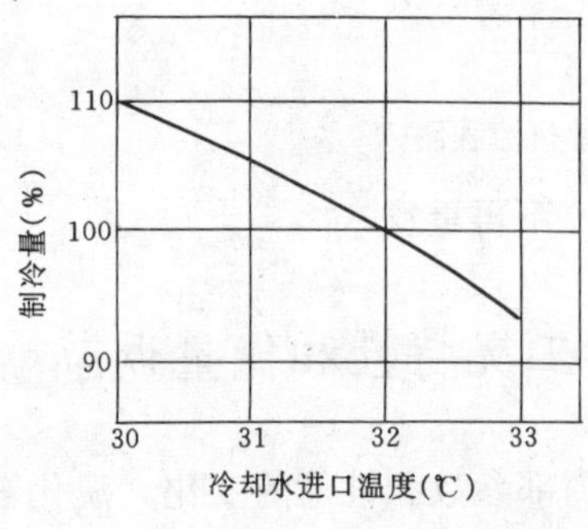

图 8-19 冷却水进口温度与制冷量

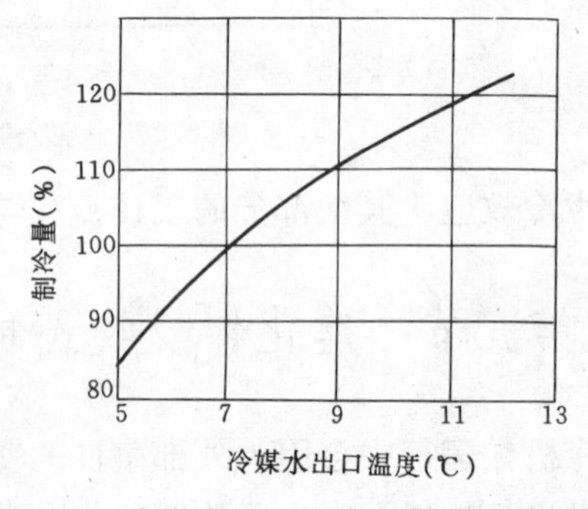

图 8-20 冷媒水出口温度与制冷量的关系

其原因是：在蒸发器中由于冷媒水温要求低，蒸发压力也必然要求降低，吸收器中因压力降低而使得吸收能力减弱，稀溶液的浓度上升，制冷量因此下降。另外，在冷凝器中，随着制冷量降低而使得冷凝负荷也降低，冷凝温度和冷凝压力也下降。在发生器中浓溶液的浓度会有所增加，但由于制冷量的降低，浓溶液浓度的增量小于稀溶液浓度的增量，总的来说，放气范围变小，故而热力系数下降。

二、溴化锂吸收式制冷机的能量调节

吸收式制冷机在运行中，如果不对其能量进行调节，则随着用户负荷的增减，冷媒水的出口温度将上下波动。

制冷机能量调节的方法一般有以下几种：

1. 冷却水量调节法

增加或减少冷却水量，可以控制机器的制冷量，其原理与改变冷却水进口温度相似。这种控制方法是根据冷媒水出口温度来控制冷却水出水管上的三通阀，改变其流量以达到控制制冷量的目的。但是控制范围较小，当把制冷量调节到最低值时，机器有产生结晶的危险。而且热效率下降很大。所以这种方法一般只能在80%～100%负荷范围内调节。

2. 工作蒸汽（热水）量调节法

根据冷媒水出口温度的变化来控制蒸汽调节阀的开启度，改变工作蒸汽的流量以达到控制制冷量的目的。其原理与前述工作蒸汽压力的影响相似。这种方法实施起来比较简单可靠。缺点是热效率有所降低。

3. 工作蒸汽凝水调节法

这种方法是调节安装在凝水管上的调节阀的开启度，用控制凝结水量的方法改变发生器的有效传热面积，从而改变溶液的加热量，达到改变制冷量的目的。它的能量调节范围与上一种方法一样，以60%～100%为宜。

4. 稀溶液循环量调节法

这种调节方法是根据冷媒水的出口温度，控制稀溶液调节阀，调节去往发生器的稀溶液流量，以达到改变制冷量的目的。采用这种方法调节制冷量比较经济简便，能量调节范围也较宽，可在10%～100%范围中。

第六节　直燃型溴化锂吸收式冷热水机组

依靠燃油和燃气直接燃烧发热作为热源的直燃型溴化锂吸收式冷热水机组，是溴化锂吸收式制冷机的一种新型产品。它无需专门建造锅炉房提供蒸汽或热水作为发生器的热源，可以大大降低初投资；对于经常性的运行费，在大多数远离煤源的地区也不会提高许多；且占地少、设备系统简化、操作管理方便等优点甚多，因而使得直燃型冷热水机组已逐渐成为中央空调系统主机的主导型机种。近几年来发展很快，已较广泛地用于宾馆、会堂、商场、体育场馆、办公大楼、影剧院等无余热、废热可利用的中央空调系统。

直燃型溴化锂吸收式冷热水机组使用的燃料主要分油类（包括轻油和重油）和气类（包括煤制气、天然气、液化气和油制气）两种，使用不同燃料的主机内部结构并无差异，只是燃烧系统所使用的燃烧机及其控制系统不完全相同。燃烧机有轻油燃烧机、重油燃烧机、气体燃烧机、油气两用燃烧机和轻油重油两用燃烧机等种类，选型时必须根据燃料的种类选用，同时必须严格按有关的规范设计。

图8-21所示为直燃型溴化锂吸收式冷热水机组的流程图。

这种机组的内部结构和两效溴化锂吸收式制冷机有相似之处，但又不尽相同。主体为单筒体，上半部为冷凝器和低压发生器，下半部为蒸发器和吸收器，直燃式高压发生器单独设置在筒体外，另外设有高温热交换器、低温热交换器和预热器，同样也设有发生器泵、吸收器泵和蒸发器泵。

为夏季空调提供冷媒水的制冷循环的工作流程是：在高压发生器1中，由直燃热源提供的热能使经过两次预热的稀溶液受热而发生冷剂水蒸气。蒸汽被引入低压发生器2，用来加热来自低温热交换器8的稀溶液，发生的冷剂水蒸气一并进入冷凝器3，被冷却水冷却后凝结成饱和冷剂水，集聚在水盘中。高压的冷剂水经U形管降压后进入蒸发器4的水盘和水囊中，由蒸发器泵汲入加压后在蒸发器中喷淋，在汽化的过程中吸收冷媒水的热量而使

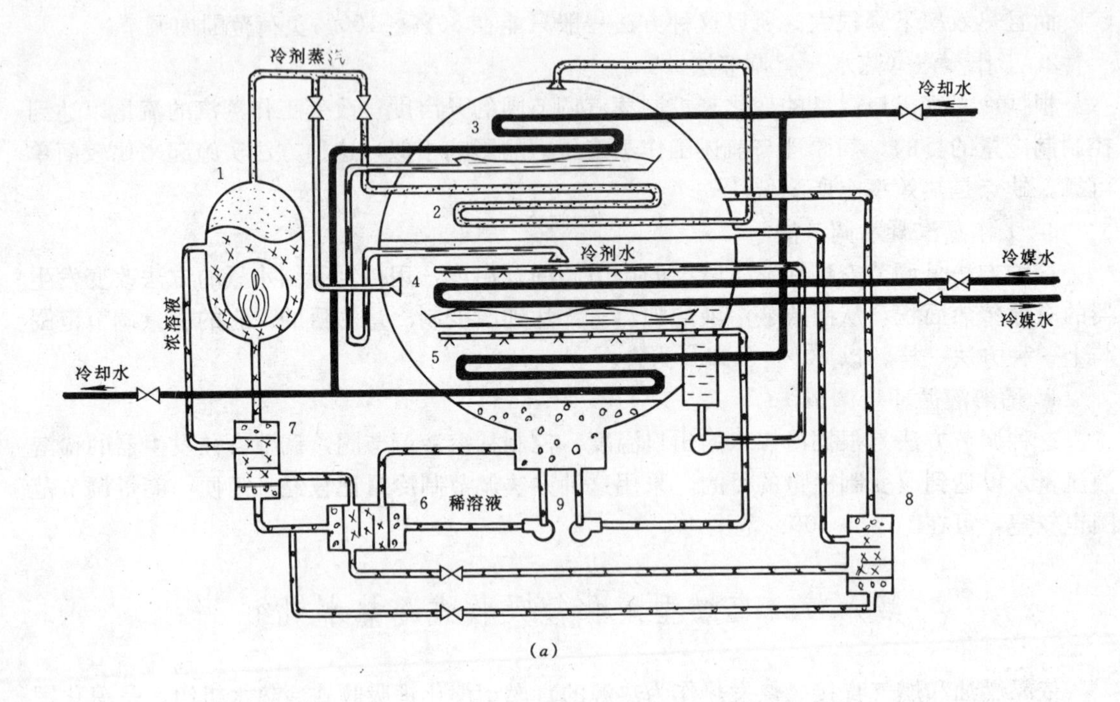

(*a*)

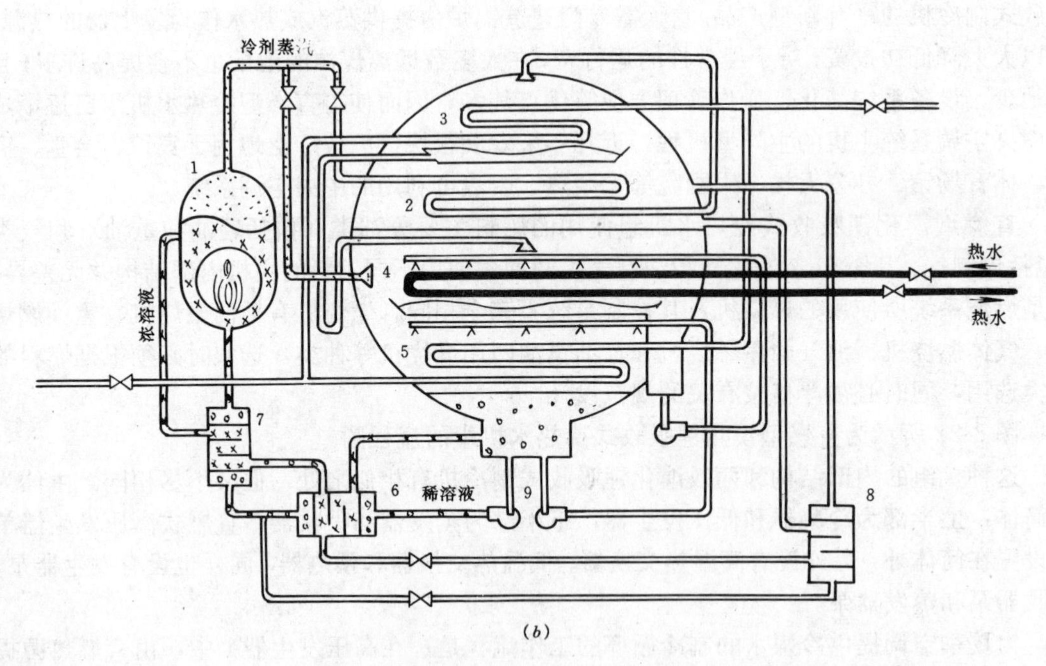

(*b*)

图 8-21　直燃型溴化锂吸收式冷热水机组的循环图

(*a*) 制冷循环图；(*b*) 采暖循环图

1—高压发生器；2—低压发生器；3—冷凝器；

4—蒸发器；5—吸收器；6—预热器；7—高温热交换器；8—低温热交换器；9—屏蔽泵

之降温（制取低温冷媒水）。蒸发产生的低温冷剂蒸汽在吸收器 5 中被喷淋的浓溶液吸收，并使浓溶液稀释成稀溶液。吸收器底部的稀溶液被发生器泵汲入增压，在预热器 6 和高温热交换器 7 中和浓溶液换热（浓溶液被预冷，稀溶液被预热），再进入高压发生器并重复上述过程。冷却水为并联的两路，一路经过冷凝器带走高温冷剂水蒸气的冷凝热，另一路经过吸收器带走吸收热。

为冬季空调提供热水的采暖循环的工作流程是：高压发生器产生的高温冷剂水蒸气被直接引入蒸发器，在此加热流经传热管的热水使之升温。蒸汽的凝结水使溶液稀释成稀溶液。溶液的循环和制冷循环相同。由图 8-21 可以看出，机组作采暖循环运行时，低压发生器、冷凝器、和吸收器均不工作，冷却水也无需循环。

这种冷热水机组适用于中央空调的风机盘管系统，一套水管路系统，夏季循环冷媒水供冷，冬季循环热水采暖。一机两用，使得整个中央空调的设备和系统大为简化，这就是冷热水机组颇受用户欢迎的缘由。

但是现有的各类产品，在北方地区用于冬季采暖往往感觉供热量不够，生产厂为弥补这方面的不足，可以由用户提出要求而增大供热量。有的产品还附设提供卫生热水的冷热水机组，如图 8-22 所示在主机外另设一个热水器。

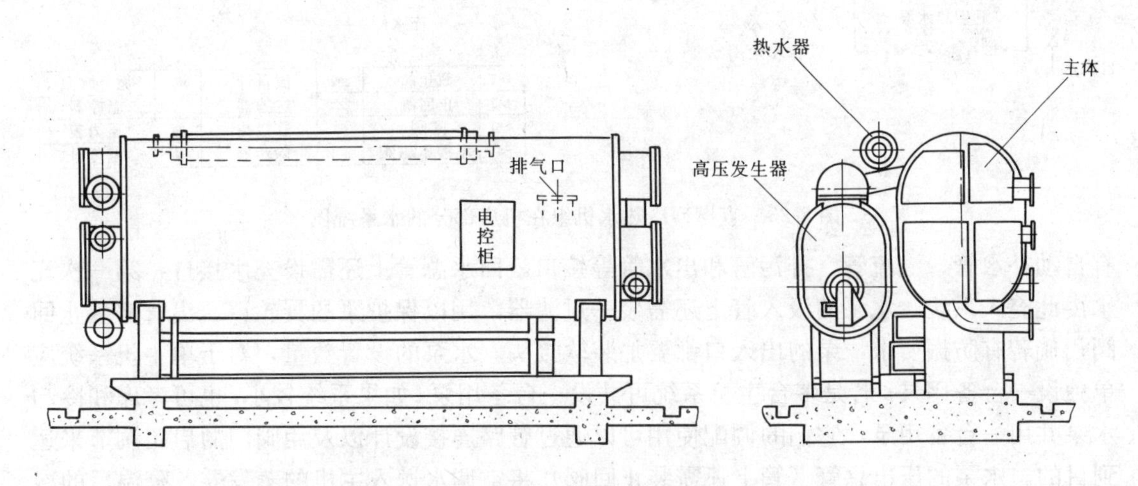

图 8-22　直燃型溴化锂吸收式冷热水机组（带有卫生热水）的外形图

图 8-23 所示为直燃型溴化锂吸收式冷热水机组在机房部分的水系统图。按水系统中水的用途不同分为空调水（冷媒水或热水）循环系统、冷却水循环系统、和卫生热水系统等三部分，现就各系统中所用的设备及其功用分别介绍如下：

1. 空调水系统

空调系统的回水（冷水或热水）返回机房的集水器，汇总后被冷媒水泵（或热水水泵）汲入后增压。在回水总管上应设置除污器，用以收集和去除空调水管路中的杂质（焊渣、铁锈等），为了在清洗除污器时不影响水系统的循环，必须设一个过桥阀。除污器的入口和出口各装一只压力表，其作用是了解除污器的集污情况，当两个压力表呈现较大压差时，说明应拆下除污器进行清洗（在拆下除污器之前先打开过桥阀）。在回水总管上还需设置膨胀水箱，用以缓解封闭的水系统中因水温变化而产生的应力。膨胀水箱上按惯例应具

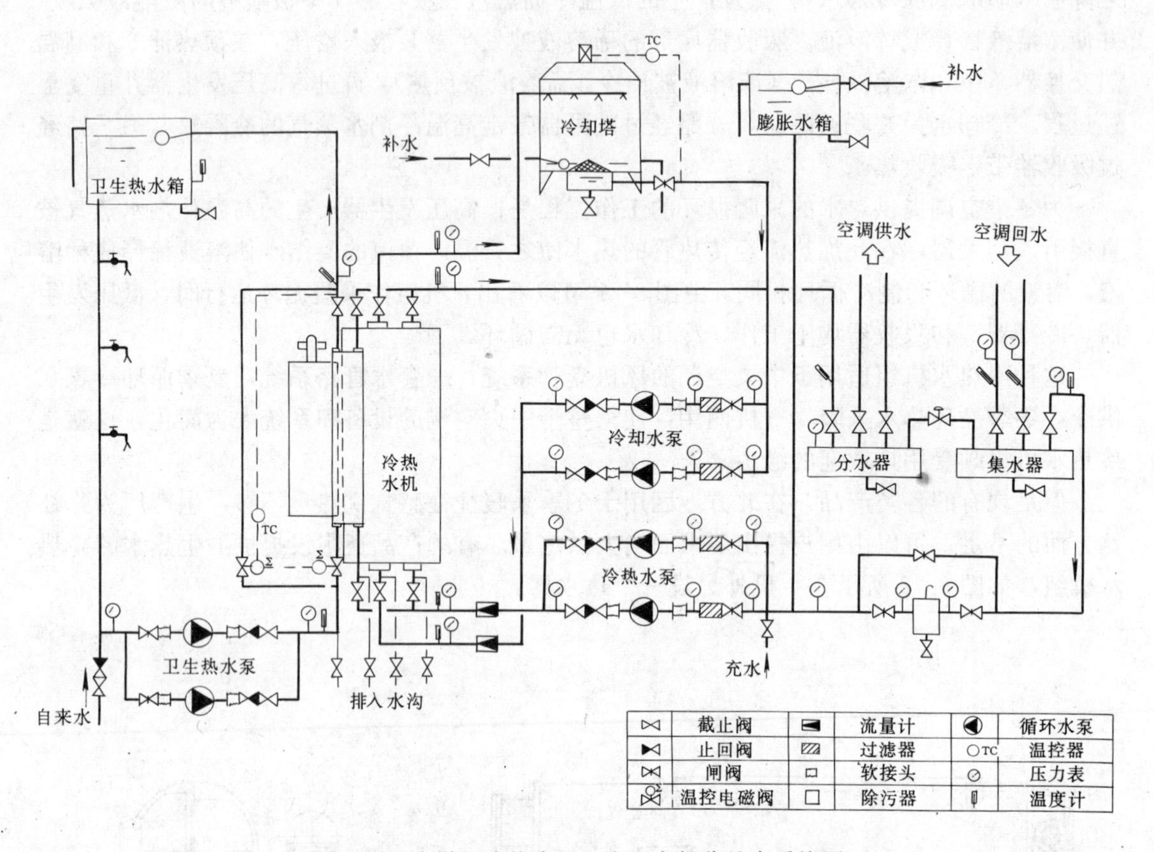

图 8-23　直燃型冷热水机组在机房部分的水系统图

有自动补水管、溢流管、排污管和出水管等接口。回水总管上还需设充水接口，第一次充水由此充入系统。水泵的汲入管上还需装一过滤器，用以保护泵的翼轮；压出管需装止回阀；倘若有防振要求，泵的出入口都要加装软接头。水泵的设置数量，对于单主机系统应单独设一台备用泵；若是多台主机系统可共设一台备用泵；如果系统较小，也可考虑和冷却水泵共用一台备用泵，它们的调配使用可以通过管路连接设计以及用阀门的启闭调节来达到目的。水泵的压出总管（管上还需装止回阀）将空调水送入主机的蒸发器，降温后的冷媒水（或升温后的热水）经出水总管送至分水器，按空调系统各回路的水量要求送到用户，在各条供水管上分别装一只数字式流量计则可更直观地分配各回路的流量。

2. 冷却水系统

经过冷却塔降温后的冷却水被冷却水泵汲入增压后压入主机的冷凝器和吸收器，从主机出来的冷却水依靠其余压直接送至冷却塔。这里需要注意两点：一是冷却塔最好是选用集水型的，如果不是集水型冷却塔，则在冷却塔和水泵之间还需设置高位水箱，使水泵处于水箱的液面以下，同时水箱还必须具有足够的贮水量（应比冷却水系统的总水量大 50%～100%），以保证水泵的顺利启动。二是多台主机和多台冷却塔时，应为每台主机单独设置冷却水泵和冷却塔，但各个独立管路系统之间又要用管路和阀门相联系，提高调配的灵活性（互为备用）。

3. 卫生热水系统

热水器的出水进入卫生热水箱，这里的热水箱起到了贮水、膨胀、和定压三方面的作用，同时还控制卫生热水系统的补水。卫生热水系统消耗的水量由自来水源补充，这个补水管上必须设一个止回阀。热水器的入口和出口之间设有旁通管路，由温度控制器根据热水器出口处的水温控制旁通电磁阀的启闭，以达到控制供水温度的目的。水泵的设置台数按前述相同的原则考虑，不再重复。

附　录

饱　和　氨　蒸　气　表　　　　**附表1**

温　度	绝对压力 p(bar)	比	容	比焓(kJ/kg)		比潜热 r	比熵[kJ/(kg.K)]	
t(℃)	(10^5Pa)	v'(L/kg)	v''(m^3/kg)	h'	h''	(kJ/kg)	s'	s''
−77	0.0641	1.3633	14.88457	157.03	1643.84	1486.81	0.5284	8.1083
−75	0.0750	1.3675	12.81183	169.26	1647.27	1478.01	0.5904	8.0495
−70	0.1094	1.3783	9.00904	188.77	1656.56	1467.79	0.6876	7.9127
−65	0.1563	1.3893	6.45252	210.11	1665.58	1455.48	0.7914	7.7838
−60	0.2190	1.4006	4.69999	233.20	1674.31	1441.11	0.9010	7.6620
−55	0.3015	1.4122	3.48642	254.31	1683.02	1428.71	0.9988	7.5480
−50	0.4085	1.4242	2.62526	276.05	1691.48	1415.44	1.0973	7.4402
−45	0.5450	1.4364	2.00436	298.38	1699.69	1401.31	1.1961	7.3382
−40	0.7171	1.4491	1.55124	320.24	1707.70	1387.46	1.2908	7.2417
−35	0.9312	1.4621	1.21508	342.37	1715.44	1373.07	1.3846	7.1502
−30	1.1946	1.4755	0.96244	364.76	1722.89	1358.14	1.4775	7.0631
−25	1.5150	1.4893	0.77048	386.99	1730.08	1343.09	1.5678	6.9802
−20	1.9011	1.5036	0.62275	409.43	1736.95	1327.52	1.6571	6.9011
−15	2.3620	1.5184	0.50790	431.94	1743.51	1311.57	1.7449	6.8255
−10	2.9075	1.5337	0.41770	454.56	1749.72	1295.17	1.8313	6.7531
−9	3.0277	1.5368	0.40206	459.07	1750.93	1291.85	1.8484	6.7390
−8	3.1517	1.5399	0.38712	463.63	1752.11	1288.49	1.8655	6.7250
−7	3.2797	1.5431	0.37286	468.16	1753.29	1285.13	1.8825	6.7111
−6	3.4117	1.5463	0.35923	472.67	1754.45	1281.78	1.8993	6.6973
−5	3.5479	1.5495	0.34619	477.22	1755.60	1278.38	1.9162	6.6837
−4	3.6883	1.5527	0.33372	481.80	1756.72	1274.92	1.9332	6.6701
−3	3.8331	1.5560	0.32179	486.36	1757.84	1271.48	1.9500	6.6566
−2	3.9822	1.5593	0.31038	490.90	1758.94	1268.04	1.9667	6.6433
−1	4.1359	1.5626	0.29945	495.47	1760.03	1264.55	1.9835	6.6300
0	4.2941	1.5659	0.28899	500.02	1761.10	1261.08	2.0001	6.6169
1	4.4571	1.5693	0.27896	504.61	1762.15	1257.54	2.0168	6.6038
2	4.6428	1.5727	0.26935	509.18	1763.19	1254.02	2.0333	6.5909
3	4.7974	1.5761	0.26015	513.72	1764.22	1250.50	2.0497	6.5780
4	4.9750	1.5795	0.25132	518.33	1765.23	1246.90	2.0662	6.5652
5	5.1576	1.5830	0.24285	522.91	1766.22	1243.31	2.0826	6.5526
6	5.3454	1.5865	0.23472	522.91	1767.20	1239.70	2.0990	6.5400
7	5.5385	1.5900	0.22693	527.50	1768.17	1236.09	2.1152	6.5275
8	5.7370	1.5936	0.21944	532.07	1769.11	1232.43	2.1315	6.5151
9	5.9409	1.5972	0.21225	536.68	1770.64	1228.75	2.1478	6.5027
10	6.1503	1.6008	0.20535	545.88	1770.96	1225.08	2.1639	6.4905
12	6.5864	1.6081	0.19233	555.10	1772.74	1217.63	2.1962	6.4663
14	7.0459	1.6155	0.18030	564.35	1774.45	1210.09	2.2282	6.4423
16	7.5298	1.6231	0.16917	573.60	1776.09	1202.49	2.2600	6.4187
18	8.0388	1.6308	0.15886	582.90	1777.66	1194.77	2.2918	6.3954
20	8.5737	1.6386	0.14930	592.19	1779.17	1186.97	2.3233	6.3723
22	9.1356	1.6466	0.14042	601.51	1780.60	1179.09	2.3547	6.3495
24	9.7252	1.6547	0.13217	610.85	1781.96	1171.12	2.3858	6.3270

续表

温度 t(℃)	绝对压力 p(bar) (10^5Pa)	比容 v'(L/kg)	比容 v''(m^3/kg)	比焓(kJ/kg) h'	比焓(kJ/kg) h''	比潜热 r (kJ/kg)	比熵[kJ/(kg.K)] s'	比熵[kJ/(kg.K)] s''
26	10.3434	1.6630	0.12450	620.20	1783.25	1163.05	2.4169	6.3047
28	10.9911	1.6417	0.11736	629.60	1784.46	1154.86	2.4478	6.2826
30	11.6693	1.6800	0.11070	639.01	1785.59	1146.57	2.4786	6.2608
32	12.3788	1.6888	0.10449	648.46	1786.64	1138.18	2.5093	6.2392
34	13.1205	1.6978	0.09869	657.93	1787.61	1129.69	2.5398	6.2177
36	13.8955	1.7069	0.09327	667.42	1788.50	1121.08	2.5702	6.1965
38	14.7074	1.7162	0.08820	676.95	1789.31	1112.36	2.6004	6.1754
40	15.5489	1.7257	0.08345	686.51	1790.03	1103.52	2.6306	6.1545
42	16.4923	1.7355	0.07900	696.12	1790.66	1094.53	2.6607	6.1338
44	17.3467	1.7454	0.07483	705.76	1791.20	1085.44	2.6907	6.1332
46	18.3022	1.7556	0.07092	715.44	1791.64	1076.21	2.7206	6.0927
48	19.2968	1.7660	0.06724	725.15	1791.99	1066.84	2.7504	6.0723
50	20.3314	1.7767	0.06378	734.92	1792.25	1057.33	2.7801	6.0521

饱和氟利昂12蒸汽表 　　**附表2**

温度 t(℃)	绝对压力 p(bar) (10^5Pa)	比容(L/kg) v'	比容(L/kg) v''	比焓(kJ/kg) h'	比焓(kJ/kg) h''	比潜热 r (kJ/kg)	比熵[kJ/(kg.K)] s'	比熵[kJ/(kg.K)] s''
−80	0.062	0.615	2140.00	129.14	315.10	185.96	0.6946	1.6574
−75	0.088	0.620	1539.19	133.43	317.44	184.01	0.7165	1.6451
−70	0.123	0.625	1128.72	137.73	319.79	182.06	0.7379	1.6341
−65	0.168	0.630	842.50	142.03	322.15	180.12	0.7589	1.6242
−60	0.226	0.636	639.13	146.36	324.53	178.17	0.7794	1.6153
−55	0.300	0.641	492.11	150.70	326.91	176.21	0.7995	1.6072
−50	0.392	0.647	384.11	155.06	329.30	174.24	0.8192	1.6000
−45	0.505	0.653	303.59	159.45	331.69	172.24	0.8386	1.5936
−40	0.642	0.659	242.72	163.85	334.07	170.22	0.8576	1.5877
−35	0.807	0.665	196.12	168.27	336.44	168.17	0.8764	1.5825
−30	1.005	0.672	160.01	172.72	338.80	166.08	0.8948	1.5779
−25	1.237	0.678	131.73	177.20	341.15	163.95	0.9130	1.5737
−20	1.510	0.685	109.34	181.70	343.48	161.78	0.9309	1.5699
−15	1.827	0.693	91.45	186.23	345.78	159.55	0.9485	1.5666
−10	2.193	0.700	77.03	190.78	348.06	157.28	0.9659	1.5636
−9	2.272	0.702	74.49	191.71	348.52	156.81	0.9693	1.5630
−8	2.354	0.703	72.05	192.62	348.97	156.35	0.9728	1.5625
−7	2.437	0.705	69.70	193.54	349.42	155.88	0.9762	1.5619
−6	2.523	0.706	67.46	194.46	349.87	155.41	0.9796	1.5614
−5	2.612	0.708	65.29	195.38	350.32	154.94	0.9830	1.5609
−4	2.702	0.710	63.22	196.30	350.76	154.46	0.9865	1.5604
−3	2.795	0.711	61.22	197.22	351.21	153.99	0.9899	1.5599
−2	2.891	0.713	59.30	198.15	351.65	153.50	0.9932	1.5594
−1	2.989	0.715	57.45	199.07	352.09	153.02	0.9966	1.5589
0	3.089	0.716	55.68	200.00	352.54	152.54	1.0000	1.5584
1	3.192	0.718	53.97	200.92	352.97	152.05	1.0034	1.5580

续表

温 度	绝对压力 p(bar)	比 容(L/kg)		比焓(kJ/kg)		比潜热 r	比熵[kJ/(kg.K)]	
t(℃)	(10^5Pa)	v'	v"	h'	h"	(kJ/kg)	s'	s"
2	3.297	0.720	52.32	201.86	353.41	151.55	1.0067	1.5575
3	3.405	0.721	50.74	202.79	353.85	151.06	1.0101	1.5571
4	3.516	0,723	49.21	203.72	354.28	150.56	1.0134	1.5567
5	3.629	0.725	47.74	204.66	354.72	150.06	1.0168	1.5563
6	3.746	0.727	46.32	205.59	355.15	149.56	1.0201	1.5559
7	3.865	0.728	44.95	206.53	355.58	149.05	1.0234	1.5555
8	3.986	0.730	43.63	207.47	356.01	148.54	1.0267	1.5551
9	4.111	0.732	42.36	208.42	356.44	148.02	1.0300	1.5547
10	4.238	0.734	41.13	209.35	356.86	147.51	1.0333	1.5543
12	4.502	0.738	38.80	211.25	357.71	146.46	1.0399	1.5536
14	4.778	0.741	36.63	213.14	358.54	145.40	1.0465	1.5529
16	5.067	0.745	34.61	215.05	359.37	144.32	1.0530	1.5522
18	5.368	0.749	32.71	216.97	360.20	143.23	1.0595	1.5515
20	5.682	0.753	30.94	218.88	361.01	142.13	1.0660	1.5509
22	6.011	0.757	29.29	220.81	361.81	141.00	1.0725	1.5502
24	6.352	0.762	27.73	222.75	362.61	139.86	1.0790	1.5496
26	6.709	0.766	26.28	224.69	363.39	138.70	1.0854	1.5491
28	7.080	0.770	24.91	226.65	364.17	137.52	1.0918	1.5485
30	7.465	0.775	23.63	228.62	364.94	136.32	1.0982	1.5479
32	7.867	0.779	22.42	230.59	365.69	135.10	1.1046	1.5474
34	8.284	0.784	21.29	232.59	366.44	133.85	1.1110	1.5468
36	8.717	0.789	20.22	234.59	367.17	132.58	1.1174	1.5463
38	9.167	0.794	19.21	236.60	367.89	131.29	1.1238	1.5457
40	9.634	0.799	18.26	238.62	368.60	129.98	1.1301	1.5452
42	10.118	0.804	17.36	240.66	369.29	128.63	1.1365	1.5447
44	10.620	0.810	16.52	242.71	369.97	127.26	1.1429	1.5441
46	11.140	0.815	15.72	244.78	370.64	125.86	1.1492	1.5436
48	11.679	0.821	14.96	246.86	371.29	124.43	1.1556	1.5431
50	12.236	0.827	14.24	248.96	371.92	122.96	1.1620	1.5425

饱和氟利昂 22 蒸 气 表 **附表 3**

温 度	绝对压力 p(bar)	比 容(L/kg)		比焓(kJ/kg)		比潜热 r	比熵[kJ/(kg.K)]	
t(℃)	(10^5Pa)	v'	v"	h'	h"	(kJ/kg)	s'	s"
−90	0.049	0.649	3556.81	104.61	362.77	258.16	0.5825	1.9921
−80	0.105	0.659	1757.88	113.62	367.85	254.23	0.6304	1.9466
−75	0.149	0.665	1273.99	118.27	370.41	252.14	0.6541	1.9266
−70	0.206	0.671	940.11	123.02	372.97	249.95	0.6778	1.9081
−65	0.281	0.667	705.32	127.88	375.53	247.65	0.7013	1.8911
−60	0.376	0.683	537.29	132.84	378.07	245.23	0.7249	1.8754
−55	0.497	0.689	415.07	137.92	380.60	242.68	0.7483	1.8608
−50	0.646	0.695	324.82	143.10	383.09	239.99	0.7718	1.8473
−45	0.830	0.702	257.23	148.40	385.55	237.15	0.7952	1.8347
−40	1.053	0.709	205.95	153.80	387.97	234.17	0.8186	1.8229

续表

温度 t(℃)	绝对压力 p(bar) (10^5Pa)	比容(L/kg)		比焓(kJ/kg)		比潜热 r (kJ/kg)	比熵[kJ/(kg.K)]	
		v'	v''	h'	h''		s'	s''
−35	1.321	0.717	166.57	159.30	390.34	231.04	0.8418	1.8119
−30	1.640	0.724	135.98	164.89	392.65	227.76	0.8649	1.8016
−25	2.016	0.732	111.97	170.58	394.90	224.32	0.8880	1.7919
−20	2.455	0.740	92.93	176.33	397.07	220.74	0.9108	1.7827
−15	2.964	0.749	77.70	182.17	399.17	217.00	0.9335	1.7740
−10	3.550	0.758	65.40	188.06	401.18	213.12	0.9559	1.7658
−9	3.677	0.760	63.23	189.24	401.57	212.33	0.9603	1.7642
−8	3.807	0.762	61.15	190.43	401.96	211.53	0.9648	1.7626
−7	3.941	0.764	59.16	191.61	402.34	210.73	0.9692	1.7610
−6	4.078	0.766	57.24	192.81	402.73	209.92	0.9736	1.7594
−5	4.219	0.768	55.39	194.00	403.10	209.10	0.9781	1.7579
−4	4.364	0.770	53.62	195.20	403.48	208.28	0.9825	1.7563
−3	4.512	0.772	51.92	196.40	403.85	207.45	0.9869	1.7548
−2	4.664	0.774	50.28	197.59	404.21	206.62	0.9912	1.7533
−1	4.820	0.776	47.70	198.79	404.57	205.78	0.9956	1.7517
0	4.980	0.778	47.18	200.00	404.93	204.93	1.0000	1.7502
1	5.143	0.780	45.72	201.20	405.28	204.08	1.0043	1.7488
2	5.311	0.782	44.32	202.41	405.63	203.22	1.0087	1.7473
3	5.483	0.784	42.96	203.62	405.98	202.36	1.0130	1.7458
4	5.659	0.786	41.66	204.83	406.32	201.49	1.0174	1.744
5	5.839	0.788	40.40	206.03	406.65	200.62	1.0216	1.7429
6	6.023	0.790	39.19	207.25	406.99	199.74	1.0259	1.7415
7	6.211	0.793	38.02	208.45	407.31	198.86	1.0302	1.7400
8	6.404	0.795	36.89	209.67	407.64	197.97	1.0345	1.7386
9	6.601	0.797	35.80	210.89	407.96	197.07	1.0387	1.7372
10	6.803	0.799	34.75	212.10	408.27	196.17	1.0430	1.7358
12	7.220	0.804	32.76	214.54	408.88	194.34	1.0515	1.7330
14	7.656	0.809	30.91	216.98	409.48	192.50	1.0599	1.7302
16	8.112	0.814	29.17	219.44	410.06	190.62	1.0682	1.7275
18	8.586	0.819	27.56	221.88	410.61	188.73	1.0765	1.7248
20	9.081	0.824	26.04	224.34	411.15	186.81	1.0848	1.7220
22	9.597	0.829	24.62	226.80	411.66	184.86	1.0930	1.7194
24	10.135	0.835	23.29	229.26	412.15	182.89	1.1012	1.7167
26	10.694	0.840	22.05	231.74	412.62	180.88	1.1093	1.7140
28	11.275	0.846	20.88	234.21	413.06	178.85	1.1174	1.7113
30	11.880	0.852	19.78	236.70	413.49	176.79	1.1255	1.7086
32	12.508	0.858	18.74	239.18	413.88	174.70	1.1335	1.7660
34	13.160	0.864	17.77	241.68	414.25	172.57	1.1414	1.7033
36	13.837	0.871	16.85	244.18	414.59	170.41	1.1494	1.7006
38	14.540	0.877	15.99	246.69	414.91	168.22	1.1572	1.6979
40	15.269	0.884	15.17	249.21	415.19	165.98	1.1651	1.6952
42	16.024	0.891	14.40	251.74	415.44	163.76	1.1730	1.6924
44	16.807	0.899	13.67	254.29	415.66	161.37	1.1808	1.6896

续表

温　度 t(℃)	绝对压力 p(bar) (10^5Pa)	比　　容(L/kg)		比焓(kJ/kg)		比潜热 r (kJ/kg)	比熵[kJ/(kg.K)]	
		v'	v''	h'	h''		s'	s''
46	17.618	0.906	12.98	256.85	415.85	159.00	1.1886	1.6868
48	18.458	0.914	12.33	259.43	416.00	156.57	1.1964	1.6840
50	19.327	0.923	11.70	262.03	416.11	154.08	1.2043	1.6811
55	21.635	0.945	10.29	268.62	416.20	147.58	1.2238	1.6736
60	24.146	0.970	9.03	275.40	415.99	140.59	1.2436	1.6656

低压饱和水蒸气表

附表 4

温　度 t(℃)	绝对压力 p		比容(m^3/kg)		比焓(kJ/kg)		比潜热 r (kJ/kg)	比熵〔kJ/(kg·K)〕	
	(bar) (10^5Pa)	(mmHg)	v'	v''	h'	h''		s'	s''
0	0.006108	4.56	0.001000	206.3	0.00	2499.94	2499.94	0.0000	9.152
2	0.007055	5.29	0.001000	179.9	8.42	2503.71	2495.29	0.0327	9.098
4	0.008129	6.10	0.001000	157.2	16.83	2507.47	2490.64	0.0607	9.048
6	0.009346	7.01	0.001000	137.7	25.25	2511.24	2485.99	0.0913	8.997
8	0.010721	8.04	0.001000	120.9	33.66	2515.01	2481.35	0.1210	8.947
10	0.012271	9.20	0.001000	106.4	42.04	2518.36	2476.32	0.1511	8.897
12	0.014016	10.5	0.001001	93.79	50.41	2522.13	2471.72	0.1805	8.847
14	0.015975	12.0	0.001001	82.86	58.78	2525.90	2467.12	0.2098	8.801
16	0.018171	13.6	0.001001	73.34	67.16	2529.25	2462.09	0.2386	8.755
18	0.020627	15.5	0.001002	65.05	75.49	2533.01	2457.52	0.2675	8.709
20	0.023369	17.5	0.001002	57.80	83.86	2536.78	2452.92	0.2964	8.662
22	0.026427	19.8	0.001002	51.46	92.19	2540.55	2448.36	0.3249	8.621
24	0.029827	22.4	0.001003	45.90	100.57	2543.90	2443.33	0.3529	8.575
26	0.033603	25.2	0.001003	41.01	108.90	2547.67	2438.77	0.3810	8.533
28	0.037791	28.3	0.001004	36.70	117.27	2551.44	2434.17	0.4086	8.491
30	0.042425	31.8	0.001004	32.91	125.60	2554.79	2429.19	0.4363	8.449
32	0.047545	35.7	0.001005	29.55	133.98	2558.55	2424.57	0.4639	8.407
34	0.053191	39.9	0.001006	26.58	142.31	2561.90	2419.59	0.4915	8.365
36	0.059414	44.6	0.001006	23.95	150.68	2565.67	2414.99	0.5167	8.328
38	0.066255	49.7	0.001007	21.61	159.01	2569.44	2410.43	0.5439	8.290
40	0.073766	55.3	0.001008	19.53	167.39	2572.79	2405.40	0.5723	8.252
42	0.082003	61.5	0.001009	17.68	175.72	2576.56	2400.84	0.5987	8.215
44	0.091018	68.3	0.001010	16.02	184.09	2579.91	2395.82	0.6251	8.181
46	0.100881	75.7	0.001010	14.55	192.43	2583.67	2391.24	0.6510	8.143
48	0.111639	83.7	0.001011	13.22	200.76	2587.02	2386.26	0.6770	8.101
50	0.123377	92.5	0.001012	12.04	209.13	2590.79	2381.66	0.7034	8.072
55	0.157436	118.1	0.001015	9.572	230.02	2599.17	2369.15	0,7679	7.988
60	0.199232	149.4	0.001017	7.673	250.96	2607.96	2357.00	0,8307	7.905
65	0.250128	187.6	0.001020	6.198	271.85	2616.75	2344.90	0.8930	7.829
70	0.311655	233.8	0.001023	5.043	292.78	2625.12	2332.34	0.9546	7.750
75	0.385529	289.2	0.001026	4.132	313.76	2633.92	2320.16	1.015	7.679
80	0.473632	355.3	0.001029	3.407	334.73	2642.29	2307.56	1.075	7.607
85	0.578073	433,6	0.001032	2.828	355.71	2650.24	2294.53	1.134	7.540
90	0.701107	525.9	0.001036	2.360	376.73	2658.62	2281.89	1.192	7.478

续表

温度 t(℃)	绝对压力p (bar)(10⁵Pa)	绝对压力p (mmHg)	比容(m³/kg) v′	比容(m³/kg) v″	比焓(kJ/kg) h′	比焓(kJ/kg) h″	比潜热r (kJ/kg)	比熵[kJ/(kg·K)] s′	比熵[kJ/(kg·K)] s″
95	0.845265	634.0	0.001040	1.982	397.75	2666.57	2268.82	1.250	7.415
100	1.01325	760.0	0.001044	1.673	418.85	2674.53	2255.68	1.306	7.352

氨饱和液的物性值

附表 5

温度(℃)	比潜热(kJ/kg)	密度(kg/m³)	比热[kJ/(kg·K)]	导热系数[(W/(m·K)]	导温系数 10^6(m²/h)	动力粘度 10^3(N·s/m²)	运动粘度 10^6(m²/s)	表面张力(N/m)	普兰特数
−70	1467.79	725.53	4.338	0.550	0.175	0.474	0.654	0.0549	3.737
−60	1441.11	713.98	4.371	0.552	0.177	0.380	0.532	0.0514	3.006
−50	1415.44	702.15	4.409	0.552	0.178	0.324	0.462	0.0481	2.596
−40	1387.46	690.08	4.438	0.551	0.180	0.285	0.413	0.0447	2.294
−30	1358.14	677.74	4.467	0.549	0.181	0.255	0.376	0.0417	2.077
−20	1327.52	665.07	4.509	0.544	0.181	0.228	0.348	0.0384	1.922
−10	1295.17	652.02	4.551	0.537	0.181	0.206	0.316	0.0353	1.746
0	1261.08	638.61	4.597	0.525	0.178	0.187	0.293	0.0324	1.646
10	1225.08	624.69	4.647	0.509	0.176	0.169	0.271	0.0293	1.540
20	1186.97	610.28	4.710	0.494	0.172	0.152	0.249	0.0263	1.448
30	1146.57	595.24	4.798	0.475	0.166	0.137	0.230	0.0234	1.386
40	1103.52	579.47	4.899	0.455	0.160	0.126	0.217	0.0206	1.356
50	1057.33	562.84	5.020	0.433	0.153	0.114	0.203	0.0178	1.327

氟利昂 12 饱和液的物性值

附表 6

温度(℃)	比潜热(kJ/kg)	密度(kg/m³)	比热[kJ/(kg·K)]	导热系数[(W/(m·K)]	导温系数 10^4(m²/h)	动力粘度 10^3(N·s/m²)	运动粘度 10^6(m²/s)	表面张力(N/m)	普兰特数
−40	170.22	1517.45	0.883	0.100	2.69	0.423	0.280	0.0180	3.79
−30	166.08	1488.10	0.896	0.095	2.58	0.376	0.254	0.0166	3.55
−20	161.78	1459.85	0.909	0.901	2.47	0.342	0.236	0.0153	3.44
−10	157.28	1428.57	0.921	0.086	2.36	0.314	0.220	0.0137	3.36
0	152.54	1396.65	0.934	0.081	2.25	0.294	0.211	0.0124	3.38
10	147.51	1362.40	0.950	0.077	2.14	0.278	0.204	0.0111	3.44
20	142.13	1328.02	0.967	0.072	2.02	0.265	0.199	0.0098	3.55
30	136.32	1290.32	0.984	0.067	1.91	0.251	0.194	0.0085	3.66
40	129.98	1251.56	1.001	0.063	1.80	0.240	0.191	0.0072	3.82
50	122.96	1209.19	1.084	0.058	1.59	0.233	0.186	0.0061	4.21
60	115.07	1164.14	1.118	0.053	1.48	0.228	0.184	0.0043	4.49
70	106.03	1114.83	1.160	0.048	1.33	0.219	0.183	0.0032	4.97

氟利昂 22 饱和液的物性值

附表 7

温度(℃)	比潜热(kJ/kg)	密度(kg/m³)	比热[kJ/(kg·K)]	导热系数[(W/(m·K)]	导温系数 10^4(m²/h)	动力粘度 10^4(N·s/m²)	运动粘度 10^6(m²/s)	表面张力(N/m)	普兰特数
−70	249.95	1490.31	0.950	0.124	3.16	6.48	0.434	0.0231	3.94
−60	245.23	1464.13	0.984	0.120	3.00	4.75	0.323	0.0215	3.88
−50	239.99	1438.85	1.017	0.116	2.86	3.96	0.275	0.0201	3.46

续表

温度 (℃)	比潜热 (kJ/kg)	密度 (kg/m³)	比 热 [kJ/(kg·K)]	导热系数 [(W/(m·K)]	导温系数 10^4(m²/h)	动力粘度 10^4(N·s/m²)	运动粘度 10^6(m²/s)	表面张力 (N/m)	普兰特数
−40	234.17	1410.44	1.047	0.112	2.71	3.51	0.249	0.0184	3.31
−30	227.76	1381.22	1.080	0.108	2.60	3.20	0.232	0.0169	3.20
−20	220.74	1351.35	1.114	0.104	2.48	2.95	0.218	0.0152	3.17
−10	213.12	1319.26	1.147	0.100	2.38	2.77	0.210	0.0136	3.18
0	204.93	1285.35	1.181	0.095	2.26	2.63	0.204	0.0120	3.25
10	196.17	1251.56	1.214	0.091	2.16	2.49	0.199	0.0104	3.32
20	186.81	1213.59	1.248	0.087	2.08	2.38	0.197	0.090	3.41
30	176.79	1173.71	1.277	0.083	1.98	2.29	0.196	0.076	3.55
40	165.98	1131.22	1.310	0.079	1.91	2.22	0.196	0.060	3.67
50	154.08	1083.42	1.344	0.074	1.84	2.13	0.196	0.047	3.78
60	140.59	1030.93	1.373	0.071	1.80	2.08	0.202	0.034	3.92

某些气体的物性值 **附表 8**

气体名称	温 度 (℃)	密 度 (kg/m³)	定压比热 [kJ/(kg·K)]	运动粘度 (m²/s)	导热系数 [W/(m·K)]	导温系数 (m²/h)	普兰特数
干空气 $p=0.98$bar	−20	1.348	1.00	0.120×10^{-4}	0.0224	0.0597	0.73
	0	1.251	1.00	0.138	0.0241	0.0689	0.72
	20	1.166	1.00	0.156	0.0257	0.0789	0.71
	40	1.091	1.01	0.175	0.0272	0.0892	0.71
	60	1.026	1.01	0.196	0.0287	0.100	0.71
	80	0.968	1.01	0.217	0.030	0.111	0.70
饱和氨蒸汽	−60	0.2128	2.14	34.46×10^{-6}	0.0159	35.10×10^{-6}	0.982
	−40	0.6446	2.26	12.41	0.0175	11.97	1.037
	−20	1.606	2.47	5.42	0.0197	4.947	1.096
	0	3.460	2.72	2.77	0.0221	2.354	1.177
	20	6.698	3.06	1.56	0.0255	1.245	1.253
	40	11.983	3.56	0.98	0.0299	0.700	1.400
饱和氟利昂 12 蒸汽	−60	1.5646	0.486	6.634×10^{-6}	0.0063	8.303×10^{-6}	0.80
	−40	4.1200	0.519	2.637	0.0070	3.269	0.81
	−20	9.1458	0.557	1.249	0.0078	1.522	0.82
	0	17.960	0.603	0.673	0.0090	0.825	0.82
	20	32.321	0.670	0.406	0.0107	0.491	0.83
	40	54.765	0.741	0.263	0.0127	0.310	0.85
	60	89.593	0.850	0.179	0.0154	0.201	0.89
饱和氟利昂 22 蒸汽	−80	0.56887	0.519	15.27×10^{-6}	0.0079	26.87×10^{-6}	0.568
	−60	1.8612	0.540	5.142	0.0085	8.424	0.610
	−40	4.8555	0.569	2.150	0.0093	3.350	0.642
	−20	10.761	0.603	1.039	0.0100	1.541	0.674
	0	21.195	0.641	0.563	0.0107	0.786	0.716
	20	38.402	0.708	0.329	0.0114	0.415	0.793
	40	65.920	0.804	0.199	0.0121	0.223	0.892

氯化钠水溶液的物性值

附表 9

15℃比重	质量浓度(%)	凝固温度(℃)	溶液温度(℃)	比热[kJ/(kg·K)]	导热系数[W/(m·K)]	动力粘度$10^4(N\cdot s/m^2)$	运动粘度$10^6(m^2/s)$	导温系数$10^4(m^2/h)$	普兰特数
1.050	7 (7.5)①	−4.4	20	3.843	0.593	10.79	1.03	5.31	6.95
			10	3.835	0.576	14.12	1.34	5.16	9.4
			0	3.827	0.559	18.73	1.78	5.02	12.7
			−4	3.818	0.556	21.57	2.06	5.00	14.8
1.080	11 (12.3)	−7.5	20	3.697	0.593	11.47	1.06	5.33	7.2
			10	3.684	0.570	15.20	1.41	5.15	9.9
			0	3.676	0.556	20.20	1.87	5.08	13.4
			−5	3.672	0.549	24.42	2.26	4.98	16.4
			−7.5	3.672	0.545	26.48	2.45	4.96	17.8
1.100	13.6 (15.7)	−9.8	20	3.609	0.593	12.26	1.12	5.40	7.4
			10	3.601	0.568	16.18	1.47	5.15	10.3
			0	3.588	0.554	21.48	1.95	5.07	13.0
			−5	3.584	0.547	26.09	2.37	5.00	17.1
			−9.8	3.580	0.540	34.32	3.13	4.94	22.9
1.120	16.2 (19.3)	−12.2	20	3.534	0.573	13.14	1.20	5.21	8.3
			10	3.525	0.569	17.26	1.57	5.18	10.9
			0	3.513	0.552	22.26	2.02	5.07	15.1
			−5	3.509	0.544	28.34	2.58	5.00	18.6
			−10	3.504	0.535	34.91	3.18	4.93	23.2
			−12.2	3.500	0.533	42.17	3.84	4.90	28.3
1.140	18.8 (23.1)	−15.1	20	3.462	0.582	14.32	1.26	5.32	8.5
			10	3.454	0.566	18.53	1.63	5.17	11.4
			0	3.442	0.555	25.60	2.25	5.05	16.1
			−5	3.433	0.542	31.19	2.74	5.00	19.8
			−10	3.429	0.533	38.74	3.40	4.92	24.8
			−15	3.425	0.525	47.76	4.19	4.86	31.0
1.160	21.2 (26.9)	−18.2	20	3.395	0.579	15.49	1.33	5.27	9.1
			10	3.383	0.563	20.10	1.73	5.17	12.1
			0	3.375	0.547	28.24	2.44	5.03	17.5
			−5	3.366	0.538	34.42	2.96	4.96	21.5
			−10	3.362	0.530	43.05	3.70	4.90	27.1
			−15	3.358	0.522	52.76	4.55	4.85	33.9
			−18	3.354	0.518	60.80	5.24	4.80	39.4
1.175	23.1 (30.1)	−21.2	20	3.345	0.565	16.67	1.42	5.30	9.6
			10	3.337	0.549	21.77	1.84	5.05	13.1
			0	3.324	0.544	30.40	2.59	5.02	18.6
			−5	3.320	0.536	37.46	3.20	4.95	23.3
			−10	3.312	0.528	47.07	4.02	4.89	29.5
			−15	3.308	0.520	57.47	4.90	4.83	36.5
			−21	3.303	0.514	77.47	6.60	4.77	50.0

①括号中的数值为 100kg 水中氯化钠质量的 kg 数。

氯化钙水溶液的物性值

附表 10

15℃比重	质量浓度(%)	凝固温度(℃)	溶液温度(℃)	比热[kJ/(kg·K)]	导热系数[W/(m·K)]	动力粘度$10^4(N\cdot s/m^2)$	运动粘度$10^6(m^2/s)$	导温系数$10^4(m^2/h)$	普兰特数
1.080	9.4 (10.4)①	−5.2	20	3.643	0.584	12.36	1.15	5.35	7.75
			10	3.634	0.570	15.49	1.44	5.23	9.88
			0	3.626	0.556	21.57	2.00	5.11	14.1
			−5	3.601	0.549	25.50	2.36	5.08	16.7

续表

15℃比重	质量浓度（%）	凝固温度（℃）	溶液温度（℃）	比热 [kJ/(kg·K)]	导热系数 [W/(m·K)]	动力粘度 $10^4(N \cdot s/m^2)$	运动粘度 $10^6(m^2/s)$	导温系数 $10^4(m^2/h)$	普兰特数
1.130	14.7 (17.3)	−10.2	20	3.362	0.576	14.91	1.32	5.46	8.7
			10	3.349	0.563	18.63	1.64	5.35	11.05
			0	3.329	0.549	25.60	2.27	5.26	15.6
			−5	3.316	0.542	30.40	2.70	5.20	18.7
			−10	3.308	0.534	40.60	3.60	5.15	25.3
1.170	18.9 (23.3)	−15.7	20	3.148	0.572	17.95	1.54	5.60	9.9
			10	3.140	0.558	22.36	1.91	5.47	12.6
			0	3.128	0.544	29.91	2.56	5.37	17.2
			−5	3.098	0.537	34.32	2.94	5.34	19.8
			−10	3.086	0.529	46.68	4.00	5.29	27.3
			−15	3.065	0.523	61.49	5.27	5.28	35.9
1.190	20.9 (26.5)	−19.2	20	3.077	0.569	20.01	1.68	5.59	10.9
			10	3.056	0.555	24.52	2.06	5.50	13.6
			0	3.044	0.542	32.75	2.76	5.38	18.5
			−5	3.014	0.535	38.25	3.22	5.35	21.5
			−10	3.014	0.527	50.70	4.25	5.30	28.9
			−15	3.014	0.521	65.90	5.53	5.23	38.2
1.220	23.8 (31.2)	−25.7	20	2.998	0.565	23.54	1.94	5.62	12.5
			10	2.952	0.551	28.73	2.35	5.50	15.4
			0	2.931	0.538	38.15	3.13	5.43	20.8
			−10	2.910	0.523	59.23	4.87	5.32	33.0
			−15	2.910	0.518	75.51	6.20	5.27	42.5
			−20	2.889	0.511	94.73	7.77	5.20	53.8
			−25	2.889	0.504	115.7	9.48	5.15	66.5
1.220	25.7 (34.6)	−31.2	20	2.889	0.562	26.28	2.12	5.66	13.5
			10	2.889	0.548	32.17	2.51	5.50	16.5
			0	2.868	0.535	42.56	3.43	5.43	22.7
			−10	2.847	0.521	66.78	5.40	5.32	36.6
			−15	2.847	0.514	83.65	6.75	5.25	46.3
			−20	2.805	0.508	105.6	8.52	5.26	58.5
			−25	2.805	0.501	129.2	10.40	5.20	72.0
			−30	2.763	0.494	148.1	12.00	5.21	83.0
1.260	27.5 (37.9)	−38.6	20	2.847	0.558	29.32	2.33	5.63	14.9
			10	2.826	0.545	36.09	2.87	5.50	18.8
			0	2.809	0.531	48.05	3.81	5.41	25.3
			−10	2.784	0.519	75.22	5.97	5.33	40.3
			−20	2.763	0.506	118.7	9.45	5.24	65.0
			−25	2.742	0.499	147.1	11.70	5.20	80.7
			−30	2.742	0.492	171.6	13.60	5.12	95.5
			−35	2.721	0.486	215.8	17.10	5.12	120.0
1.270	28.4 (39.7)	−43.6	20	2.805	0.557	31.38	2.47	5.62	15.8
			0	2.780	0.529	51.19	4.02	5.40	26.7
			−10	2.763	0.518	80.22	6.32	5.31	42.7
			−20	2.721	0.505	126.5	10.00	5.25	68.8
			−25	2.721	0.498	159.9	12.60	5.18	87.5
			−30	2.700	0.491	188.3	14.90	5.16	103.5
			−35	2.700	0.484	245.2	19.30	5.10	136.5
			−40	2.680	0.478	304.0	24.0	5.07	171.0

续表

15℃比重	质量浓度(%)	凝固温度(℃)	溶液温度(℃)	比热[kJ/(kg·K)]	导热系数[W/(m·K)]	动力粘度10^4(N·s/m^2)	运动粘度10^6(m^2/s)	导温系数10^4(m^2/h)	普兰特数
1.280	29.4 (41.6)	−50.1	20	2.805	0.555	34.03	2.65	5.57	17.2
			0	2.755	0.528	54.92	4.30	5.40	28.7
			−10	2.721	0.516	86.30	6.75	5.35	45.4
			−20	2.680	0.504	138.3	10.8	5.28	73.4
			−30	2.659	0.490	212.8	16.6	5.19	115.0
			−40	2.638	0.477	323.6	25.3	5.10	179.0
			−45	2.617	0.470	402.1	31.4	5.06	223.0
			−50	2.617	0.464	490.33	38.3	4.98	235.0
1.286	29.9 (42.7)	−55	20	2.784	0.554	35.11	2.75	5.58	17.8
			0	2.738	0.528	56.88	4.43	5.40	29.5
			−10	2.700	0.515	90.42	7.04	5.34	47.5
			−20	2.680	0.502	144.2	11.23	5.25	77.0
			−30	2.659	0.488	225.6	17.6	5.16	123.0
			−35	2.638	0.483	284.4	22.1	5.10	156.5
			−40	2.638	0.476	353.0	27.5	5.06	196.0
			−45	2.617	0.470	431.5	33.5	5.02	240.0
			−50	2.617	0.463	509.9	39.7	4.96	290.0
			−55	2.596	0.456	647.2	50.2	4.91	368.0

①括号中的数值为100kg水中氯化钙质量的千克数。

主要国际单位制与迄今使用单位名称对照表　　附表11

度量名称	国际单位制	符号	与基本单位的关系	迄今使用单位	符号
长度	米	m	基本单位	米	m
质量	千克(公斤)	kg	基本单位	千克(公斤)	kg
时间	秒	s	基本单位	秒	s
温度	绝对温度,摄氏温度	K,℃	$K=273.15+t$	摄氏温度	℃
力	牛顿	N	1N=1kg·m/s^2	公斤力	kgf
力矩	牛顿·米	N·m	1N·m=1kg·m^2/s^2	公斤力·米	kgf·m
机械应力	牛顿/毫米^2	N/mm^2	1N/mm^2=10^{6}kg·m/s^{2}m^2	公斤力/毫米^2	kgf/mm^2
压力	帕斯卡	Pa	1Pa=1N/m^2=1kg·m/s^2·m^2	公斤力/厘米^2 大气压	kgf/cm^2 atm
	巴	bar	1bar=0.1×10^{6}Pa=0.1MPa	米水柱 毫米汞柱(托)	mWS mmHg(Torr)
功、能量、热量	焦耳	J	1J=1N·m=1kg·m^2/s^2	公斤力·米 卡	kgf·m cal
功率 热流量	瓦	W	1W=1J/s=1kg·m^2/s^3	千瓦 马力 公斤力·米/秒 千卡/小时	kW HP kgf·m/s kcal/h
导热系数	瓦/米·度	W/m·K		千卡/米·小时·度	kcal/m·h·℃
传热系数	瓦/米^2·度	W/m^2·K		千卡/米^2·小时·度	kcal/m^2·h·℃

续表

度量名称	国际单位制	符号	与基本单位的关系	迄今使用单位	符号
比热	千焦耳/公斤·度 千焦耳/米³·度	kJ/kg·K kJ/m³·K		千卡/公斤·度 千卡/米³·度	kcal/kg·℃ kcal/m³·℃
动力粘度	帕斯卡·秒	Pa·s	1Pa·s=1N·s/m²=1kg/m·s	公斤力·秒/米² 泊	kgf·s/m² P
运动粘度	米²/秒	m²/s		斯托克斯	St

主要单位换算表 附表 12

度量名称	国际单位	迄今使用单位	迄今使用单位	国际单位
力	1N=1kg·m/s²	0.10197kgf 10⁵dyn(达因)	1kgf 1dyn	9.80665N 10⁻⁵N
压力	1Pa=1N/m²	0.10197kgf/m²	1kgf/m²	9.80665Pa
	1bar=0.1MPa	1.0197kgf/cm² 750.06mmHg 10.197mWS 0.98692atm 14.50381b/in²	1kgf/cm² 1mmHg 1mWS 1atm 1lb/in'	0.980665bar 133.322N/m² 0.0980665bar 1.01325bar 0.0689476bar
功、热量	1J=1N·m	0.23885cal 0.10197kgf·m	1cal 1kgf·m	4.1868J 9.80665J
功率热流量	1W=1J/s	0.23885cal/s 0.10197kgf·m/s	1cal/s 1kgf·m/s	4.1868W 9.80665W
	1kW=1kJ/s	859.85kcal/h 1.359HP	1kcal/h 1HP	1.163W 0.7355kW
导热系数	1W/m·k	0.85985kcal/m·h·℃	1kcal/m·h·℃	1.163W/m·k
传热系数	1W/m²·K	0.85985kcal/m²·h·℃	1kcal/m²·h·℃	1.163W/m²·K
比热	1kJ/kg·K	0.23885kcal/kg·℃	1kcal/kg·℃	4.1868kJ/kg·K
	1kJ/m³·K	0.23885kcal/m³·℃	1kcal/m³·℃	4.1868kJ/m³·K
动力粘度	1Pa·s	10P 0.10197kgf·s/m²	1P 1kgf·s/m²	0.1Pa·s 9.80665Pa·s
运动粘度	1m²/s	10⁴St	1St	10⁻⁴m²/s

R134a 饱和状态下的热力性质 附表 13

t (℃)	p (bar) (10⁵Pa)	v_1 (L/kg)	v_2 (L/kg)	h_1 (kJ/kg)	h_2 (kJ/kg)	r (kJ/kg)	s_1 [kJ/(kg·K)]	s_2 [kJ/(kg·K)]
−39	0.543	0.7089	341.6135	1.134	224.107	222.973	0.0042	0.9565
−38	0.572	0.7103	325.6198	2.272	224.739	222.467	0.0090	0.9551
−37	0.601	0.7118	310.5134	3.415	225.371	221.956	0.0139	0.9538

续表

t (℃)	p (bar) (10^5Pa)	v_1 (L/kg)	v_2 (L/kg)	h_1 (kJ/kg)	h_2 (kJ/kg)	r (kJ/kg)	s_1 [kJ/(kg·K)]	s_2 [kJ/(kg·K)]
−36	0.632	0.7132	296.2384	4.563	226.002	221.439	0.0187	0.9525
−35	0.665	0.7147	282.7418	5.716	226.633	220.916	0.0235	0.9512
−34	0.698	0.7162	269.9766	6.874	227.263	220.389	0.0284	0.9500
−33	0.733	0.7177	257.8952	8.036	227.892	219.856	0.0332	0.9488
−32	0.769	0.7192	246.4570	9,203	228.521	219.318	0.0381	0.9476
−31	0.807	0.7207	235.6217	10.376	229.150	218.774	0.0429	0.9464
−30	0.846	0.7222	225.3538	11.552	229.777	218.225	0.0477	0.9453
−29	0.887	0.7238	215.6186	12.734	230.404	217.670	0.0526	0.9442
−28	0.929	0.7253	206.3842	13.921	231.030	217.110	0.0574	0.9431
−27	0.973	0.7269	197.6216	15.111	231.656	216.544	0.0623	0.9420
−26	1.019	0.7284	189.3020	16.308	232.280	215.973	0.0671	0.9410
−25	1.066	0.7300	181.4006	17.508	232.904	215.396	0.0719	0.9400
−24	1.115	0.7316	173.8925	18.714	233.527	214.813	0.0768	0.9390
−23	1.165	0.7332	166.7554	19.924	234.148	214.224	0.0816	0.9380
−22	1.218	0.7348	159.9683	21.139	234.769	213.630	0.0864	0.9371
−21	1.272	0.7365	153.5108	22.359	235.389	213.030	0.0913	0.9361
−20	1.329	0.7381	147.3650	23.584	236.008	212.424	0.0961	0.9352
−19	1.387	0.7398	141.5132	24.813	236.625	211.812	0.1009	0.9344
−18	1.447	0.7414	135.9392	26.047	237.242	211.195	0.1057	0.9335
−17	1.509	0.7431	130.6278	27.286	237.857	210.571	0.1106	0.9327
−16	1.574	0.7448	125.5647	28.529	238.471	209.942	0.1154	0.9318
−15	1.640	0.7465	120.7361	29.778	239.084	209.307	0.1202	0.9311
−14	1.709	0.7482	116.1299	31.030	239.696	208.666	0.1250	0.9303
−13	1.780	0.7500	111.7338	32.288	240.306	208.018	0.1299	0.9295
−12	1.853	0.7517	107.5368	33.550	240.915	207.365	0.1347	0.9288
−11	1.928	0.7535	103.5286	34.817	241.523	206.706	0.1395	0.9280
−10	2.006	0.7553	99.6992	36.088	242.129	206.040	0.1443	0.9273
−9	2.087	0.7571	96.0393	37.365	242.733	205.369	0.1491	0.9267
−8	2.170	0.7589	92.5402	38.645	243.337	204.691	0.1540	0.9260
−7	2.255	0.7607	89.1936	39.931	243.938	204.008	0.1588	0.9253
−6	2.343	0.7625	85.9919	41.221	244.538	203.318	0.1636	0.9247
−5	2.434	0.7644	82.9276	42.515	245.137	202.622	0.1684	0.9241
−4	2.527	0.7663	79.9940	43.815	245.734	201.919	0.1732	0.9235
−3	2.623	0.7681	77.1845	45.118	246.329	201.211	0.1780	0.9229
−2	2.722	0.7700	74.4930	46.427	246.922	200.496	0.1828	0.9223
−1	2.824	0.7720	71.9136	47.740	247.514	199.774	0.1876	0.9217
0	2.928	0.7739	69.4410	49.057	248.104	199.047	0.1924	0.9212
1	3.036	0.7759	67.0699	50.379	248.692	198.312	0.1972	0.9206
2	3.146	0.7778	64.7955	51.706	249.278	197.572	0.2020	0.9201
3	3.260	0.7798	62.6131	53.037	249.862	196.825	0.2068	0.9196
4	3.377	0.7819	60.5184	54.373	250.444	196.071	0.2116	0.9191
5	3.497	0.7839	58.5073	55.713	251.024	195.311	0.2164	0.9186
6	3.620	0.7860	56.5757	57.058	251.602	194.544	0.2212	0.9182

续表

t (℃)	p (bar) (10^5Pa)	v_1 (L/kg)	v_2 (L/kg)	h_1 (kJ/kg)	h_2 (kJ/kg)	r (kJ/kg)	s_1 [kJ/(kg·K)]	s_2 [kJ/(kg·K)]
7	3.747	0.7880	54.7202	58.407	252.178	193.771	0.2260	0.9177
8	3.877	0.7901	52.9370	59.761	252.752	192.991	0.2308	0.9172
9	4.010	0.7922	51.2229	61.119	253.323	192.204	0.2356	0.9168
10	4.147	0.7944	49.5747	62.482	253.893	191.410	0.2404	0.9164
11	4.287	0.7965	47.9895	63.850	254.459	190.610	0.2451	0.9160
12	4.431	0.7987	46.4644	65.222	255.024	189.802	0.2499	0.9156
13	4.579	0.8009	44.9967	66.598	255.586	188.988	0.2547	0.9152
14	4.730	0.8032	43.5839	67.979	256.146	188.167	0.2595	0.9148
15	4.885	0.8054	42.2235	69.365	256.703	187.338	0.2642	0.9144
16	5.044	0.8077	40.9132	70.755	257.257	186.502	0.2690	0.9140
17	5.207	0.8100	39.6509	72.149	257.809	185.660	0.2738	0.9137
18	5.374	0.8124	38.4345	73.548	258.358	184.810	0.2786	0.9133
19	5.545	0.8147	37.2619	74.952	258.904	183.952	0.2833	0.9130
20	5.719	0.8171	36.1313	76.361	259.448	183.087	0.2881	0.9127
21	5.898	0.8195	35.0410	77.773	259.988	182.215	0.2928	0.9123
22	6.081	0.8220	33.9892	79.191	260.526	181.335	0.2976	0.9120
23	6.269	0.8244	32.9742	80.613	261.060	180.447	0.3024	0.9117
24	6.460	0.8270	31.9946	82.040	261.592	179.552	0.3071	0.9114
25	6.657	0.8295	31.0489	83.471	262.120	178.648	0.3119	0.9111
26	6.857	0.8321	30.1356	84.907	262.644	177.737	0.3166	0.9108
27	7.062	0.8347	29.2535	86.348	263.166	176.818	0.3214	0.9105
28	7.272	0.8373	28.4012	87.794	263.684	175.890	0.3261	0.9102
29	7.486	0.8400	27.5776	89.244	264.198	174.954	0.3309	0.9099
30	7.705	0.8427	26.7815	90.699	264.709	174.010	0.3356	0.9097
31	7.929	0.8454	26.0118	92.159	265.216	173.057	0.3404	0.9094
32	8.157	0.8482	25.2674	93.624	265.719	172.095	0.3451	0.9091
33	8.390	0.8510	24.5473	95.094	266.218	171.124	0.3499	0.9088
34	8.629	0.8539	23.8506	96.568	266.713	170.145	0.3546	0.9086
35	8.872	0.8568	23.1764	98.048	267.204	169.156	0.3593	0.9083
36	9.121	0.8597	22.5237	99.533	267.691	168.158	0.3641	0.9080
37	9.374	0.8627	21.8917	101.023	268.173	167.150	0.3688	0.9078
38	9.633	0.8657	21.2796	102.518	268.651	166.132	0.3736	0.9075
39	9.898	0.8688	20.6867	104.019	269.124	165.105	0.3783	0.9073
40	10.167	0.8719	20.1123	105.524	269.592	164.067	0.3831	0.9070
41	10.442	0.8751	19.5555	107.036	270.055	163.019	0.3878	0.9067
42	10.723	0.8783	19.0158	108.552	270.513	161.961	0.3925	0.9065
43	11.009	0.8816	18.4925	110.075	270.966	160.891	0.3973	0.9062
44	11.301	0.8850	17.9849	111.603	271.413	159.811	0.4020	0.9059
45	11.598	0.8884	17.4926	113.136	271.855	158.719	0.4068	0.9057
46	11.902	0.8918	17.0148	114.676	272.291	157.615	0.4115	0.9054
47	12.211	0.8953	16.5512	116.222	272.721	156.499	0.4163	0.9051
48	12.526	0.8989	16.1011	117.774	273.145	155.371	0.4210	0.9048
49	12.848	0.9025	15.6641	119.332	273.562	154.231	0.4258	0.9045

续表

t (℃)	p (bar) (10^5Pa)	v_1 (L/kg)	v_2 (L/kg)	h_1 (kJ/kg)	h_2 (kJ/kg)	r (kJ/kg)	s_1 [kJ/(kg·K)]	s_2 [kJ/(kg·K)]
50	13.175	0.9062	15.2396	120.897	273.973	153.077	0.4305	0.9042
51	13.509	0.9100	14.8273	122.468	274.377	151.910	0.4353	0.9039
52	13.849	0.9139	14.4266	124.046	274.774	150.728	0.4401	0.9036
53	14.195	0.9178	14.0372	125.631	275.164	149.533	0.4448	0.9033
54	14.547	0.9218	13.6587	127.223	275.545	148.323	0.4496	0.9030
55	14.907	0.9259	13.2905	128.822	275.919	147.097	0.4544	0.9027
56	15.273	0.9301	12.9325	130.429	276.285	145.856	0.4592	0.9023
57	15.645	0.9343	12.5841	132.043	276.642	144.598	0.4640	0.9020
58	16.025	0.9387	12.2451	133.666	276.990	143.324	0.4688	0.9016
59	16.411	0.9432	11.9151	135.297	277.329	142.032	0.4736	0.9012
60	16.804	0.9477	11.5938	136.937	277.658	140.721	0.4784	0.9008
61	17.204	0.9524	11.2809	138.585	277.977	139.392	0.4832	0.9004
62	17.612	0.9572	10.9760	140.243	278.286	138.043	0.4881	0.8999
63	18.027	0.9621	10.6789	141.911	278.583	136.673	0.4929	0.8995
64	18.449	0.9671	10.3893	143.588	278.869	135.281	0.4978	0.8990
65	18.878	0.9723	10.1070	145.276	279.143	133.867	0.5026	0.8985
66	19.316	0.9776	9.8315	146.975	279.405	132.430	0.5075	0.8980
67	19.761	0.9830	9.5628	148.685	279.653	130.967	0.5124	0.8975
68	20.213	0.9886	9.3005	150.407	279.887	129.479	0.5174	0.8969
69	20.674	0.9944	9.0444	152.142	280.106	127.964	0.5223	0.8963
70	21.142	1.0003	8.7943	153.890	280.310	126.420	0.5273	0.8957
71	21.619	1.0065	8.5499	155.652	280.497	124.845	0.5323	0.8950
72	22.104	1.0128	8.3110	157.428	280.667	123.239	0.5373	0.8943
73	22.598	1.0193	8.0774	159.220	280.819	121.599	0.5423	0.8936
74	23.100	1.0261	7.8489	161.029	280.952	119.923	0.5474	0.8928
75	23.611	1.0331	7.6252	162.854	281.,063	118.209	0.5525	0.8920
76	24.130	1.0404	7.4061	164.699	281.153	116.454	0.5576	0.8912
77	24.659	1.0479	7.1915	166.563	281.219	114.656	0.5628	0.8902
78	25.196	1.0557	6.9810	168.448	281.260	112.812	0.5680	0.8893
79	25.743	1.0639	6.7746	170.357	281.274	110.918	0.5733	0.8882
80	26.299	1.0724	6.5719	172.289	281.259	108.970	0.5786	0.8872

R134a 过热蒸汽的热力性质　　附表 14

t (℃)	v (L/kg)	h (kJ/kg)	s [kJ/(kg·K)]
	p=0.516		
−40	358.372	223.474	0.9578
−35	366.873	227.183	0.9736
−30	375.324	230.931	0.9891
−25	383.728	234.717	1.0046
−20	392.089	238.542	1.0198
−15	400.412	242.407	1.0349
−10	408.701	246.312	1.0499
−5	416.960	250.258	1.0648
0	425.192	254.243	1.0795
5	433.397	258.270	1.0941
10	441.580	262.337	1.1086
15	449.742	266.445	1.1230
20	457.886	270.595	1.1373
25	466.012	274.785	1.1514
30	474.120	279.016	1.1655
35	482.217	283.288	1.1795
40	490.298	287.600	1.1934
45	498.370	291.954	1.2072
50	506.430	296.348	1.2209
55	514.477	300.783	1.2345
60	522.518	305.258	1.2480
65	530.550	309.773	1.2615
70	538.574	314.328	1.2748
75	546.589	318.924	1.2881
80	554.599	323.558	1.3014
85	562.601	328.233	1.3145
90	570.600	332.946	1.3276
95	578.591	337.699	1.3406
100	586.580	342.490	1.3535
105	594.562	347.320	1.3664
110	602.541	352.189	1.3791
115	610.516	357.095	1.3919
120	618.487	362.039	1.4045
125	626.456	367.021	1.4171
130	634.421	372.040	1.4296
135	642.383	377.096	1.4421
140	650.340	382.189	1.4545
145	658.297	387.319	1.4669
150	666.252	392.484	1.4791
155	674.204	397.686	1.4914
160	682.152	402.923	1.5035
165	690.102	408.196	1.5156
170	698.047	413.504	1.5277
175	705.992	418.846	1.5397
180	713.934	424.223	1.5516
185	721.874	429.634	1.5635
190	729.814	435.079	1.5753
195	737.752	440.558	1.5870
200	745.687	446.070	1.5988
	p=0.665		
−35	282.547	226.631	0.9512
−30	289.237	230.415	0.9669
−25	295.879	234.234	0.9824
−20	302.478	238.089	0.9978
−15	309.037	241.982	1.0130
−10	315.562	245.912	1.0281
−5	322.056	249.881	1.0431
0	328.521	253.888	1.0579
5	334.960	257.935	1.0725
10	341.376	262.020	1.0871
15	347.771	266.146	1.1015
20	354.146	270.310	1.1159
25	360.505	274.515	1.1301
30	366.847	278.760	1.1442
35	373.175	283.044	1.1582
40	379.489	287.369	1.1722
45	385.790	291.733	1.1860
50	392.082	296.138	1.1997
55	398.363	300.582	1.2134
60	404.634	305.066	1.2269
65	410.896	309.589	1.2404
70	417.151	314.152	1.2538
75	423.399	318.755	1.2671
80	429.640	323.396	1.2804
85	435.874	328.077	1.2935
90	442.103	332.796	1.3066
95	448.327	337.554	1.3196
100	454.545	342.351	1.3326
105	460.759	347.186	1.3454
110	466.969	352.059	1.3582
115	473.175	356.970	1.3710
120	479.376	361.918	1.3836

续表

t (℃)	v (L/kg)	h (kJ/kg)	s [kJ/(kg·K)]
125	485.575	366.904	1.3962
130	491.771	371.926	1.4088
135	497.963	376.986	1.4212
140	504.154	382.082	1.4337
145	510.341	387.215	1.4460
150	516.526	392.383	1.4583
155	522.708	397.587	1.4705
160	528.889	402.827	1.4827
165	535.068	408.103	1.4948
170	541.245	413.413	1.5068
175	547.420	418.757	1.5188
180	553.593	424.137	1.5308
185	559.765	429.550	1.5427
190	565.935	434.997	1.5545
195	572.104	440.478	1.5663
200	578.272	445.991	1.5780

$p=0.847$

t (℃)	v (L/kg)	h (kJ/kg)	s [kJ/(kg·K)]
−30	225.151	229.775	0.9452
−25	230.485	233.635	0.9609
−20	235.775	237.529	0.9764
−15	241.025	241.456	0.9918
−10	246.239	245.418	1.0070
−5	251.421	249.416	1.0221
0	256.574	253.451	1.0370
5	261.700	257.522	1.0517
10	266.803	261.631	1.0664
15	271.883	265.777	1.0809
20	276.945	269.961	1.0953
25	281.988	274.184	1.1096
30	287.015	278.446	1.1237
35	292.028	282.746	1.1378
40	297.027	287.085	1.1518
45	302.014	291.463	1.1657
50	306.989	295.879	1.1794
55	311.954	300.335	1.1931
60	316.910	304.830	1.2067
65	321.856	309.364	1.2202
70	326.796	313.936	1.2336
75	331.727	318.547	1.2470
80	336.651	323.197	1.2602
85	341.570	327.886	1.2734
90	346.483	332.612	1.2865
95	351.390	337.377	1.2996
100	356.292	342.180	1.3125
105	361.190	347.021	1.3254
110	366.083	351.900	1.3382
115	370.973	356.816	1.3510
120	375.859	361.769	1.3637
125	380.741	366.760	1.3763
130	385.620	371.787	1.3888
135	390.497	376.851	1.4013
140	395.370	381.951	1.4137
145	400.241	387.087	1.4261
150	405.110	392.259	1.4384
155	409.976	397.467	1.4506
160	414.840	402.710	1.4628
165	419.702	407.988	1.4749
170	424.562	413.301	1.4870
175	429.420	418.649	1.4990
180	434.278	424.031	1.5109
185	439.133	429.446	1.5228
190	443.987	434.896	1.5346
195	448.839	440.379	1.5464
200	453.691	445.895	1.5581

$p=1.066$

t (℃)	v (L/kg)	h (kJ/kg)	s [kJ/(kg·K)]
−25	181.369	232.903	0.9399
−20	185.681	236.844	0.9557
−15	189.952	240.815	0.9712
−10	194.184	244.817	0.9866
−5	198.384	248.851	1.0017
0	202.554	252.918	1.0168
5	206.696	257.020	1.0317
10	210.814	261.157	1.0464
15	214.909	265.329	1.0610
20	218.985	269.538	1.0755
25	223.043	273.783	1.0898
30	227.084	278.065	1.1041
35	231.110	282.384	1.1182
40	235.122	286.741	1.1322
45	239.122	291.135	1.1462
50	243.110	295.567	1.1600
55	247.088	300.037	1.1737
60	251.057	304.545	1.1874

续表

t (℃)	v (L/kg)	h (kJ/kg)	s [kJ/(kg·K)]
65	255.016	309.091	1.2009
70	258.967	313.675	1.2144
75	262.911	318.297	1.2277
80	266.848	322.957	1.2410
85	270.779	327.655	1.2542
90	274.704	332.391	1.2674
95	278.623	337.164	1.2804
100	282.537	341.975	1.2934
105	286.447	346.823	1.3063
110	290.353	351.708	1.3191
115	294.254	356.631	1.3319
120	298.152	361.590	1.3446
125	302.046	366.586	1.3572
130	305.938	371.619	1.3698
135	309.826	376.688	1.3823
140	313.711	381.793	1.3947
145	317.594	386.934	1.4071
150	321.475	392.110	1.4194
155	325.353	397.322	1.4316
160	329.229	402.569	1.4438
165	333.103	407.851	1.4559
170	336.975	413.167	1.4680
175	340.845	418.518	1.4800
180	344.714	423.903	1.4920
185	348.581	429.322	1.5039
190	352.447	434.774	1.5157
195	356.311	440.260	1.5275
200	360.174	445.779	1.5392

$p=1.329$

t (℃)	v (L/kg)	h (kJ/kg)	s [kJ/(kg·K)]
−20	147.312	236.006	0.9352
−15	150.836	240.031	0.9510
−10	154.322	244.082	0.9665
−5	157.773	248.162	0.9819
0	161.192	252.271	0.9970
5	164.583	256.410	1.0121
10	167.950	260.582	1.0269
15	171.293	264.786	1.0416
20	174.616	269.024	1.0562
25	177.920	273.297	1.0707
30	181.207	277.604	1.0850
35	184.479	281.946	1.0992
40	187.737	286.325	1.1133
45	190.982	290.739	1.1273
50	194.215	295.190	1.1412
55	197.438	299.677	1.1550
60	200.651	304.201	1.1686
65	203.855	308.762	1.1822
70	207.051	313.360	1.1957
75	210.239	317.995	1.2091
80	213.420	322.668	1.2225
85	216.595	327.377	1.2357
90	219.764	332.123	1.2489
95	222.928	336.906	1.2619
100	226.086	341.727	1.2749
105	229.240	346.584	1.2879
110	232.390	351.477	1.3007
115	235.535	356.408	1.3135
120	238.677	361.375	1.3262
125	241.815	366.378	1.3389
130	244.950	371.417	1.3515
135	248.082	376.492	1.3640
140	251.211	381.603	1.3764
145	254.338	386.749	1.3888
150	257.462	391.931	1.4011
155	260.584	397.148	1.4134
160	263.704	402.399	1.4256
165	266.822	407.686	1.4377
170	269.938	413.006	1.4498
175	273.052	418.361	1.4618
180	276.164	423.750	1.4737
185	279.275	429.172	1.4857
190	282.384	434.628	1.4975
195	285.492	440.117	1.5093
200	288.599	445.639	1.5210

$p=1.641$

t (℃)	v (L/kg)	h (kJ/kg)	s [kJ/(kg·K)]
−15	120.663	239.081	0.9310
−10	123.577	243.194	0.9468
−5	126.454	247.330	0.9623
0	129.299	251.490	0.9777
5	132.114	255.676	0.9929
10	134.903	259.890	1.0079
15	137.668	264.134	1.0228
20	140.412	268.408	1.0375
25	143.137	272.714	1.0520
30	145.844	277.051	1.0665

续表

t (℃)	v (L/kg)	h (kJ/kg)	s [kJ/(kg·K)]
35	148.536	281.422	1.0808
40	151.213	285.827	1.0950
45	153.878	290.265	1.1090
50	156.530	294.739	1.1230
55	159.171	299.247	1.1368
60	161.803	303.790	1.1506
65	164.425	308.370	1.1642
70	167.039	312.985	1.1777
75	169.645	317.635	1.1912
80	172.245	322.322	1.2046
85	174.838	327.045	1.2178
90	177.424	331.804	1.2310
95	180.006	336.600	1.2442
100	182.582	341.431	1.2572
105	185.153	346.299	1.2702
110	187.720	351.203	1.2830
115	190.283	356.142	1.2958
120	192.842	361.118	1.3086
125	195.398	366.129	1.3213
130	197.951	371.176	1.3338
135	200.500	376.259	1.3464
140	203.047	381.376	1.3588
145	205.591	386.529	1.3712
150	208.132	391.717	1.3836
155	210.671	396.940	1.3958
160	213.208	402.197	1.4081
165	215.743	407.489	1.4202
170	218.276	412.815	1.4323
175	220.808	418.174	1.4443
180	223.337	423.568	1.4563
185	225.865	428.995	1.4682
190	228.392	434.455	1.4800
195	230.917	439.948	1.4918
200	233.441	445.473	1.5036

$p=2.007$

t (℃)	v (L/kg)	h (kJ/kg)	s [kJ/(kg·K)]
−10	99.663	242.127	0.9273
−5	102.100	246.332	0.9431
0	104.501	250.555	0.9587
5	106.872	254.799	0.9741
10	109.215	259.065	0.9893
15	111.534	263.357	1.0044
20	113.831	267.675	1.0192
25	116.107	272.020	1.0339
30	118.365	276.395	1.0485
35	120.607	280.800	1.0629
40	122.835	285.236	1.0772
45	125,049	289.704	1.0913
50	127.250	294.205	1.1054
55	129.441	298.738	1.1193
60	131.621	303.305	1.1331
65	133.792	307.906	1.1468
70	135.955	312.541	1.1604
75	138.109	317.210	1.1739
80	140.257	321.915	1.1873
85	142.398	326.654	1.2007
90	144.532	331.428	1.2139
95	146.662	336.238	1.2271
100	148.786	341.083	1.2401
105	150.905	345.963	1.2531
110	153.020	350.879	1.2660
115	155.130	355.829	1.2789
120	157.237	360.816	1.2916
125	159.340	365.837	1.3043
130	161.441	370.893	1.3169
135	163.537	375.984	1.3295
140	165.631	381.110	1.3420
145	167.723	386.271	1.3544
150	169.812	391.466	1.3667
155	171.898	396.696	1.3790
160	173.983	401.960	1.3913
165	176.065	407.258	1.4034
170	178.146	412.589	1.4155
175	180.225	417.955	1.4276
180	182.302	423.354	1.4395
185	184.377	428.786	1.4515
190	186.451	434.250	1.4633
195	188.523	439.748	1.4751
200	190.594	445.278	1.4869

$p=2.434$

t (℃)	v (L/kg)	h (kJ/kg)	s [kJ/(kg·K)]
−5	82.911	245.136	0.9240
0	84.969	249.437	0.9399
5	86.994	253.752	0.9556
10	88.990	258.083	0.9710

续表

t (℃)	v (L/kg)	h (kJ/kg)	s [kJ/(kg·K)]	t (℃)	v (L/kg)	h (kJ/kg)	s [kJ/(kg·K)]
15	90.960	262.433	0.9863	15	74.597	261.337	0.9683
20	92.907	266.804	1.0013	20	76.269	265.773	0.9836
25	92.833	271.199	1.0162	25	77.918	270.228	0.9986
30	96.740	275.619	1.0309	30	79.548	274.702	1.0135
35	98.630	280.065	1.0454	35	81.160	279.198	1.0282
40	100.504	284.539	1.0598	40	82.756	283.718	1.0428
45	102.365	289.042	1.0741	45	84.337	288.263	1.0572
50	104.213	293.575	1.0882	50	85.905	292.835	1.0714
55	106.050	298.138	1.1022	55	87.462	297.434	1.0856
60	107.876	302.733	1.1161	60	89.007	302.062	1.0996
65	109.692	307.359	1.1299	65	90.543	306.719	1.1134
70	111.500	312.018	1.1436	70	92.070	311.407	1.1272
75	113.300	316.710	1.1572	75	93.589	316.125	1.1409
80	115.093	321.435	1.1706	80	95.100	320.875	1.1544
85	116.878	326.194	1.1840	85	96.604	325.657	1.1678
90	118.658	330.987	1.1973	90	98.102	330.471	1.1812
95	120.432	335.813	1.2105	95	99.594	335.318	1.1945
100	122.201	340.674	1.2236	100	101.080	340.197	1.2076
105	123.964	345.569	1.2367	105	102.562	345.110	1.2207
110	125.724	350.499	1.2496	110	104.039	350.056	1.2337
115	127.479	355.463	1.2625	115	105.512	355.035	1.2466
120	129.230	360.461	1.2753	120	106.981	360.048	1.2594
125	130.977	365.494	1.2880	125	108.446	365.094	1.2722
130	132.722	370.561	1.3006	130	109.908	370.174	1.2849
135	134.463	375.663	1.3132	135	111.367	375.288	1.2975
140	136.201	380.798	1.3257	140	112.822	380.435	1.3100
145	137.937	385.968	1.3382	145	114.275	385.616	1.3225
150	139.670	391.172	1.3505	150	115.726	390.830	1.3349
155	141.401	396.410	1.3628	155	117.174	396.078	1.3472
160	143.129	401.682	1.3751	160	118.620	401.359	1.3595
165	144.856	406.987	1.3873	165	120.064	406.673	1.3717
170	146.580	412.326	1.3994	170	121.506	412.020	1.3838
175	148.303	417.698	1.4114	175	122.946	417.399	1.3959
180	150.024	423.103	1.4234	180	124.384	422.812	1.4079
185	151.743	428.541	1.4354	185	125.821	428.257	1.4198
190	153.461	434.012	1.4472	190	127.256	433.734	1.4317
195	155.178	439.515	1.4591	195	128.690	439.244	1.4436
200	156.893	445.050	1.4708	200	130.122	444.786	1.4553
		$p=2.929$				$p=3.497$	
0	69.421	248.102	0.9211	5	58.509	251.024	0.9186
5	71.177	252.504	0.9371	10	60.021	255.533	0.9347
10	72.901	256.915	0.9528	15	61.504	260.044	0.9505

续表

t (℃)	v (L/kg)	h (kJ/kg)	s [kJ/(kg·K)]
20	62.959	264.561	0.9660
25	64.391	269.088	0.9813
30	65.801	273.628	0.9964
35	67.193	278.184	1.0114
40	68.568	282.759	1.0261
45	69.928	287.354	1.0406
50	71.274	291.972	1.0550
55	72.608	296.614	1.0693
60	73.931	301.281	1.0834
65	75.243	305.975	1.0974
70	76.546	310.697	1.1113
75	77.841	315.447	1.1250
80	79.127	320.226	1.1386
85	80.407	325.034	1.1521
90	81.680	329.874	1.1656
95	82.948	334.744	1.1789
100	84.209	339.645	1.1921
105	85.466	344.579	1.2052
110	86.718	349.544	1.2183
115	87.966	354.541	1.2312
120	89.209	359.571	1.2441
125	90.449	364.633	1.2569
130	91.686	369.728	1.2696
135	92.919	374.856	1.2823
140	94.149	380.017	1.2948
145	95.377	385.210	1.3073
150	96.602	390.436	1.3198
155	97.824	395.695	1.3321
160	99.045	400.986	1.3444
165	100.263	406.310	1.3566
170	101.479	411.667	1.3688
175	102.693	417.056	1.3809
180	103.906	422.477	1.3929
185	105.117	427.930	1.4049
190	106.326	433.415	1.4168
195	107.534	438.932	1.4286
200	108.741	444.481	1.4404

$p=4.147$

t (℃)	v (L/kg)	h (kJ/kg)	s [kJ/(kg·K)]
10	49.576	253.893	0.9164
15	50.890	258.514	0.9326
20	52.176	263.130	0.9485
25	53.435	267.746	0.9641
30	54.672	272.367	0.9794
35	55.888	276.996	0.9946
40	57.087	281.637	1.0095
45	58.270	286.293	1.0243
50	59.438	290.967	1.0389
55	60.593	295.660	1.0533
60	61.736	300.374	1.0675
65	62.869	305.112	1.0816
70	63.992	309.873	1.0956
75	65.106	314.660	1.1095
80	66.212	319.473	1.1232
85	67.311	324.314	1.1368
90	68.403	329.183	1.1503
95	69.490	334.081	1.1637
100	70.570	339.008	1.1770
105	71.645	343.965	1.1902
110	72.715	348.953	1.2033
115	73.781	353.972	1.2163
120	74.843	359.021	1.2292
125	75.901	364.102	1.2421
130	76.956	369.215	1.2548
135	78.007	374.359	1.2675
140	79.055	379.535	1.2801
145	80.101	384.743	1.2927
150	81.143	389.982	1.3051
155	82.184	395.254	1.3175
160	83.222	400.558	1.3298
165	84.258	405.894	1.3421
170	85.291	411.261	1.3542
175	86.323	416.661	1.3664
180	87.354	422.092	1.3784
185	88.382	427.555	1.3904
190	89.409	433.049	1.4023
195	90.435	438.574	1.4142
200	91.459	444.131	1.4260

$p=4.885$

t (℃)	v (L/kg)	h (kJ/kg)	s [kJ/(kg·K)]
15	42.227	256.704	0.9144
20	43.380	261.444	0.9307
25	44.504	266.170	0.9467
30	45.603	270.890	0.9624
35	46.681	275.609	0.9779
40	47.739	280.331	0.9931

续表

t (℃)	v (L/kg)	h (kJ/kg)	s [kJ/(kg·K)]
45	48.779	285.060	1.0080
50	49.805	289.801	1.0228
55	50.816	294.555	1.0374
60	51.815	299.325	1.0519
65	52.803	304.114	1.0661
70	53.781	308.922	1.0802
75	54.749	313.753	1.0942
80	55.709	318.607	1.1081
85	56.662	323.485	1.1218
90	57.608	328.389	1.1354
95	58.547	333.319	1.1489
100	59.480	338.277	1.1622
105	60.408	343.262	1.1755
110	61.331	348.276	1.1887
115	62.250	353.319	1.2018
120	63.164	358.392	1.2147
125	64.075	363.494	1.2276
130	64.981	368.627	1.2404
135	65.885	373.790	1.2532
140	66.785	378.984	1.2658
145	67.683	384.208	1.2784
150	68.578	389.464	1.2909
155	69.470	394.751	1.3033
160	70.360	400.069	1.3157
165	71.248	405.418	1.3279
170	72.134	410.799	1.3401
175	73.018	416.210	1.3523
180	73.900	421.653	1.3644
185	74.780	427.126	1.3764
190	75.659	432.631	1.3883
195	76.536	438.167	1.4002
200	77.412	443.733	1.4120

p=5.719

t (℃)	v (L/kg)	h (kJ/kg)	s [kJ/(kg·K)]
20	36.134	259.449	0.9127
25	37.153	264.315	0.9291
30	38.145	269.158	0.9452
35	39.112	273.987	0.9610
40	40.058	278.808	0.9766
45	40.985	283.627	0.9918
50	41.896	288.448	1.0069
55	42.791	293.275	1.0217
60	43.674	298.113	1.0363
65	44.544	302.963	1.0508
70	45.404	307.828	1.0650
75	46.255	312.710	1.0792
80	47.096	317.612	1.0932
85	47.929	322.534	1.1070
90	48.755	327.479	1.1207
95	49.575	332.447	1.1343
100	50.388	337.439	1.1478
105	51.196	342.458	1.1611
110	51.999	347.502	1.1744
115	52.797	352.574	1.1875
120	53.591	357.673	1.2006
125	54.381	362.800	1.2135
130	55.167	367.957	1.2264
135	55.950	373.142	1.2392
140	56.729	378.356	1.2519
145	57.506	383.601	1.2645
150	58.280	388.875	1.2770
155	59.051	394.179	1.2895
160	59.820	399.513	1.3019
165	60.586	404.878	1.3142
170	61.351	410.273	1.3265
175	62.113	415.698	1.3386
180	62.874	421.154	1.3507
185	63.633	426.640	1.3628
190	64.391	432.157	1.3748
195	65.147	437.704	1.3867
200	65.901	443.281	1.3985

p=6.657

t (℃)	v (L/kg)	h (kJ/kg)	s [kJ/(kg·K)]
25	31.046	262.119	0.9111
30	31.956	267.119	0.9277
35	32.837	272.087	0.9440
40	33.695	277.030	0.9599
45	34.532	281.959	0.9755
50	35.351	286.879	0.9908
55	36.153	291.795	1.0059
60	36.942	296.713	1.0208
65	37.717	301.637	1.0355
70	38.481	306.569	1.0500
75	39.235	311.513	1.0643
80	39.979	316.471	1.0784
85	40.715	321.445	1.0924
90	41.444	326.438	1.1062

续表

t (℃)	v (L/kg)	h (kJ/kg)	s [kJ/(kg·K)]
95	42.165	331.450	1.1199
100	42.880	336.484	1.1335
105	43.589	341.541	1.1470
110	44.293	346.621	1.1603
115	44.993	351.725	1.1736
120	45.687	356.856	1.1867
125	46.378	362.012	1.1997
130	47.065	367.195	1.2127
135	47.748	372.406	1.2255
140	48.428	377.644	1.2383
145	49.105	382.911	1.2509
150	49.779	388.206	1.2635
155	50.450	393.530	1.2760
160	51.119	398.884	1.2885
165	51.786	404.266	1.3008
170	52.451	409.678	1.3131
175	53.113	415.119	1.3253
180	53.774	420.590	1.3375
185	54.433	426.091	1.3495
190	55.090	431.621	1.3615
195	55.746	437.181	1.3735
200	56.401	442.770	1.3854
	p=7.705		
30	26.781	264.708	0.9096
35	27.599	269.853	0.9265
40	28.389	274.952	0.9429
45	29.156	280.018	0.9589
50	29.902	285.059	0.9747
55	30.631	290.085	0.9901
60	31.343	295.101	1.0053
65	32.042	300.112	1.0202
70	32.728	305.125	1.0349
75	33.403	310.142	1.0494
80	34.068	315.167	1.0638
85	34.725	320.203	1.0779
90	35.373	325.252	1.0919
95	36.014	330.317	1.1058
100	36.648	335.399	1.1195
105	37.276	340.500	1.1331
110	37.899	345.621	1.1465
115	38.516	350.765	1.1599
120	39.129	355.931	1.1731
125	39.738	361.121	1.1862
130	40.343	366.335	1.1992

t (℃)	v (L/kg)	h (kJ/kg)	s [kJ/(kg·K)]
135	40.944	371.575	1.2121
140	41.541	376.841	1.2250
145	42.136	382.133	1.2377
150	42.727	387.453	1.2503
155	43.316	392.800	1.2629
160	43.903	398.175	1.2754
165	44.487	403.577	1.2878
170	45.069	409.009	1.3001
175	45.649	414.468	1.3124
180	46.226	419.956	1.3245
185	46.803	425.473	1.3367
190	47.377	431.019	1.3487
195	47.950	436.594	1.3607
200	48.521	442.197	1.3726
		p=8.872	
35	23.177	267.205	0.9083
40	23.919	272.506	0.9254
45	24.634	277.746	0.9420
50	25.324	282.940	0.9582
55	25.994	288.101	0.9740
60	26.647	293.237	0.9896
65	27.284	298.357	1.0048
70	27.908	303.467	1.0198
75	28.519	308.572	1.0346
80	29.120	313.677	1.0491
85	29.711	318.786	1.0635
90	30.293	323.902	1.0777
95	30.867	329.028	1.0917
100	31.435	334.166	1.1056
105	31.996	339.320	1.1193
110	32.551	344.490	1.1329
115	33.101	349.678	1.1463
120	33.646	354.885	1.1597
125	34.187	360.114	1.1729
130	34.723	365.365	1.1860
135	35.256	370.639	1.1990
140	35.785	375.936	1.2119
145	36.311	381.258	1.2247
150	36.834	386.606	1.2374
155	37.354	391.979	1.2500
160	37.872	397.378	1.2626
165	38.387	402.804	1.2750

续表

t (℃)	v (L/kg)	h (kJ/kg)	s [kJ/(kg・K)]
170	38.900	408.257	1.2874
175	39.411	413.738	1.2997
180	39.919	419.245	1.3119
185	40.427	424.781	1.3241
190	40.932	430.344	1.3361
195	41.436	435.936	1.3482
200	41.938	441.555	1.3601
	p=10.167		
40	20.113	269.592	0.9070
45	20.792	275.064	0.9243
50	21.442	280.456	0.9412
55	22.069	285.789	0.9575
60	22.675	291.076	0.9735
65	23.264	296.330	0.9892
70	23.837	301.559	1.0045
75	24.397	306.771	1.0196
80	24.946	311.972	1.0344
85	25.483	317.169	1.0491
90	26.012	322.364	1.0635
95	26.532	327.563	1.0777
100	27.044	332.768	1.0917
105	27.549	337.983	1.1056
110	28.049	343.209	1.1193
115	28.542	348.450	1.1329
120	29.031	353.706	1.1464
125	29.515	358.979	1.1597
130	29.994	364.272	1.1729
135	30.470	369.585	1.1860
140	30.942	374.919	1.1990
145	31.410	380.275	1.2119
150	31.876	385.654	1.2247
155	32.338	391.058	1.2374
160	32.798	396.485	1.2500
165	33.256	401.938	1.2625
170	33.711	407.416	1.2749
175	34.164	412.920	1.2873
180	34.615	418.450	1.2995
185	35.064	424.007	1.3117
190	35.511	429.590	1.3239
195	35.957	435.201	1.3359
200	36.401	440.839	1.3479
	p=11.598		
45	17.493	271.856	0.9057
50	18.120	277.515	0.9233
55	18.718	283.074	0.9404
60	19.291	288.556	0.9570
65	19.843	293.978	0.9731
70	20.378	299.356	0.9889
75	20.897	304.700	1.0044
80	21.403	310.019	1.0195
85	21.898	315.321	1.0345
90	22.382	320.613	1.0491
95	22.857	325.898	1.0636
100	23.324	331.183	1.0778
105	23.784	336.470	1.0919
110	24.237	341.763	1.1058
115	24.683	347.064	1.1196
120	25.125	352.377	1.1332
125	25.561	357.703	1.1466
130	25.993	363.044	1.1600
135	26.421	368.402	1.1732
140	26.845	373.778	1.1863
145	27.265	379.174	1.1992
150	27.682	384.590	1.2121
155	28.097	390.027	1.2249
160	28.508	395.487	1.2376
165	28.917	400.970	1.2502
170	29.323	406.477	1.2627
175	29.727	412.008	1.2751
180	30.130	417.564	1.2874
185	30.530	423.145	1.2996
190	30.928	428.751	1.3118
195	31.325	434.383	1.3239
200	31.720	440.041	1.3359
	p=13.175		
50	15.240	273.973	0.9042
55	15.824	279.843	0.9223
60	16.377	285.584	0.9396
65	16.904	291.228	0.9565
70	17.411	296.796	0.9728
75	17.900	302.306	0.9887
80	18.374	307.772	1.0043
85	18.834	313.204	1.0196
90	19.283	318.612	1.0346

续表

t (℃)	v (L/kg)	h (kJ/kg)	s [kJ/(kg·K)]
95	19.722	324.003	1.0493
100	20.152	329.382	1.0639
105	20.573	334.756	1.0782
110	20.988	340.127	1.0923
115	21.396	345.501	1.1062
120	21.798	350.880	1.1200
125	22.195	356.267	1.1336
130	22.587	361.665	1.1471
135	22.974	367.075	1.1604
140	23.358	372.500	1.1736
145	23.738	377.941	1.1867
150	24.114	383.399	1.1997
155	24.487	388.877	1.2126
160	24.858	394.374	1.2253
165	25.225	399.891	1.2380
170	25.591	405.431	1.2506
175	25.954	410.992	1.2630
180	26.314	416.577	1.2754
185	26.673	422.185	1.2877
190	27.030	427.818	1.3000
195	27.385	433.474	1.3121
200	27.739	439.156	1.3242

$p=14.907$

t (℃)	v (L/kg)	h (kJ/kg)	s [kJ/(kg·K)]
55	13.290	275.919	0.9027
60	13.840	282.028	0.9211
65	14.356	287.973	0.9388
70	14.846	293.794	0.9559
75	15.314	299.520	0.9725
80	15.764	305.172	0.9886
85	16.199	310.768	1.0044
90	16.620	316.320	1.0198
95	17.030	321.839	1.0348
100	17.430	327.334	1.0497
105	17.821	332.811	1.0643
110	18.204	338.277	1.0786
115	18.579	343.737	1.0928
120	18.949	349.194	1.1067
125	19.313	354.653	1.1205
130	19.671	360.117	1.1342
135	20.025	365.588	1.1477
140	20.375	371.070	1.1610
145	20.720	376.563	1.1742
150	21.062	382.070	1.1873
155	21.401	387.593	1.2003
160	21.737	393.133	1.2132
165	22.069	398.690	1.2259
170	22.400	404.267	1.2386
175	22.728	409.864	1.2511
180	23.053	415.482	1.2636
185	23.377	421.121	1.2760
190	23.698	426.783	1.2883
195	24.018	432.467	1.3005
200	24.336	438.175	1.3126

$p=16.804$

t (℃)	v (L/kg)	h (kJ/kg)	s [kJ/(kg·K)]
60	11.594	277.658	0.9008
65	12.117	284.046	0.9198
70	12.603	290.222	0.9380
75	13.062	296.240	0.9554
80	13.498	302.138	0.9722
85	13.915	307.945	0.9885
90	14.316	313.680	1.0044
95	14.704	319.359	1.0200
100	15.080	324.996	1.0352
105	15.446	330.600	1.0501
110	15.804	336.180	1.0647
115	16.153	341.742	1.0792
120	16.496	347.293	1.0934
125	16.832	352.837	1.1074
130	17.162	358.379	1.1212
135	17.488	363.922	1.1349
140	17.809	369.470	1.1484
145	18.126	375.024	1.1618
150	18.439	380.588	1.1750
155	18.748	386.163	1.1881
160	19.054	391.752	1.2011
165	19.357	397.355	1.2139
170	19.658	402.975	1.2267
175	19.956	408.612	1.2393
180	20.252	414.267	1.2519
185	20.545	419.942	1.2643
190	20.837	425.637	1.2767
195	21.126	431.353	1.2890
200	21.414	437.091	1.3012

$p=18.878$

续表

t (℃)	v (L/kg)	h (kJ/kg)	s [kJ/(kg·K)]
65	10.107	279.144	0.8985
70	10.611	285.864	0.9183
75	11.074	292.305	0.9369
80	11.507	298.546	0.9547
85	11.916	304.635	0.9718
90	12.305	310.610	0.9884
95	12.677	316.496	1.0045
100	13.036	322.312	1.0202
105	13.384	328.073	1.0355
110	13.721	333.793	1.0505
115	14.049	339.481	1.0653
120	14.370	345.144	1.0798
125	14.683	350.790	1.0941
130	14.991	356.425	1.1081
135	15.293	362.053	1.1220
140	15.590	367.678	1.1357
145	15.882	373.304	1.1492
150	16.170	378.933	1.1626
155	16.455	384.570	1.1759
160	16.736	390.215	1.1890
165	17.014	395.871	1.2020
170	17.289	401.540	1.2148
175	17.562	407.223	1.2276
180	17.832	412.921	1.2402
185	18.100	418.637	1.2528
190	18.365	424.370	1.2652
195	18.629	430.122	1.2776
200	18.891	435.893	1.2898

$p=21.142$

t (℃)	v (L/kg)	h (kJ/kg)	s [kJ/(kg·K)]
70	8.795	280.311	0.8957
75	9.287	287.439	0.9163
80	9.733	294.194	0.9356
85	10.145	300.689	0.9538
90	10.531	306.993	0.9713
95	10.896	313.153	0.9882
100	11.244	319.202	1.0045
105	11.579	325.165	1.0204
110	11.901	331.061	1.0359
115	12.213	336.904	1.0510
120	12.516	342.705	1.0659
125	12.812	348.475	1.0805
130	13.100	354.221	1.0948
135	13.382	359.950	1.1089
140	13.659	365.667	1.1228
145	13.931	371.377	1.1366
150	14.199	377.085	1.1501
155	14.462	382.792	1.1636
160	14.722	388.503	1.1768
165	14.979	394.221	1.1899
170	15.232	399.946	1.2029
175	15.483	405.682	1.2158
180	15.731	411.430	1.2286
185	15.977	417.192	1.2412
190	16.220	422.969	1.2537
195	16.461	428.761	1.2662
200	16.701	434.571	1.2785

$p=23.611$

t (℃)	v (L/kg)	h (kJ/kg)	s [kJ/(kg·K)]
75	7.625	281.062	0.8920
80	8.115	288.714	0.9138
85	8.550	295.849	0.9339
90	8.945	302.640	0.9527
95	9.313	309.187	0.9706
100	9.658	315.554	0.9878
105	9.985	321.784	1.0044
110	10.298	327.907	1.0205
115	10.599	333.947	1.0362
120	10.889	339.921	1.0515
125	11.170	345.844	1.0664
130	11.444	351.726	1.0811
135	11.710	357.577	1.0955
140	11.971	363.405	1.1097
145	12.226	369.216	1.1237
150	12.476	375.014	1.1375
155	12.722	380.806	1.1511
160	12.964	386.595	1.1645
165	13.202	392.383	1.1778
170	13.437	398.175	1.1910
175	13.669	403.972	1.2040
180	13.898	409.777	1.2169
185	14.125	415.592	1.2296
190	14.349	421.419	1.2423
195	14.571	427.258	1.2548
200	14.791	433.112	1.2673

$p=26.299$

续表

t (℃)	v (L/kg)	h (kJ/kg)	s [kJ/(kg·K)]	t (℃)	v (L/kg)	h (kJ/kg)	s [kJ/(kg·K)]
80	6.572	281.260	0.8872	145	10.728	366.784	1.1105
85	7.072	289.620	0.9107	150	10.964	372.692	1.1246
90	7.501	297.227	0.9318	155	11.195	378.584	1.1384
95	7.886	304.371	0.9513	160	11.421	384.464	1.1521
100	8.238	311.199	0.9697	165	11.644	390.336	1.1655
105	8.566	317.798	0.9873	170	11.863	396.205	1.1789
110	8.876	324.228	1.0042	175	12.079	402.073	1.1920
115	9.171	330.526	1.0205	180	12.292	407.945	1.2051
120	9.452	336.722	1.0364	185	12.502	413.821	1.2180
125	9.724	342.837	1.0518	190	12.710	419.705	1.2307
130	9.986	348.889	1.0669	195	12.916	425.598	1.2434
135	10.240	354.890	1.0817	200	13.119	431.502	1.2559
140	10.487	360.852	1.0963